Google AdWords –

Punktgenau und zielgerichtet werben

So nutzen Sie das größte Werbenetzwerk der Welt

Sabrina Zebisch

BusinessVillage
Update your Knowledge!

Sabrina Zebisch
Google AdWords – Punktgenau und zielgerichtet werben
So nutzen Sie das größte Werbenetzwerk der Welt
1. Auflage, Göttingen: BusinessVillage, 2010

Bestellnummern
Druckausgabe Bestellnummer PB-832
ISBN 978-3-86980-054-7

E-Book Bestellnummer EB-832
ISBN 978-3-86980-068-4

Bezugs- und Verlagsanschrift
BusinessVillage GmbH
Reinhäuser Landstraße 22
37083 Göttingen
Telefon: +49 (0)551 2099-100
Fax: +49 (0)551 2099-105
E-Mail: info@businessvillage.de
Web: www.businessvillage.de

Layout und Satz
Sabine Kempke

Illustration auf dem Umschlag
DivaNir4a, www.istockphoto.de

Druck und Bindung
AALEXX Buchproduktion GmbH, Großburgwedel

Inhalt

Teil 3: Optimierungsmaßnahmen

Über die Autorin

Sabrina Zebisch beschäftigt sich seit mehreren Jahren mit dem Thema Online-Marketing. Sie ist Google AdWords Qualified Individual und Google Analytics Qualified Individual. Zurzeit leitet sie die Online-Marketing-Abteilung der Convecto New Media GmbH in Frankfurt am Main und betreut Kunden aus vielen verschiedenen Branchen. In diesem Buch hat sie ihre Praxiserfahrung zum Thema Google AdWords zusammengetragen.

Weitere Informationen erhalten Sie unter *www.convecto.com und www.adwords-wissen.de*.

Vorwort

Kein Medium der letzten Jahre hat auch nur ansatzweise so einen Boom erlebt wie das Internet. Zwar warnten Skeptiker vor einer verfrühten Hysterie und einem allzu schnell aufkommenden Hype um dieses völlig neue Medium, aber da auch nach über 15 Jahren noch kein Ende der Erfolgswelle in Sicht ist, verstummen diese Rufe immer mehr. Plötzlich gibt es ein Medium, über das man in kürzester Zeit die ganze Welt erreichen kann. Ein Alltag ohne E-Mail, Chatten, Blogs und Co. wäre für uns heute nicht mehr denkbar und immer wieder hört man von sagenhaften Erfolgsstories, die ohne das Internet nie zustande gekommen wären. Seien es die Gründer der Auktionsplattform **eBay** oder die dank **Microsoft** nicht mehr in ganz so armen Verhältnissen lebenden Studenten, die das Web 2.0-Portal **Facebook** gründeten. Nicht zu vergessen Larry Page und Sergey Brin, denen wir die am meisten frequentierten Suchmaschine überhaupt verdanken, nämlich Google.

Wie bei jeder Neuerung gibt es aber auch hier nicht nur Gewinner und Befürworter. Ähnlich groß dürfte die Zahl derer sein, die es lieber gesehen hätten, das World Wide Web wäre nie für kommerzielle Zwecke freigegeben worden. Insbesondere für kleine und mittelständische Unternehmen hat sich das Internet teilweise als alles andere als verkaufsfördernd erwiesen. Wohl weil die betroffenen Unternehmen nicht in der Lage waren, der auf einmal auftretenden, weltweiten Konkurrenz die Stirn zu bieten. Genau hier kommen wir wieder zu den Skeptikern und Zweiflern, die sich darin bestätigt fühlen, dass uns das Internet eigentlich nichts Gutes will: Es vertreibt kleine, alteingesessene Unternehmen und Familienbetriebe und lässt nur noch Platz für »die Großen«. Aber das ist so nicht ganz richtig. Zwar mag durch das Internet die Zahl der Konkurrenten gestiegen sein, aber gleichzeitig hat sich auch für jedes noch so kleine Unternehmen ein völlig neuer Markt geöffnet, den es vorher nie hätte erreichen können. Es liegt also einzig und allein an Ihnen selbst, was Sie aus dieser neuen Möglichkeit machen. Ob Sie sich der Herausforderung stellen und diese als eine Chance auf Veränderung erfassen oder von vornherein den Kopf in den Sand stecken und die Innovation Internet als den »Untergang des kleinen Gewerbes« verteufeln. Und damit kommen wir zu dem Thema, das in diesem Buch behandelt wird, nämlich die Möglichkeit der Online-Werbung, in unserem Falle Google AdWords.

Ich bin immer wieder erstaunt, wenn ich von Leuten gefragt werde »Wie verdient Google eigentlich Geld?« oder »Wie? Man kann bei Google Werbung machen?«. Interessanterweise haben viele Menschen immer noch eine völlig falsche Vorstellung von Online-Werbung. Denken doch die meisten an klassische Bannerwerbung, die gegen teilweise hohe Summen auf bestimmten Websites geschaltet werden kann. Dass dies für kleinere Unternehmen, die unter Umständen ihre Dienste nur regional beschränkt anbieten, nicht die richtige Werbemöglichkeit ist, versteht sich von selbst. Von der Werbeform, die am ehesten für sie geeignet ist, haben die meisten aber noch nie etwas gehört: Google AdWords. Hier gibt es weder ein Mindestbudget, noch eine Mindestlaufzeit. Zudem sind die Kosten sehr genau kalkulierbar, die Streuverluste sind ausgesprochen gering und es kann ganz gezielt nur in bestimmten Regionen geworben werden. Dieses Werbemittel ermöglicht es auch kleineren Firmen, in Konkurrenz zu namhaften Großunternehmen zu treten. Die Anzeigenposition, das heißt die Position, auf der die Anzeige dann tatsächlich gelistet wird, ist nämlich keinesfalls nur vom Preis, sondern auch von einer Vielzahl anderer Faktoren abhängig. Und auf genau diese können kleinere Firmen vielleicht sogar besser Einfluss nehmen als Großunternehmen, da sie ihr Produkt, ihre Dienstleistung und vor allem ihre potenzielle Kundengruppe besser kennen und einen direkteren Bezug zu dieser haben.

Sie werden überrascht sein, wie viel Erfolg Sie mit diesem eigentlich recht einfach zu verwaltenden Werbemittel haben können, und sich ärgern, dass Sie es noch nicht früher für sich entdeckt haben.

In diesem Sinne wünsche ich Ihnen eine erfolgreiche und vor allem umsatzstarke Zukunft!

Teil 1:
Google AdWords – Grundlagen und Nutzung

1. Einführung

Online-Werbung ist die Werbung der Zukunft. Noch nie waren so viele Menschen online wie in den letzten Jahren, und die Zahl der Internetnutzer ist stetig am Wachsen. Seit dem Jahr 2000 hat sich die Zahl der Internetuser verdoppelt. In der aktuellen ARD/ZDF Onlinestudie aus dem Jahr 2009 wurde ermittelt, dass heute bereits über 43 Millionen Menschen allein in Deutschland regelmäßig das Internet nutzen[1]. Das sind 67,1 Prozent aller Deutschen. Weltweit überstieg die Zahl der Internetnutzer im vergangenen Dezember 2008 erstmals eine Milliarde[2]. Diese Leute sind nicht nur online, um E-Mails zu senden und sich in Communitys, wie beispielsweise **Facebook** und **myspace**, zu treffen. Ein ebenso großer Teil ist aktiv auf der Suche nach Produkten und Dienstleistungen, die im Internet angeboten werden.

Stellt sich nun die Frage, wie Sie sich diesen unwahrscheinlich großen Markt zu eigen machen können. Wie werden die Internetuser auf Ihr Produkt beziehungsweise die Dienstleistung, die Sie anbieten, aufmerksam?

Mit Google AdWords können nicht länger nur Großunternehmen im Internet werben. Vielmehr ist es auch eine Option für kleine und mittelständische Unternehmen. Diesen bietet sich hier die Möglichkeit, effektiv und verhältnismäßig kostengünstig zu werben, sodass potenzielle Kunden auch deren Produkte und Dienstleistungen im Netz finden. Aber bevor man zum eigentlich Wichtigen kommt, nämlich dem Anlegen einer erfolgreichen Online-Werbekampagne, gilt es erst einmal zu klären, worum es sich bei diesen sogenannten AdWords handelt, wie sie funktionieren und wo sie überhaupt zu sehen sind. Sollte Ihnen während des Lesens der ein oder andere unbekannte Begriff unterkommen, finden Sie ab Seite 255 eine kurze Erklärung zu den wichtigsten Begriffen aus dem Bereich der Online-Werbung.

1.1 Warum Online-Werbung?

Viele meiner Kunden fragen sich am Anfang, warum sie überhaupt online werben sollen. Sätze wie »Warum Online-Werbung? Uns gibt es seit zwanzig Jahren und wir haben nie Online-Werbung gemacht« sind da leider keine Seltenheit. Vielleicht ertappen Sie sich gerade dabei, dies auch einmal gedacht zu haben oder sogar immer noch zu denken. Es mag sein, dass Sie auf Bestandskunden zurückgreifen können, aber auch diese werden sich

1 ARD/ZDF-Onlinestudie 2009; *http://www.ard-zdf-onlinestudie.de*

2 Bundesverband Informationswirtschaft, Telekommunikation und neue Medien e.V.; *http://www.bitkom.org/de/presse/49919_46069.aspx*

irgendwann im Internet nach einer Alternative zu Ihrem Produkt oder Ihrer Dienstleistung umschauen. Online-Werbung ist nicht nur dazu da, um direkte Verkäufe in Online-Shops zu generieren, sondern kann auch große Auswirkungen auf Offline-Käufe haben.

Dass dieser Zusammenhang zwischen Online-Werbung und stationären Einkäufen nicht nur Theorie ist, macht eine von dem Suchmaschinenbetreiber **Yahoo!** in Auftrag gegebene Studie von **comScore** deutlich: Die Studie zeigte, dass Käufer, die zuvor Online-Werbung gesehen hatten, 41 Prozent mehr in stationären Geschäften ausgaben als Käufer, die vorher keiner Online-Werbung ausgesetzt waren[3]. Dazu kommt, dass die Mehrheit der Käufer zwar noch bevorzugt in »realen« stationären Geschäften kauft, sich aber bereits vorab im Internet über das zu kaufende Produkt informiert[4]. Wenn Sie sich dem potenziellen Käufer also nicht im Voraus im Netz präsentieren, wird er sehr wahrscheinlich auch nicht in Ihrem Geschäft vor Ort kaufen.

Aus verschiedenen Gründen gibt es immer noch Vorbehalte gegen das Internet. Besonders durch die »Was früher gut war, kann heute nicht schlecht sein«-Mentalität machen es sich viele Unternehmen, die teilweise überzeugende Produkte und Dienstleistungen anbieten und den internationalen Vergleich keinesfalls scheuen müssten, unnötig schwer. Natürlich ist Altbewährtes nicht schlecht, aber wenn das Neue ebenso gut beziehungsweise besser ist, warum dann am Alten festhalten? Lässt sich mit dieser neuen Werbeform der Kundenstamm doch nicht nur halten, sondern vergrößern. Und welches Unternehmen scheut schon steigende Gewinne. Nichts ist so tödlich für den Erfolg eines Unternehmens, wie das Verstreichen-Lassen von Gelegenheiten und das Nicht-Mitgehen mit der Zeit. Schon Winston Churchill bemerkte treffend:

> *»Der Pessimist sieht Schwierigkeiten in jeder Gelegenheit. Der Optimist sieht eine gute Gelegenheit in jeder Schwierigkeit.«*[5]

Das Internet ist längst zum Alltag geworden und wird bestimmt nicht mehr von der Bildfläche verschwinden. Es gilt, dies als Chance wahrzunehmen, solange man noch kann. Um es deutlich zu machen: Der **Bundesverband Digitale Wirtschaft e.V.** (BVDW) lieferte auf seiner Jahrespressekonferenz klare Zahlen. Das Gesamtvolumen des Online-Werbemarktes

---

3 Studie im Auftrag von Yahoo!, durchgeführt von comScore von April 2006 bis Januar 2007; *http://www.comscore.com/press/release.asp?press=1547*

4 Studie von Accenture im Jahr 2007; *http://accenture.tekgroup.com/article_display.cfm?article_id=4529*

5 Churchill, Winston (30.11.1874 bis 24.01.1965); *»An optimist sees an opportunity in every calamity, a pessimist sees a calamity in every opportunity.«*

in Deutschland im Jahr 2009 belief sich auf über 4 Milliarden Euro. Damit überstieg es das Volumen des Vorjahres um 12 Prozent[6]. Der Trend geht ganz klar Richtung Online-Werbung, und noch können Sie sich diesen Vorteil zunutze machen und mit ins Boot steigen.

1.2 Google AdWords – Was ist das?

Bei Google handelt es sich in erster Linie um eine Suchmaschine. Das bedeutet, die Seite wird dazu genutzt, Begriffe, die in das Suchfeld eingegeben werden, im Internet zu finden. Plane ich beispielsweise in absehbarer Zukunft eine Kreuzfahrt durchs Mittelmeer und möchte mich diesbezüglich informieren, gebe ich einen Suchbegriff wie »kreuzfahrt mittelmeer« bei Google ein. Ob der Suchbegriff groß oder klein geschrieben ist, hat keinen Einfluss auf die Suchergebnisse. Sofort erhalte ich eine große Zahl an Websites, die zu meinem Suchbegriff passen und somit für meine Suchanfrage relevant sind. Auf den Suchergebnisseiten werden nun zwei Arten von Suchergebnissen unterschieden, die der User angezeigt bekommt: Zum einen gibt es die organischen Suchergebnisse. Diese stehen auf der linken Seite (vgl. Abbildung 1). Bestimmt ist Ihnen schon aufgefallen, dass die Zahl der organischen Suchergebnisse bei den meisten Begriffen bei mehreren Hunderttausend liegt. Bei unserer Beispiel-Suchanfrage »kreuzfahrt mittelmeer« liegt die Zahl der Ergebnisse bei etwa 140.000. Der Suchende sieht sich mit großer Wahrscheinlichkeit (wenn überhaupt) nur die Suchergebnisse auf den ersten beiden Seiten an. Suchergebnisse, die auf den darauf folgenden Seiten stehen, werden so gut wie nie näher in Augenschein genommen. Diese organischen Suchergebnisse können nicht werblich beeinflusst werden. Ihre Positionierung wird durch etwa 200 verschiedene Faktoren ermittelt. Diese Faktoren werden als Signale bezeichnet. Eines der bekanntesten Signale ist der sogenannten PageRank. Dieser errechnet sich aus einem Algorithmus, der die Anzahl und die Qualität externer Links berücksichtigt. Es gibt zahlreiche Ansätze, was genau die anderen Signale sind und was diese ausmacht. Da Google hier aber größtenteils Stillschweigen bewahrt, bleiben das reine Vermutungen. Aus diesem Grund ist es alles andere als einfach und ein langwieriger Prozess, die eigene Website so zu optimieren, dass man damit bei den für sich relevanten Keywords auf einen der vorderen Plätze kommt. Besonders da Google seit vergangenem Dezember die Suchergebnisse anhand des Such- und Klickverhaltens der User personalisiert. Die Optimierung einer Website in Hinblick auf die Suchmaschinenpositionierung wird Search Engine Optimization, kurz SEO, genannt.

6 Bundesverband Digitale Wirtschaft e.V., OKV Report 2010/1.
www.ovk.de/.../Online...Online-Report/OVK%20Online-Report%20201001_Webversion.pdf

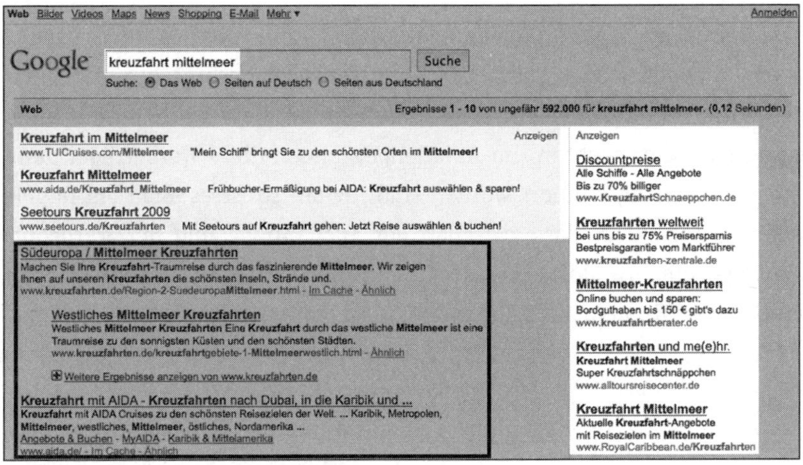

Abbildung 1: Suchergebnisseite von Google nach Eingabe des Keywords »kreuzfahrt mittelmeer«

Wir beschäftigen uns aber mit Search Engine Advertising (SEA) und damit mit den Ergebnissen, die Sie rechts oder auch über den organischen Suchergebnissen angezeigt bekommen (vgl. Abbildung 1): Die Google AdWords-Anzeigen, auch Sponsored oder Paid Links genannt. Anzeigen, die oberhalb der organischen Ergebnisse stehen, sind besonders relevant und werden farblich leicht hinterlegt. Im Gegensatz zu den organischen Suchergebnissen, deren Optimierung wie bereits erwähnt ein längerfristiger Prozess ist, kann man mit AdWords sehr schnell zu neuen Besuchern und potenziellen Kunden kommen. Bei AdWords handelt es sich um bezahlte Werbeanzeigen. Diese werden mit dem zugegebenermaßen recht unauffälligen Text »Anzeigen« übertitelt. Diese unauffällige Kennzeichnung ist vielleicht mit ein Grund, warum laut Untersuchungen durchschnittlich nur jeder fünfte Besucher diese Anzeigen auch als Werbung wahrnimmt. Nichtsdestotrotz sind die Chancen auf erfolgreiche Conversions, das heißt auf tatsächlich erfolgte Geschäftsabschlüsse (wir gehen später darauf ein, was genau eine Conversion ist), bei diesem Werbemittel recht hoch, da die Streuverluste ausgesprochen gering sind. Das ist aber nur der Fall, wenn Sie Ihre Kampagne richtig planen und optimieren. Und genau dabei soll Ihnen dieses Buch helfen.

Der klare Vorteil von AdWords gegenüber anderen Werbeformen liegt darin, dass Sie den Nutzer genau dann ansprechen, wenn er auch auf der Suche nach Ihrem Produkt oder Ihrer Dienstleistung ist. Das ist der Grund, warum diese Werbeform bei den potenziellen Kunden oft auf positive Resonanz stößt und im Gegensatz zu den meisten anderen Werbeformen auch nicht als störend empfunden wird. Überlegen Sie selbst, wie genervt Sie sind, wenn Sie den Briefkasten öffnen und Ihnen eine ganze Wagenladung unerwünschter Werbebotschaften entgegenflattert. Sehr schnell landen diese dann im Abfalleimer. Egal wie attraktiv das darin enthaltene Angebot für Sie auch gewesen sein mag. Anders dagegen verhält es sich mit Werbeinformationen, die man bewusst angefordert hat. Wenn Sie selbst vor ein paar Tagen einen neuen Modekatalog oder eine Informationsbroschüre über das neueste Modell eines Autoherstellers bestellt haben, werden Sie diese Werbung mit einer ganz anderen Aufmerksamkeit betrachten. Im Abfalleimer landen diese Werbeträger dann bestenfalls, nachdem sie ausgiebig studiert worden sind. Genau so ist es auch bei Google AdWords. Nur mit dem Unterschied, dass zwischen der Suchanfrage und der Werbebotschaft nicht mehrere Tage, sondern bloß ein paar Millisekunden vergehen. Dadurch steigt die Chance, beim potenziellen Kunden auch auf Interesse zu stoßen, natürlich noch einmal enorm an.

Neben den AdWords von Google bieten auch alle anderen größeren Suchmaschinen diese Form der Werbung an. Da Google aber besonders in Deutschland die am häufigsten genutzte Suchmaschine ist, erreicht man hier auch die meisten potenziellen Kunden. Eine Studie von comScore aus dem Jahr 2008 ergab, dass Google in Deutschland gegenüber anderen Suchmaschinen einen Marktanteil von 80,5 Prozent hat[7].

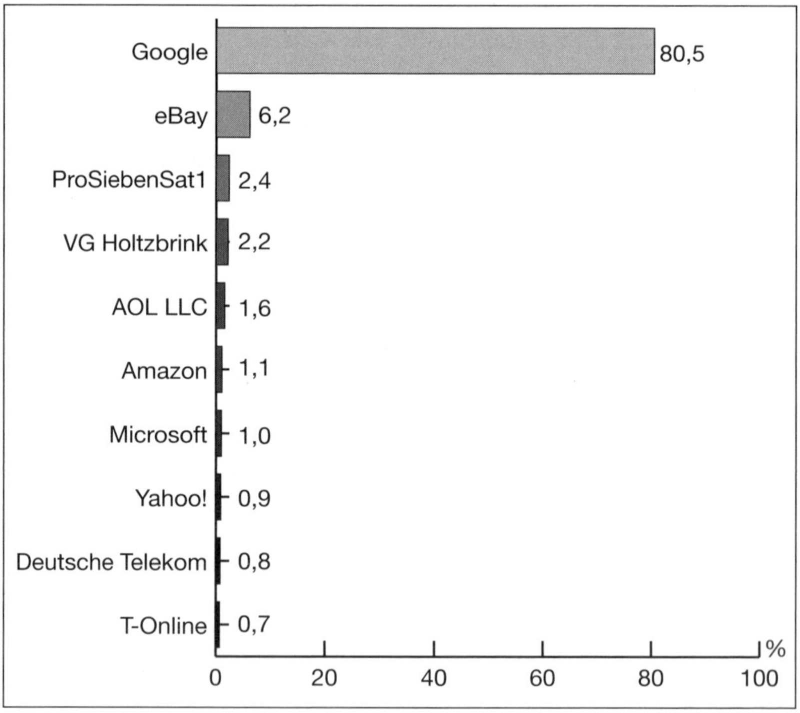

Abbildung 2: Marktanteil der Suchmaschine Google (Quelle: comScore)

7 comScore qSearch 2.0 German Share of Search Report; *http://www.comscore.com/press/release.asp?press=2311*

Dennoch lohnt es sich, auch bei anderen Suchmaschinen, wie **Yahoo!** *(www.yahoo.de)* oder **msn** *(www.msn.de)*, Anzeigen zu schalten. Fast alle haben eigene Werbeprogramme. Bei **Yahoo!** zum Beispiel **Yahoo! Search Marketing**. Diese Werbeprogramme sind in der Regel ähnlich aufgebaut wie Google AdWords. Wenn Sie das Grundprinzip der sogenannten Keyword-Werbung einmal verstanden haben, sollten Sie ohne größere Probleme auch bei diesen Anbietern werben können. Bei Anbietern wie **mirago**, **msn** und **Yahoo!** zu werben, ist interessant, da die Klickpreise hier teilweise deutlich niedriger sind und so kostengünstiger geworben werden kann. Dies liegt mit daran, dass die Zahl der Werbenden hier geringer ist als bei Google und die Anzeigen dementsprechend nicht so stark miteinander konkurrieren. Aufgrund des geringen Marktanteils können diese Programme im Moment aber eher als Ergänzung, nicht als Ersatz zu AdWords betrachtet werden.

1.3 Was kann mit AdWords erreicht werden?

Es gibt drei klare Ziele, die Sie mit der Schaltung von Google AdWords erreichen können:

- Steigerung der Besucherzahl
- Steigerung von Conversions (Verkäufe, Anmeldungen usw.)
- Erhöhung Ihres Return-On-Investments (ROI)

In erster Linie dienen AdWords dazu, neue und qualifizierte Besucher auf Ihre Website zu bringen und damit die Besuchszahlen zu steigern. Nach Beginn Ihrer Kampagne sollten Sie demnach einen deutlichen Zuwachs an Besuchern auf Ihrer Seite verzeichnen können. Um die Besuchszahlen einer laufenden Kampagne weiter zu steigern, ist es notwendig, die Kampagne entsprechend zu optimieren. So sollte beispielsweise der Klickpreis (Cost-per-Click), das ist der Preis, den Sie pro Klick auf Ihre Anzeige maximal ausgeben wollen, regelmäßig angepasst werden. Wie das genau aussehen kann, erfahren Sie im Verlauf des Buches.

Nun ist Ihr eigentliches Ziel aber nicht, möglichst viel Traffic auf Ihrer Seite zu verzeichnen, vielmehr sollen diese Besucher einen bestimmten Zweck erfüllen: Sie sollen Conversions verursachen. Das kann je nach Website beispielsweise ein erfolgter Verkauf, eine Anfrage, ein Download und Ähnliches sein. Die Steigerung der Besuchszahlen erhöht natürlich auch Ihre Chancen auf erfolgreiche Conversions. Denn je mehr User Ihre Seite aufsuchen, desto höher ist die Wahrscheinlichkeit, dass einige dieser Besucher einen Kauf oder Ähnliches tätigen. Aber: Nicht jeder Besucher ist ein guter Besucher. Denn je qualifizierter Ihre Besucher sind, desto wahrscheinlicher ist es auch, dass sie die gewünschte Conversion auslösen. Es gilt also, bereits im Vorfeld möglichst genau die richtige Zielgruppe anzusprechen. Das kann unter anderem über die Wahl der richtigen Keywords, die Anzeigentexte und die Werbefläche geschehen.

Es hilft weder die beste Anzeigenplatzierung noch die tollste Conversion-Rate, wenn am Ende nicht auch ein Gewinn erzielt werden kann. Investieren Sie 2.000 Euro in Ihre Kampagne und generieren dadurch nur Einnahmen in Höhe von 1.800 Euro, können Sie sich zwar immer noch daran freuen, dass Sie vielleicht die Conversion-Rate verdoppelt haben, dennoch haben Sie einen Verlust gemacht. Dass das nicht das Ziel sein kann, ist klar. Ausgaben für AdWords rechnen sich natürlich nur dann, wenn Sie mehr zurückbekommen, als Sie letztendlich ausgegeben haben. Der Return-On-Investment (ROI) kann genutzt werden, um zu ermitteln, ob und um wie viel die Ausgaben in einen positiven Gewinn umgewandelt wurden. Er gibt an, was wir aus unserer »Investition« (Investment) »zurückbekommen« (Return) haben, und wird wie folgt berechnet:

Gewinnanteil / (durchschnittlicher Kapitaleinsatz) × 100

Stellen Sie sich vor, Sie sind Autor eines E-Books und vertreiben dieses mithilfe von Google AdWords über das Internet. Sie haben 2.000 Euro in eine Kampagne investiert und im Zuge dieser 90 Verkäufe im Wert von jeweils 25,50 Euro generiert. Insgesamt haben Sie also einen Umsatz im Höhe von 2.295 Euro gemacht. Da für das E-Book keine weiteren Kosten wie beispielsweise Lagerkosten anfallen, wenden wir diese Zahlen ohne Abzüge auf unsere Return-On-Investment-Formel an. Es ergibt sich ein Return-On-Investment in Höhe von 14,75 Prozent, denn (2.295 – 2.000) / (2.000) × 100 = 14,75.

Beachten Sie, dass bei der korrekten Berechnung des ROI auch andere Faktoren wie beispielsweise die Arbeitszeit, Materialkosten und Ähnliches berücksichtigt werden müssen. Nur so kann man den wirklichen Gewinn mit in die Formel einbringen. Da die Berechnung des ROI innerhalb dieses Buches nur an fiktiven Beispielen stattfindet, ist dies nicht möglich. Es wird ein idealisierter ROI-Wert ermittelt, da nur die Ausgaben bei AdWords miteinbezogen werden. Gleiches gilt für den ROAS.

1.4 Wie funktioniert Werbung mit AdWords?

Das Prinzip der AdWords-Werbung ist denkbar einfach und kann in drei Verlaufspunkte unterteilt werden:

- Ein Nutzer sucht nach einem Produkt oder einer Information. Er führt eine Suchanfrage durch. Das heißt, er gibt einen Suchbegriff in das Suchfeld bei Google ein.
- Es werden organische Suchergebnisse und Anzeigen, die zu dem Suchbegriff passen, eingeblendet (vgl. Abbildung 1 auf Seite 17).
- Der Nutzer klickt auf eine Anzeige und wird auf die entsprechende Website des Werbenden weitergeleitet.

Ihre Anzeige erscheint, wenn ein User bei Google einen Suchbegriff eingibt, den Sie zuvor in einer Kampagne als Keyword hinterlegt haben. Begriffe, die für Ihr Produkt oder Ihre Dienstleistung relevant sind, sollten als Keywords angelegt werden, damit Ihre Anzeigen dazu passend geschaltet werden können. Betrachten wir das ganze einmal am Beispiel des imaginären Süßwarenladens **Schokoladen-Mustermann**, um es deutlicher zu machen. Der Inhaber betreibt auch einen Onlineshop und wird uns das ganze Buch hindurch als Beispiel begleiten. Schokoladen-Mustermann bietet eine große Auswahl von Produkten rund um die Schokolade an. Angefangen bei Alpenmilchschokolade, über Nougat und Pralinen, bis hin zu Zartbitterschokolade. Da der Verkauf von Mozartkugeln stark zurückgegangen ist, haben die Inhaber von Schokoladen-Mustermann beschlossen, speziell für dieses Produkt AdWords zu schalten. Als Keywords haben sie unter anderem die Begriffe »Mozartkugeln«, »Mozartkugeln kaufen« und »Mozartkugeln online bestellen« gewählt. Gibt jetzt ein User bei Google eines dieser Keywords ein, bekommt er eine Anzeige von Schokoladen-Mustermann zu sehen. Diese könnte dann wie die Beispielanzeige unten aussehen.

> Kaufen Sie Mozartkugeln
> Unser besonderes Angebot
> für Sie: 250 g für nur 6,95 €!
> www.schokoladen-mustermann.de

Die Wahl der richtigen Keywords ist mehr als entscheidend für den Erfolg einer solchen Kampagne. Je genauer die Keywords zu Ihrem Produkt oder Ihrer Dienstleistung passen, desto wahrscheinlicher ist es, dass ein User auf Ihre Anzeige klickt und es zu einem erfolgreichen Abschluss kommt. Um es an unserem Beispiel aufzuzeigen: Schokoladen-Mustermann wirbt auch mit den Keywords »Schokolade kaufen« und »Geschenkidee für Oma«. Diese Begriffe passen zwar oberflächlich betrachtet auch zum Produkt Mozartkugeln, führen jedoch zu deutlich weniger Klicks auf die Anzeige als die anderen drei Keywords. Vor allem bringen sie aber wesentlich weniger Verkäufe. Das liegt daran, dass diese Begriffe weniger genau auf das beworbene Produkt zugeschnitten sind. Achten Sie deshalb bei der Wahl der Keywords darauf, dass diese so gut wie möglich zum beworbenen Produkt passen.

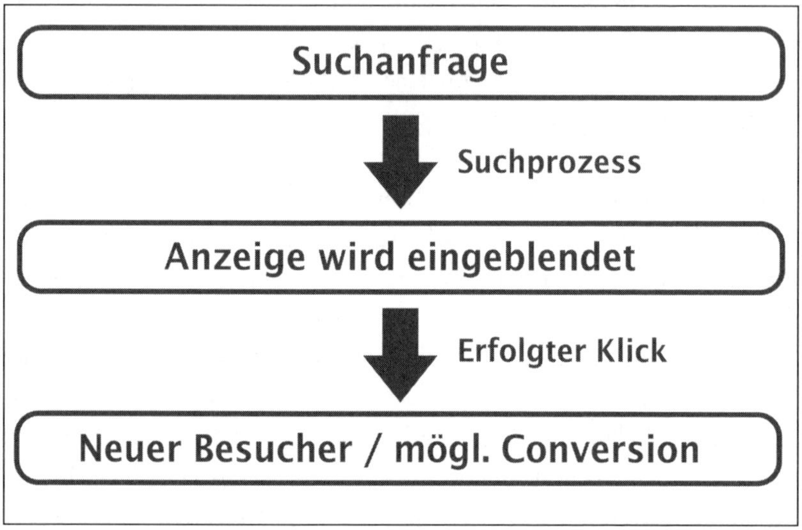

Abbildung 3: Der Prozess von der Suchmaschine bis zur erfolgreichen Conversion

1.5 Mit welchen Kosten muss ich rechnen?

Ein Grund, warum die Werbeform Google AdWords auch gut für kleinere Unternehmen geeignet ist, sind die kalkulierbaren Kosten. Neben einer einmaligen Aktivierungsgebühr, die zurzeit bei 5 Euro liegt, fallen keine weiteren Gebühren an. Es gibt zudem keinen Mindestumsatz oder eine festgelegte Dauer, über die Sie AdWords schalten müssen. Sie entscheiden also ganz wie es Ihnen beliebt, ob Sie im Monat 10 Euro, 100 Euro, 10.000 Euro oder wie viel auch immer ausgeben möchten.

Ihr Monatsbudget wird niemals überschritten. Wenn Sie 1.000 Euro als maximales Monatsbudget eingeben, bezahlen Sie auch keinesfalls mehr. Wird das Budget dagegen nicht aufgebraucht, wird Ihnen auch nur der Betrag in Rechnung gestellt, der angefallen ist. Ob und zu welchem Teil Ihr Budget tatsächlich verbraucht wird, ist von der Anzahl der zu Ihren Keywords passenden Suchanfragen abhängig. Je mehr passende Suchanfragen durchgeführt werden, desto häufiger wird Ihre Anzeige eingeblendet und kann dementsprechend öfter angeklickt werden. Im Gegensatz zu anderen Werbemitteln (bei Bannerwerbung ist dies oft der Fall) zahlen Sie nicht für das bloße Einblenden Ihrer Anzeigen. Sie zahlen nur dann, wenn auch tatsächlich jemand auf Ihre Anzeige klickt und damit auf Ihre Website weitergeleitet wird. Dieses Preismodell nennt man Cost-per-Click, kurz CPC. Den Preis, den Sie für einen Klick ausgeben wollen, können Sie selbst festlegen. Ist die Anzeige des Advertisers, also des Werbetreibenden, beispielsweise 100 Mal zu sehen, wird aber nur 1 Mal angeklickt, bezahlt er exakt den Betrag, den ihn der einzelne Klick gekostet hat.

Schokoladen-Mustermann hat ein Monatsbudget von 150 Euro für die Mozartkugelkampagne. Für jeden erzielten Klick zahlte er im vergangenen Monat durchschnittlich 0,42 Euro. Die Anzeigen erhielten rund 15.000 Impressionen, das heißt sie wurden 15.000 Mal eingeblendet. Tatsächlich auf die Anzeige geklickt wurde 265 Mal. Der Betrag, den Schokoladen-Mustermann demnach für seine Kampagne ausgegeben hat, liegt unterhalb des Monatsbudgets, nämlich bei 111,30 Euro. Es wird dementsprechend nur dieser Betrag in Rechnung gestellt.

Für Sie bedeutet das, dass Sie, obwohl Sie bei nahezu jeder Anfrage zu Ihrem Thema mit Ihrer Anzeige präsent sein können, nur einen Bruchteil von dem zahlen, das Sie bei vergleichbarer Präsenz in einem anderen Werbemedium ausgeben müssten. Der Werbende hat die Möglichkeit, zu guten Konditionen eine große Menge potenzieller Kunden anzusprechen, die er sonst nur schwer oder überhaupt nicht erreicht hätte. Voraussetzung ist, dass die Kampagne richtig angelegt ist und regelmäßig optimiert wird.

1.6 Wo genau sind AdWords-Anzeigen zu sehen?

Bei der Anzeigenauslieferung werden die Seiten, auf denen die Anzeigen letztlich erscheinen, in drei Gruppen gegliedert:

- Google-Suche
- Google Such-Werbenetzwerk
- Google Content-Werbenetzwerk

Die Google-Suchseiten sind die bekannten Google-Seiten wie *www.google.de, www.google.com* usw. Hier erscheinen die Anzeigen Keyword-bezogen. Das heißt, die Anzeigen werden eingeblendet, wenn jemand aktiv nach einem Begriff sucht, der mit einem der vom Werbetreibenden hinterlegten Keywords übereinstimmt. Das Google Such-Werbenetzwerk umfasst zahlreiche Seiten, bei denen Google als Suchmaschine integriert ist. Dazu gehören neben der **Google Produktsuche** und **Google Groups** auch Seiten wie *www.t-online.de, www. aol.de* (vgl. Abbildung 4) und andere. Die Anzeigen werden ebenfalls Keyword-abhängig eingeblendet. Das Google Content-Werbenetzwerk umfasst zahlreiche themenbezogene Websites, Nachrichtenseiten, Blogs und eigene Google-Dienste, wie Google Mail. Abhängig davon, ob der Inhalt der Websites oder des Blogs thematisch zu den Anzeigen passt, werden Anzeigen auf diesen Seiten geschaltet. Bei dieser Abstimmung von Werbeanzeigen auf den thematischen Inhalt der Seite spricht man von Context-bezogener Werbung.

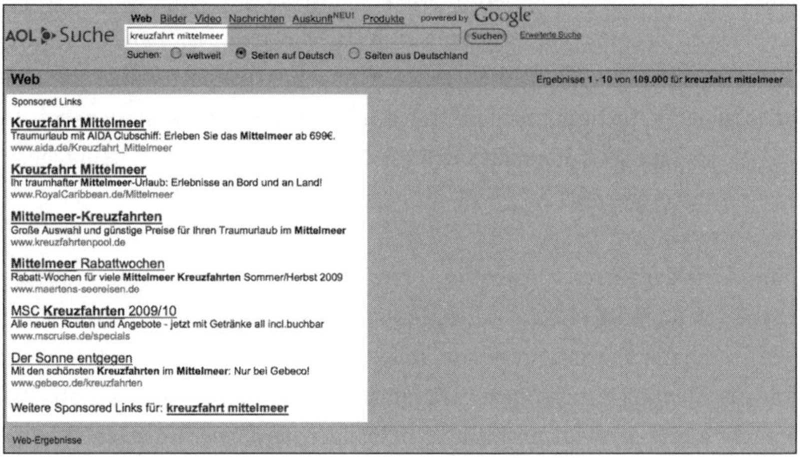

Abbildung 4: Beispiel der Anzeigenschaltung im Such-Werbenetzwerk *(www.aol.de)*

Sehen wir uns dazu Schokoladen-Mustermann an: Wir wissen bereits, dass seine Anzeige geschaltet wird, wenn jemand bei der Suchmaschine Google einen Begriff eingibt, welcher mit einem seiner Keywords übereinstimmt. Genauso kann diese Anzeige aber auch auf Seiten erscheinen, die thematisch zu der Anzeige passen. Bei Schokoladen-Mustermann und der Mozartkugel-Kampagne könnten das Websites sein, auf denen Geschenkideen ausgetauscht werden, ein Blog, in den jemand ein Rezept für ein Dessert mit Mozartkugeln gepostet hat, oder auch ein Bericht auf der Website einer Tageszeitung zum Thema »Kulinarisches aus Österreich«. Eine Vielzahl großer Portale schaltet auf ihren Seiten keine eigene Werbung, sondern bezieht diese direkt von Google. Auf diese Weise können auch Unternehmen, die nur über ein Budget von wenigen hundert Euro im Monat verfügen, auf Webseiten werben, die täglich Hunderttausende Seitenzugriffe haben. Dazu gehören beispielsweise die Webseiten von der *Financial Times (www.ftd.de)* und Focus *(www.focus.de)*.

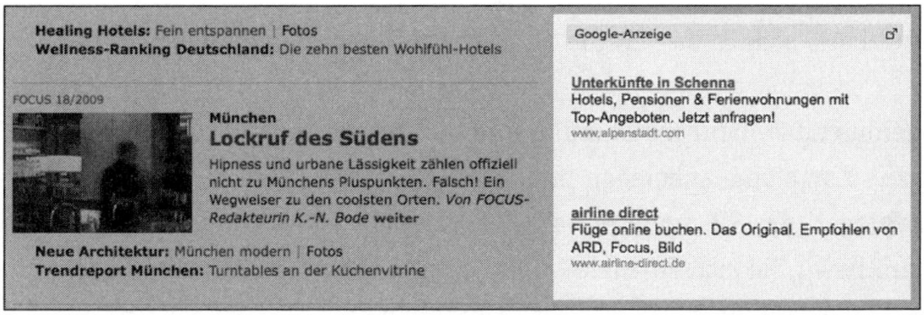

Abbildung 5: Beispiel der Anzeigenschaltung im Content-Werbenetzwerk *(www.focus.de)*

In Abbildung 5, welche einen Ausschnitt der Reiseseite von *www.focus.de* zeigt, sieht man Context-basierte Werbeanzeigen. Die Anzeigen passen alle zum Inhalt der Seite, nämlich Reisen. Beworben werden dementsprechend Flüge und Unterkünfte. Bei diesen Context-bezogenen AdWords-Anzeigen im Content-Werbenetzwerk spricht man auch von AdSense. Als Website-Betreiber kann man sich für das Google AdSense-Programm anmelden. Entsprechend dem Inhalt der Website werden dann auf dieser Anzeigen geschaltet und der Website-Betreiber bekommt dafür von Google eine Provision gezahlt. Der Einfachheit halber werden wir im Laufe des Buches weiter von AdWords im Content-Werbenetzwerk sprechen.

1.7 Bevor es losgeht ...

Häufig liest man außergewöhnliche Erfolgsversprechen, die einem mithilfe von Google AdWords schnellen Erfolg und großartige Umsatzsteigerungen in kürzester Zeit garantieren. Es ist richtig, dass mit Google AdWords relativ schnell neue Kunden gewonnen werden können. Das gilt sowohl für den B2B- als auch für B2C-Bereich. Falsch ist aber davon auszugehen, dass es sich bei Google AdWords um ein Wundermittel handelt, das es einem ohne jegliche Arbeit ermöglicht, seine Umsätze ins Unermessliche zu steigern. Ich behaupte sogar, dass man mit AdWords jede Menge Geld verlieren kann. Versteht man nicht, wie dieses Werbemittel einzusetzen und zu verwalten ist, geht der Plan zur Gewinnung von Neukunden schnell nach hinten los und einzig Google freut sich über das ausgegebene Geld.

Um zu vermeiden, dass Sie Ihr Werbebudget nicht effektiv nutzen und Google AdWords zu einer Enttäuschung für Sie wird, ist es wichtig, dass Sie lernen, wie Sie AdWords-Werbung für sich richtig einsetzen. Machen Sie sich Gedanken über die folgenden Punkte, bevor Sie damit beginnen, eine Kampagne anzulegen und Geld für AdWords auszugeben:

- Haben Sie Zeit und Lust, sich in das für Sie neue Thema Google AdWords einzuarbeiten?
- Kalkulieren Sie genügend Zeit für die Planung und die Optimierung der Kampagne ein. Es genügt nicht, die Kampagne anzulegen und laufen zulassen.
- Wie hoch ist das Budget, das Sie monatlich für Werbung ausgeben können? Fangen Sie besser klein an, bevor Sie sich finanziell übernehmen. Abhängig vom Erfolg Ihrer Kampagne können Sie das Budget dann jederzeit erhöhen.
- Es gibt keine Erfolgsgarantie! Auch wenn es relativ leicht ist, neue Kunden zu gewinnen und seine Einnahmen zu erhöhen, kann es gerade in der ersten Zeit auch zu Verlusten kommen.
- Bleiben Sie sachlich und erwarten Sie keine Wunder.

Wenn Sie gezielt und mit realistischen Erwartungen an das Thema herangehen, sollten erste kleine und vor allem ausbaubare Erfolge nicht lange auf sich warten lassen.

2. Kontoeinrichtung

2.1 Erste Schritte

Sie wissen jetzt, um was genau es sich bei AdWords handelt und dass Sie mit diesen eine außergewöhnlich große Gruppe potenzieller Neukunden erreichen können. Um diese Kunden anzusprechen, fehlt Ihnen nur noch ein AdWords-Konto. Besuchen Sie die Google AdWords-Startseite *(https://www.google.de/adwords)* und legen Sie sich, wie im folgenden Teil beschrieben, einen Account an.

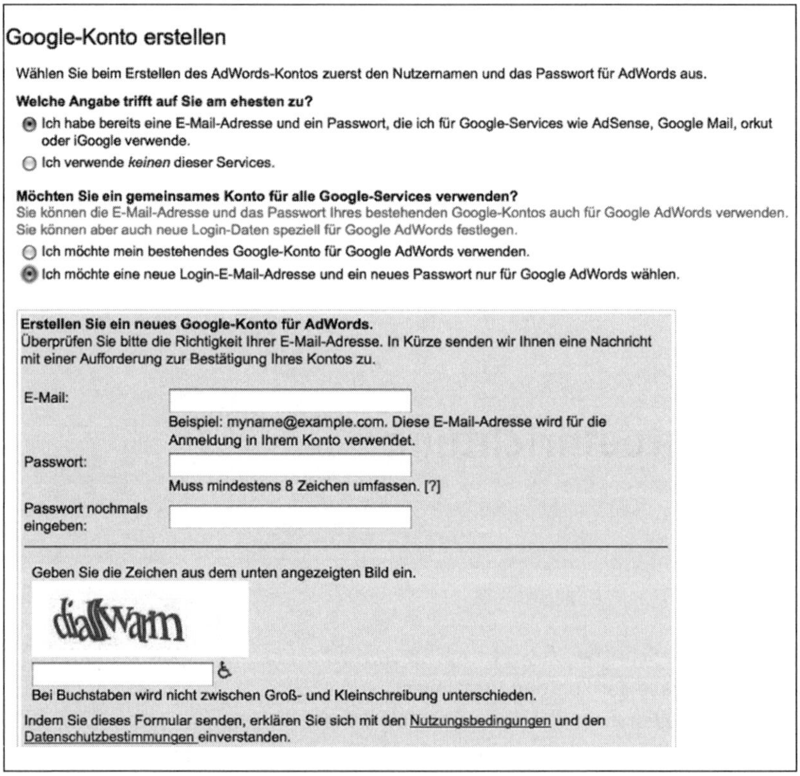
Google-Konto erstellen

Wählen Sie beim Erstellen des AdWords-Kontos zuerst den Nutzernamen und das Passwort für AdWords aus.

Welche Angabe trifft auf Sie am ehesten zu?

- Ich habe bereits eine E-Mail-Adresse und ein Passwort, die ich für Google-Services wie AdSense, Google Mail, orkut oder iGoogle verwende.
- Ich verwende *keinen* dieser Services.

Möchten Sie ein gemeinsames Konto für alle Google-Services verwenden?
Sie können die E-Mail-Adresse und das Passwort Ihres bestehenden Google-Kontos auch für Google AdWords verwenden. Sie können aber auch neue Login-Daten speziell für Google AdWords festlegen.

- Ich möchte mein bestehendes Google-Konto für Google AdWords verwenden.
- Ich möchte eine neue Login-E-Mail-Adresse und ein neues Passwort nur für Google AdWords wählen.

Erstellen Sie ein neues Google-Konto für AdWords.
Überprüfen Sie bitte die Richtigkeit Ihrer E-Mail-Adresse. In Kürze senden wir Ihnen eine Nachricht mit einer Aufforderung zur Bestätigung Ihres Kontos zu.

E-Mail:
Beispiel: myname@example.com. Diese E-Mail-Adresse wird für die Anmeldung in Ihrem Konto verwendet.

Passwort:
Muss mindestens 8 Zeichen umfassen. [?]

Passwort nochmals eingeben:

Geben Sie die Zeichen aus dem unten angezeigten Bild ein.

Bei Buchstaben wird nicht zwischen Groß- und Kleinschreibung unterschieden.

Indem Sie dieses Formular senden, erklären Sie sich mit den Nutzungsbedingungen und den Datenschutzbestimmungen einverstanden.

Abbildung 6: Erste Schritte bei der Kontoeinrichtung

Profi-Tipp

Seit Kurzem gibt es auch einen telefonischen Support, der Sie bei der Einrichtung eines Accounts unterstützt. Genauere Informationen über diesen Service finden Sie auf der AdWords-Startseite.

Auf der folgenden Seite legen Sie Ihre Log-in-Daten an (vgl. Abbildung 6). Sollten Sie bereits einen anderen Service von Google nutzen, wie zum Beispiel **Google Mail**, können Sie die gleichen Zugangsdaten verwenden. Wenn Sie das nicht wollen oder noch über gar kein Google-Konto verfügen, vergeben Sie an dieser Stelle neue Log-in-Daten. Das heißt, eine Log-in-E-Mail-Adresse und ein Passwort. Legen Sie im Anschluss daran Ihre bevorzugte Währung fest. Die festgelegte Währung kann nach Erstellen des Kontos nicht mehr geändert werden. Direkt im Anschluss daran wird Ihr AdWords-Account eröffnet.

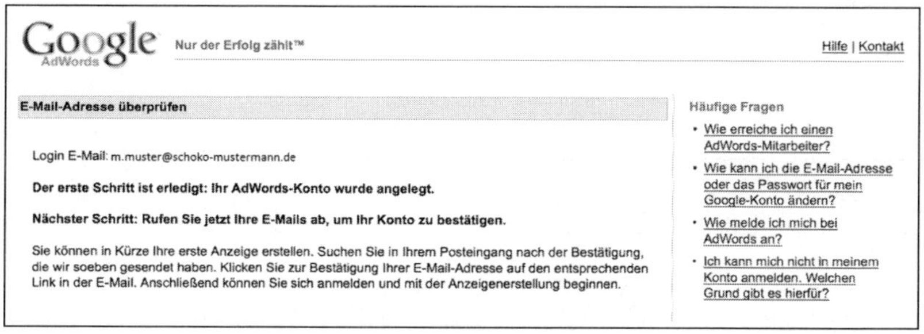

Abbildung 7: Einrichten des AdWords-Kontos

Google schickt Ihnen an die angegebene E-Mail-Adresse eine Nachricht mit einem Bestätigungslink. Diesen müssen Sie anklicken, um Ihr Konto endgültig zu aktivieren. Melden Sie sich daraufhin in Ihrem neuen Account an und erstellen Sie Ihre erste Kampagne. Dazu müssen die folgenden vier Schritte ausgeführt werden:

1. Festlegen der sprachlichen und geografischen Ausrichtung
2. Anlegen eines Anzeigentextes
3. Einrichten der Keywords
4. Festlegen von Tagesbudget und Klickpreis

Was genau diese vier Schritte beinhalten, was es für Auswahlmöglichkeiten gibt und was alles zu beachten ist, wird im Laufe des Buches noch genau erklärt. Lesen Sie sich also bitte erst alles genau durch, bevor Sie sich in Ihre erste Kampagne stürzen. Google hat Ihnen bereits automatisch eine zehnstellige Kundennummer zugewiesen. Diese finden Sie unter anderem in der oberen rechten Ecke der AdWords-Benutzeroberfläche. Um das Konto endgültig zu aktivieren, also in den Status zu bringen, in dem Sie dann auch Anzeigen schalten können, fehlt nur noch die Eingabe Ihrer Kontoinformationen.

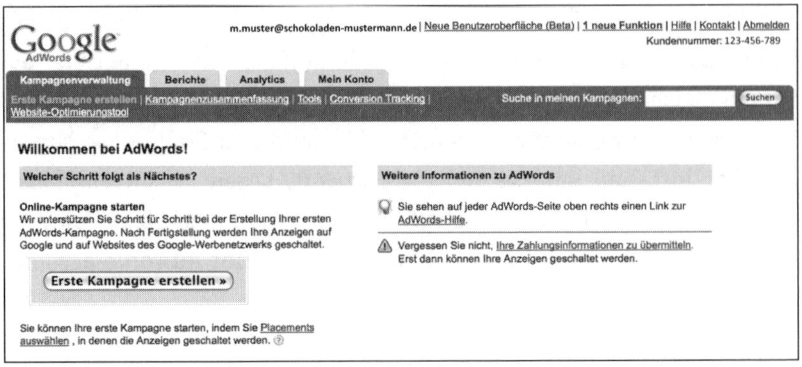

Abbildung 8:
Erstellen der ersten Kampagne

Profi-Tipp

Beachten Sie, dass die Kampagne gleich nach dem Anlegen aktiv ist. Wenn Sie also nicht sofort mit der Kampagne online gehen wollen, sondern erst noch die eine oder andere Einstellung ändern wollen, setzen Sie die Kampagne zuerst auf Pause. Dazu gehen Sie auf die Registerkarte Kampagne und wählen die entsprechende Kampagne in der Baumansicht aus und ändern den Status von **Aktiviert** auf **Pausiert**.

2.2 Eingabe der Kontoinformationen

Um Ihre Rechnungseinstellungen in Ihrem Account zu hinterlegen, loggen Sie sich erst einmal in Ihr Konto ein. Halten Sie am besten schon alle nötigen Daten, die Sie insbesondere für die Rechnungseinstellungen benötigen, bereit. Abhängig davon, welches Bezahlverfahren Sie wünschen, heißt das Ihre Kreditkarten- oder Bankdaten, sowie die Umsatzsteuer-ID. Sie werden bereits auf der Startseite Ihres AdWords-Account dazu aufgefordert, die fehlenden Rechnungseinstellungen vorzunehmen. Dahinter wird ein Link angezeigt, der Sie direkt zu den Abrechnungseinstellungen führt. Alternativ dazu können Sie auch auf die Registerkarte **Abrechnung** und hier wiederum in die **Abrechnungseinstellungen** gehen. Sollten Sie später einmal Änderungen an den Abrechnungseinstellungen vornehmen wollen, machen Sie dies an der gleichen Stelle.

Als erstes wählen sie das Land aus, in dem sich Ihre Rechnungsadresse befindet, und geben die dazugehörige Zeitzone an. Danach wählen Sie eine Zahlungsmethode. Zur Auswahl stehen Ihnen als Nachzahlungsabrechnung Bankeinzug und Kreditkarte, als Vorauszahlungsabrechnung Überweisung und Kreditkarte. Sie können mit dem relativ neuen

Verfahren Giropay auch eine Überweisung in Echtzeit vornehmen. Auf diese Art kann Ihre Kampagne praktisch sofort gestartet werden. Sollten Sie als Bezahlverfahren Abbuchung gewählt haben, ist es notwendig, eine Einzugsermächtigung an Google zu schicken. Diese Einzugsermächtigung wird Ihnen in Ihrem Konto fertig zum Ausdruck bereitgestellt, sodass Sie diese nur noch unterschrieben an Google faxen oder per Post senden müssen. Erledigen Sie dies am besten sofort, da Ihre Anzeigen erst ab dem Zeitpunkt geschaltet werden können, ab dem Google Ihre Einzugsermächtigung vorliegt. Verlieren Sie wenn möglich nicht unnötig Zeit, indem Sie den Postweg wählen, da die Bearbeitungs- und Versandzeit hier bei bis zu zehn Tagen liegen kann. Faxen Sie das Formular lieber und gewinnen Sie dadurch gut fünf Tage Zeit, an denen Sie schon neue Kunden werben können. Der letzte Schritt ist nun nur noch das Eingeben der Zahlungsdaten. Das heißt, Sie geben an, ob Sie AdWords zu Geschäftszwecken verwenden, und geben in diesem Fall Ihre Umsatzsteuer-ID an. Daraufhin klicken Sie nur noch auf **Speichern und Aktivieren**. Im Anschluss daran werden Sie erneut auf die nun fertige Seite **Abrechnungseinstellungen** geleitet.

Sollten Sie die Option Abbuchung gewählt haben, erhalten Sie an dieser Stelle den Link zur Einzugsermächtigung. Ihr Konto wird erst aktiviert, wenn Google diese erhalten hat. Haben Sie dagegen eine der beiden Vorauszahlungsmethoden gewählt, werden Sie aufgefordert, einen Betrag in Höhe von mindesten 10 Euro einzuzahlen. Ihre Anzeigen werden solange geschaltet, bis der eingezahlte Betrag verbraucht ist. Das Tagesbudget wird hierbei natürlich auch berücksichtigt. Google informiert Sie per E-Mail, sobald der Betrag fast aufgebraucht ist, sodass Sie genügend Zeit haben, Ihr Konto aufzuladen, ohne mit Ihrer Anzeigenschaltung pausieren zu müssen. Zweifellos die schnellste Art, um zur Anzeigenschaltung zu kommen, ist die Option Nachzahlung per Kreditkarte, da hier keine zusätzliche Bearbeitungszeit anfällt.

Typische Anfängerfehler

!

Anfängern passiert es leicht, dass sie beim Einrichten des Kontos versehentlich die falsche Zeitzone festlegen. Da die Zeitzoneneinstellung nachträglich nicht mehr geändert werden kann, sollten Sie unbedingt darauf achten, die richtige einzugeben (das wäre bei uns GMT+01:00 Berlin)! Eine falsch angegebene Zeitzone hat Einfluss auf die konstante Anzeigenauslieferung. Zudem werden auch die Daten von dem Analyse-Tool Google Analytics verfälscht, falls Sie dieses eingebaut haben. Das gleiche gilt für die Währungseinstellung.

Wenn Sie das Konto zu Geschäftszwecken nutzen, geben Sie unbedingt Ihre Umsatzsteuer-ID an, da Ihnen sonst automatisch der irische Mehrwertsteuersatz berechnet wird. Dieser liegt momentan bei stolzen 21 Prozent!

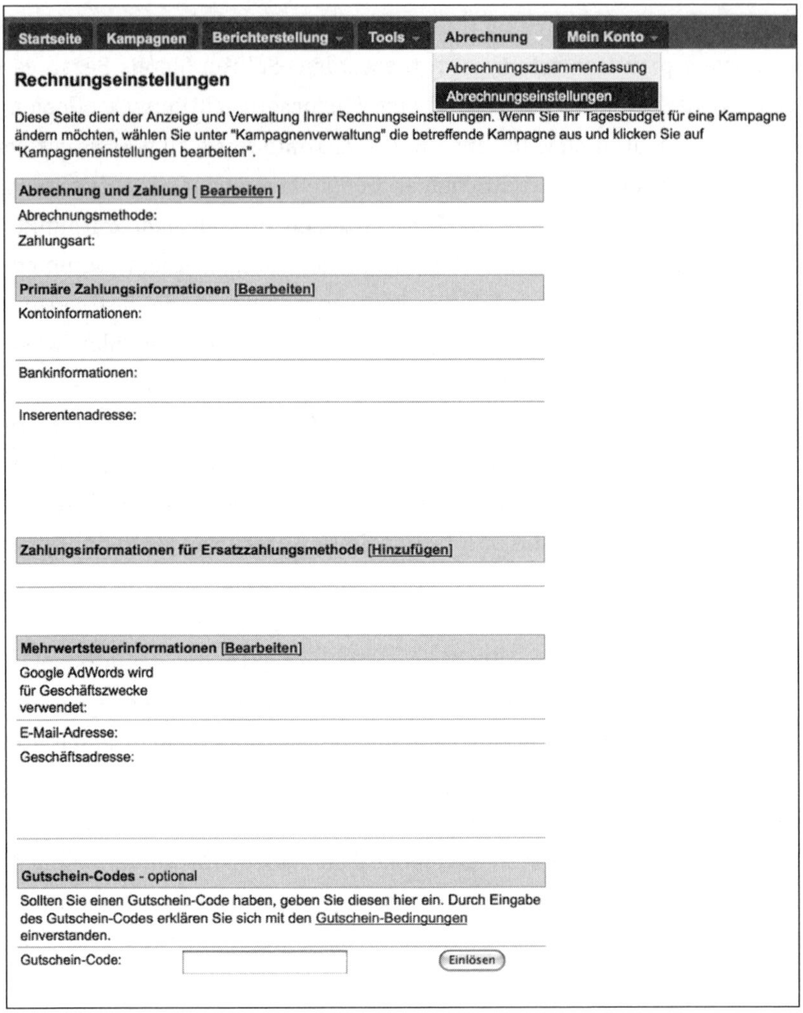

Abbildung 9: Die Seite **Abrechnungseinstellungen** im AdWords-Account

2.3 Erstellen einer Website mit Google Sites

Wie bereits erwähnt bietet Google Unternehmen, die über keinen Internetaufritt verfügen, die Möglichkeit, eine eigene Website zu erstellen. Haben Sie bereits einen Internetauftritt, können Sie diesen Abschnitt überspringen und direkt zu Kapitel 3 übergehen.

Um sich eine kostenlose Website zu erstellen gehen Sie auf die Seite *http://www.google.de/sites*. Wenn Sie bereits andere Dienste von Google nutzen können Sie sich hier mit Ihren Zugangsdaten einloggen. Ansonsten legen Sie sich an dieser Stelle einen Account an.

Abbildung 10: Erstellen Sie sich Ihre eigene Website mit Google Sites.

Geben Sie als erstes den Name der Seite ein. Zum Beispiel »Schokoladen-Mustermann«. Die URL hieße dann *http://sites.google.com/site/schokoladenmustermann*. Geben Sie weiterhin eine kurze Beschreibung der Seite an (zum Beispiel »Ihr Spezialist für Schokolade und Süßwaren«). Sollte Ihre Seite nicht jugendfrei sein, aktivieren Sie das entsprechende Kontrollkästchen. Da Sie die Seite zu Werbezwecken nutzen wollen, geben Sie die Seite für jeden User frei und nicht nur für einen ausgewählten Kreis. Das Design der Seite können Sie aus einer großen Auswahl von Vorlagen beliebig anpassen. Geben Sie den angezeigten Code ein und klicken Sie auf den Button **Site erstellen**.

Sie bekommen nun die fertige Seite angezeigt. Wie bei Content-Management Systemen können sie Ihre Seite nun beliebig anpassen, ohne HTML-Befehle eingeben zu müssen. So können Sie Ihre Website jederzeit bearbeiten und auf dem neuesten Stand halten. Sie können Textinhalte bearbeiten, Logos, Bilder und Links einfügen, Unterseiten er-

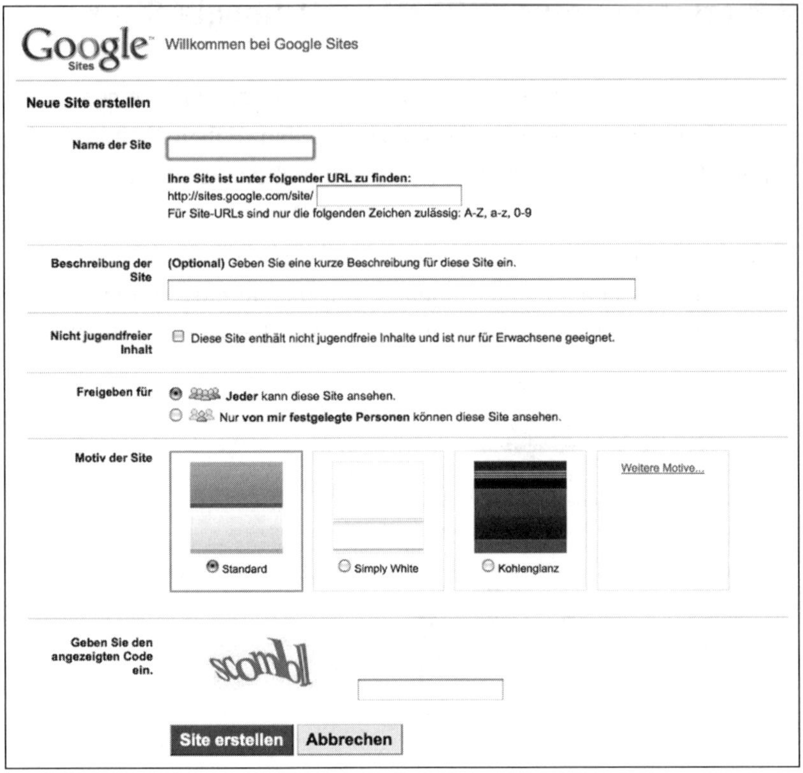

Abbildung 11:
Die Website kann individuell angepasst werden

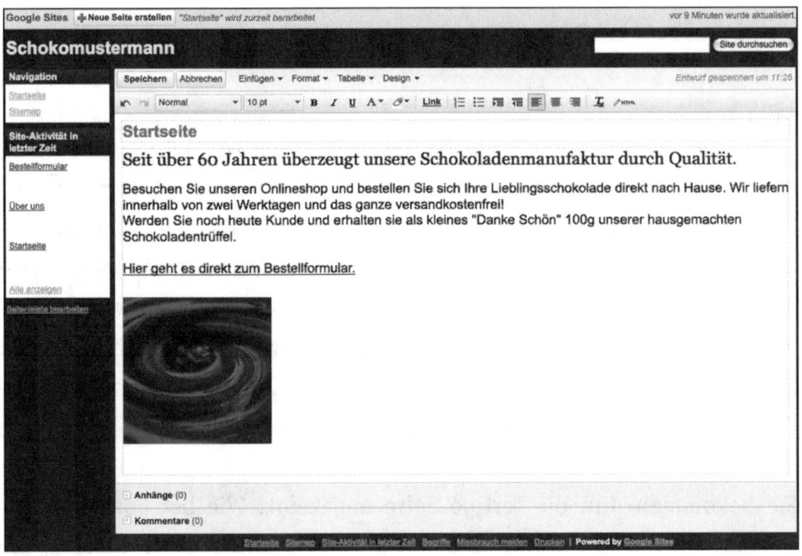

Abbildung 12:
Beispiel für eine fertig erstellte Site von *Schokoladen-Mustrmann*

stellen, Analytics einbinden und vieles mehr. Wichtig ist, dass Sie alle Änderungen über den entsprechenden Button immer abspeichern, da diese sonst verloren gehen. Welche Änderungen Sie im Detail vornehmen können, kann an dieser Stelle nicht erklärt werden, da uns das zu weit vom eigentlichen Thema fortführt. Hilfe zu Google Sites finden Sie auf folgender Seite: *http://sites.google.com/support/?hl=de*.

Profi-Tipp

Google Sites bietet Unternehmen, die sich keine professionell gestaltete Website leisten können, die Möglichkeit, qualitativ gute Websites zu erstellen. Aber auch hier sind Zeit und Übung nötig, um eine konkurrenzfähige und aussagekräftige Seite einzurichten, die Ihr Unternehmen repräsentiert.

3. Wo finde ich was im Konto?

Um sich im Google AdWords-Konto gut zurechtfinden zu können, ist es wichtig zu wissen, wie das Konto überhaupt aufgebaut ist und welche Einstellungen auf welcher Ebene vorgenommen werden. Man unterscheidet hier die folgenden drei Ebenen:

1. Kontoebene

An oberster Stelle steht die Kontoebene. Hier sind alle Informationen bezüglich des Kontos hinterlegt und können bearbeitet werden. Das sind beispielsweise die Log-in-Daten, die Zahlungsinformationen oder auch die Benachrichtigungseinstellungen.

2. Kampagnenebene

Die darunter folgende Ebene ist die Kampagnenebene. Hier werden alle Einstellungen vorgenommen, die die Kampagne betreffen. Beispiele für Kampagneneinstellungen sind die sprachliche und regionale Ausrichtung, die Werbenetzwerke, der Name der Kampagne, die Gebotsoptionen, das Budget, oder auch die Häufigkeit, mit der die Anzeigen geschaltet werden.

3. Anzeigengruppenebene

Die dritte, der Kampagne untergeordnete Ebene ist die Anzeigengruppenebene. Hier werden alle Informationen, die die Anzeigengruppe betreffen, hinterlegt. Eine Anzeigengruppe beinhaltet Anzeigen, Keywords und Placement sowie die zugehörigen Klickpreise. Dementsprechend werden auch Änderungen an den Keywords, den Anzeigen oder den Placements auf Anzeigengruppenebene vorgenommen.

Dank der neu eingeführten Benutzeroberfläche ist die Navigation innerhalb des Kontos deutlich einfacher geworden. Das mühsame Navigieren über die verschiedenen Ebenen ist komplett entfallen und Änderungen können direkt auf den einzelnen Unterseiten vorgenommen werden. Im Wesentlichen besteht die Navigation aus sechs Registerkarten, auch Tabs genannte, und deren Unterpunkten.

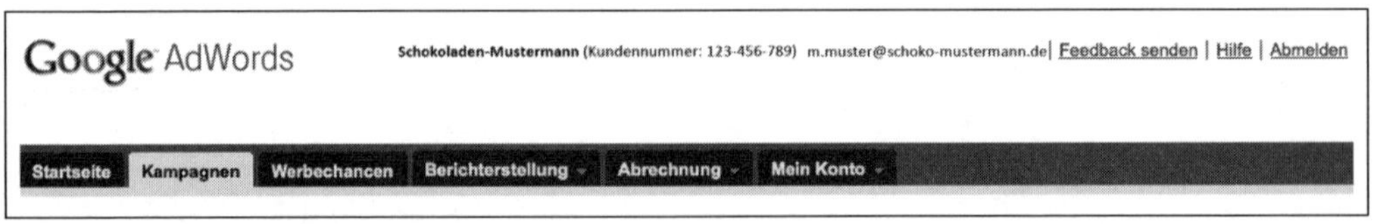

Abbildung 13: Die Kontonavigation

Startseite

Die Registerkarte **Startseite** zeigt eine Übersicht der laufenden Kampagnen und des Kontos als solchem. Diese Seite ist gut, um sich einen kleinen ersten Überblick über die Kampagnenleistung zu machen. Um einzelne Berichte anzuzeigen, klicken Sie auf das kleine Minussymbol neben dem Bericht.

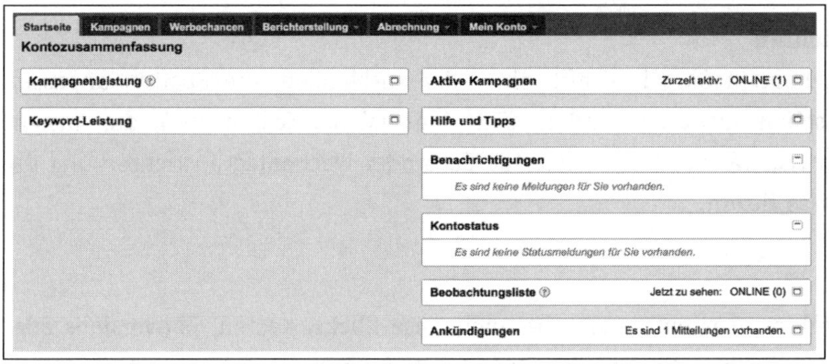

Abbildung 14:
Die Registerkarte
Startseite

Kampagnen

Die Registerkarte **Kampagnen** ist der wichtigste Tab überhaupt und wird vermutlich die Seite, die Sie am häufigsten aufrufen werden. Hier nehmen Sie alle Änderungen vor, die die Kampagne betreffen: Ändern und Bearbeiten von Keywords und Anzeigentexten, Festlegen der Klickpreise (CPC), Wahl der Werbenetzwerke und so weiter. Im oberen Bereich finden Sie eine Grafik, die Ihnen Aufschluss über die Leistung Ihrer Kampagnen gibt.

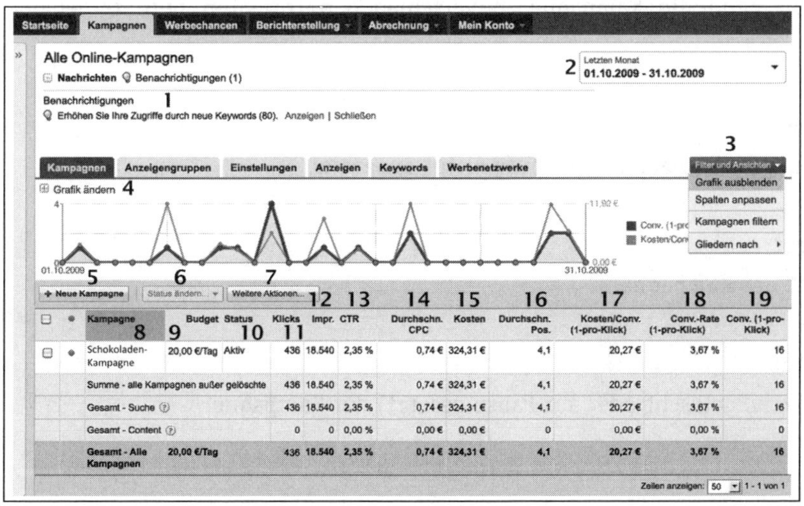

Abbildung 15:
Die Registerkarte
Kampagnen

1. Benachrichtigungen
Hier bekommen Sie aktuelle Optimierungsvorschläge zur Kampagne angezeigt. Über den Link **Anzeigen** werden Sie direkt auf den Tab **Werbechancen** weitergeleitet.

2. Datum
Hier können Sie den von Ihnen gewünschten Datumsbereich einstellen.

3. Filter und Ansichten
Über dieses Menü können Sie die Grafik ein- oder ausblenden, die Spalten anpassen (welche Faktoren sollen angezeigt werden: CTR, Conversions, Kosten etc.), die Ansicht nach den Optionen Tag, Woche, Monat, Quartal, Jahr oder Wochentag ausrichten und die Kampagnenergebnisse filtern.

4. Grafik ändern
Passen Sie die Grafik an. Lassen Sie sich beispielsweise Klicks, Kosten, Conversions oder CTR anzeigen und vergleichen Sie diese bei Bedarf mit einem zweiten Messwert.

5. Neue Kampagne
Über diesen Button kann direkt eine neue Kampagne erstellt werden.

6. Status ändern
Hier kann eine ausgewählte Kampagne auf Pause gesetzt, gelöscht oder reaktiviert werden.

7. Weitere Aktionen
Über diesen Button kann die Kampagne in verschiedenen Formaten heruntergeladen werden.

8. Kampagnennamen
Hier werden die Kampagnen nach Namen aufgelistet angezeigt.

9. Aktuelles Budget
Das aktuelle Budget der Kampagne.

10. Aktueller Status
Zeigt den Status (aktiv, gelöscht oder auf Pause gesetzt) der Kampagne.

11. Klicks
Die Anzahl der Klicks, welche die Kampagne in dem unter Punkt 1 ausgewählten Zeitraum erhalten hat.

12. Impressionen
Die Anzahl an Impressionen, die in dieser Zeit erreicht wurden.

13. CTR
Die Klickrate, angegeben in Prozent.

14. Durchschnittlicher CPC
Der Betrag, der durchschnittlich pro Klick ausgegeben wurde.

15. Kosten
Die Kosten, welche die Kampagne im ausgewählten Zeitpunkt verursacht hat.

16. Durchschnittliche Position
Gibt die Anzeigenposition an, auf der die Anzeigen im Durchschnitt zu sehen sind.

17. Kosten/Conversion (1-pro-Klick)
Die Kosten, die Sie für eine einzelne Conversion gehabt haben. Über **Spalten anpassen** können Sie sich auch die Werte für viele-Conversions-pro-Klick anzeigen lassen. Das ist wichtig, wenn User auf Ihrer Seite mehrere Aktionen ausführen können, die Sie als Conversion tracken wollen.

18. Conversion-Rate (1-pro-Klick)
Gibt die Conversion-Rate der ausgewählten Kampagne an.

19. Conversions (1-pro-Klick)
Die Anzahl der Conversions, die im ausgewählten Zeitraum erzielt wurden.

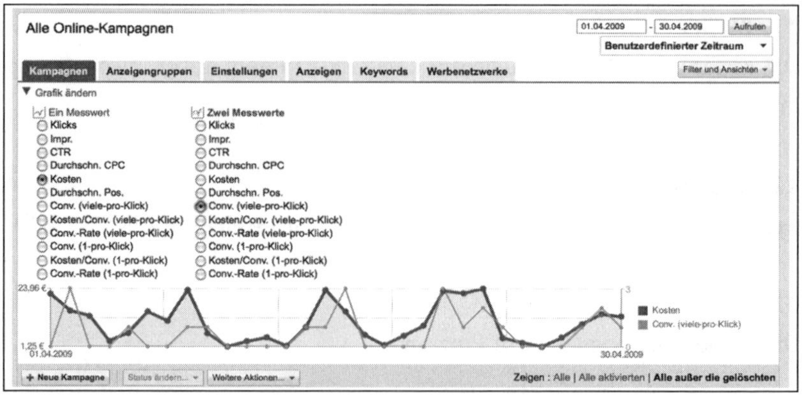

Abbildung 16: Die angezeigten Werte der Grafik können beliebig angepasst werden

Die Grafik kann sowohl zeitlich als auch in ihrer Darstellung angepasst werden. Wenn Sie **Zwei Messwerte** aktivieren, können zwei verschiedene Werte miteinander verglichen werden. In der vorangegangenen Abbildung 16 wurden zum Beispiel die Kosten mit der durchschnittlichen Zahl der Conversions verglichen. Um die Grafik anzupassen, gehen Sie auf den Link **Grafik anpassen** (vgl. Abbildung 15, Punkt 4). Soll die Grafik ganz ausgeblendet werden, gehen Sie auf den Button **Filter und Ansichten** und wählen hier **Grafik ausblenden** (vgl. Abbildung 15, Punkt 3).

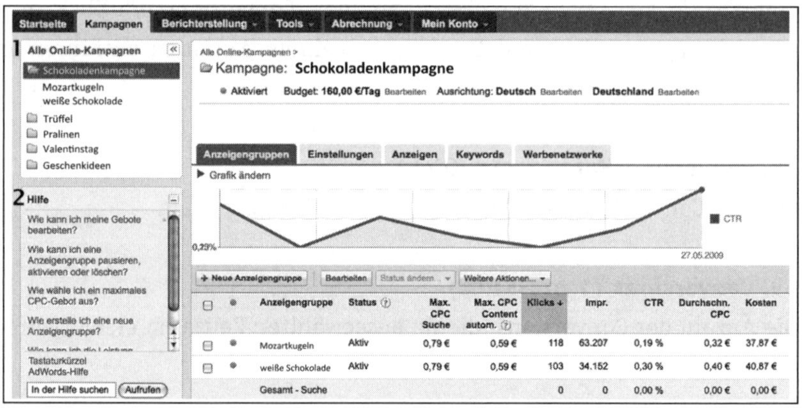

Abbildung 17: Die Baumansicht innerhalb des Accounts

In der linken Hälfte der Seite **Kampagnen** finden Sie eine Baumansicht (vgl. Abbildung 17, Punkt 1). Diese Baumansicht hilft beim Navigieren innerhalb der Kampagnen und Anzeigengruppen. Durch einfaches Anklicken der verschiedenen Kampagnen beziehungsweise Anzeigengruppen wird die rechte Darstellung angepasst. Wollen Sie die Baumstruktur ausblenden, klicken Sie auf das Pfeilsymbol hinter **Alle Online-Kampagnen**. Unterhalb dieses Feldes finden Sie die Hilfe-Funktion (Punkt 2). Hier bekommen Sie häufig gestellte Fragen zu dem entsprechenden Tab eingeblendet. Genauso kann die Hilfe auch nach Stichworten durchsucht werden. Über das Minus-Symbol wird die Hilfe ausgeblendet. Abhängig davon, welche Änderungen Sie vornehmen wollen oder welcher Bereich Ihnen angezeigt werden soll, gehen Sie auf eines der entsprechenden Untertabs: **Kampagnen, Anzeigengruppen, Keywords, Einstellungen, Anzeigen, Keywords** oder **Werbenetzwerke**. Wie Sie Änderungen und Einstellungen im Detail vornehmen, erfahren Sie in den späteren Kapiteln.

Werbechancen

Die Registerkarte **Werbechancen** zeigt Ihnen Optimierungsvorschläge zu Ihren Kampagnen im Such-Werbenetzwerk und auf Google-Suchseiten an. Die hier aufgelisteten Optimierungsvorschläge wurden von Google auf Grundlage Ihres Budgets, der Kampagnenleistung und der Keywords erstellt. Um einen oder mehrere Vorschläge zu bearbeiten, klicken Sie die Idee an (vgl. Abbildung 18), und es öffnet sich ein weiteres Fenster.

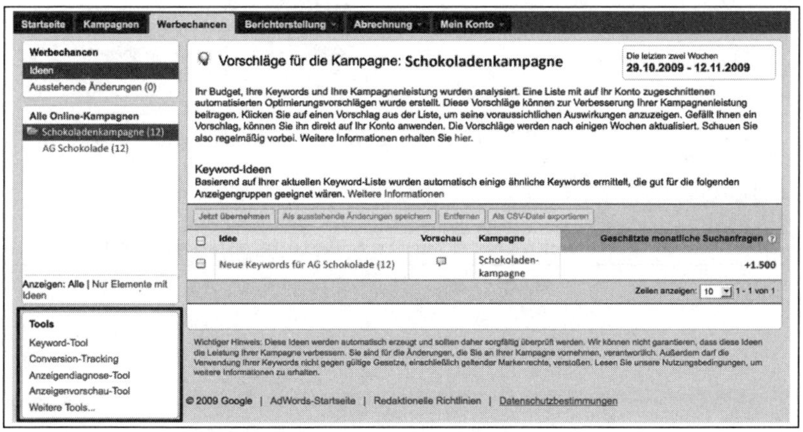

Abbildung 18:
Die Registerkarte **Werbechancen**

Die dort gezeigten Vorschläge können direkt übernommen, gespeichert, entfernt oder exportiert werden. Aktivieren Sie dazu einfach das entsprechende Kontrollkästchen und gehen Sie auf den Button **Jetzt übernehmen**, **Als ausstehende Änderungen speichern** oder **Als CSV-Datei exportieren** (vgl. Abbildung 19). Es kann zusätzlich gewählt werden, ob die Standardeinstellungen des CPC und der Verlinkung übernommen werden sollen, oder es können CPC und URL separat eingegeben werden. Die Änderungsvorschläge werden Ihnen zusätzlich noch einmal auf der Registerkarte **Kampagnen** unter der Überschrift **Nachrichten** angezeigt.

Neben aktuellen Änderungsvorschlägen finden Sie hier auch einen Link zu der Übersichtsseite mit den Tools (vgl. Abbildung 18). Das sind Anwendungen, die einen beim Einrichten und der Optimierung einer Kampagne unterstützen. Dazu gehören beispielsweise das Keyword-Tool und das Conversion-Optimierungstool.

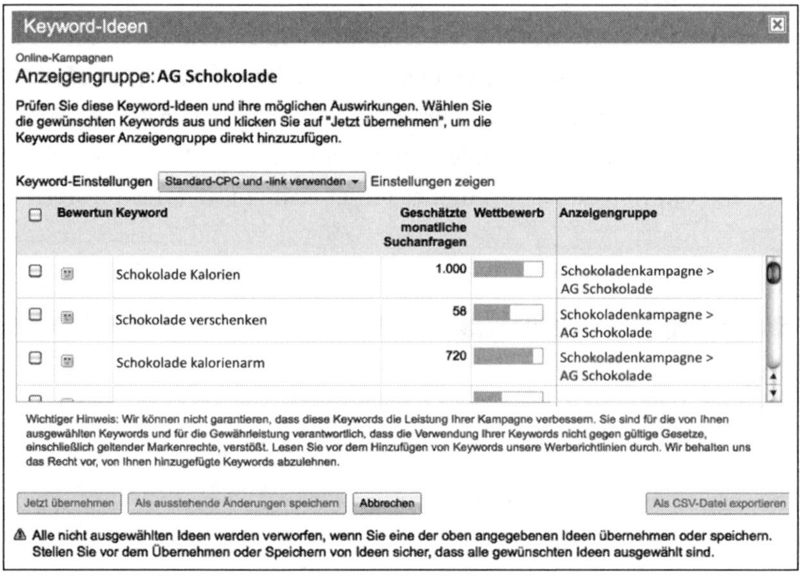

Abbildung 19: Vorschläge zur Optimierung übernehmen und bearbeiten

Typischer Anfängerfehler

Anfänger neigen dazu, die Optimierungsvorschläge ohne weiteres zu übernehmen. Das macht aber absolut keinen Sinn, da Google weder Ihre Ziele noch Ihre Finanzlage oder andere Faktoren berücksichtigt. Sehen Sie sich die Vorschläge also kritisch an und übernehmen Sie nur die, die auch sinnvoll sind. Interessant sind hier die Keywordvorschläge. Es können nämlich nicht nur neue Keywords gefunden werden, sondern auch viele Keywords, die man als ausschließende hinzufügt. Das sind Keywords, bei denen Ihre Anzeigen keinesfalls geschaltet werden sollen.

Berichterstellung

Die Registerkarte **Berichterstellung** weist folgende Untermenüs auf: **Berichte, Änderungsprotokoll, Conversions, Google Analytics** und **Website-Optimierungstool**. Über **Berichte** kommen Sie in das Berichtcenter. Hier können sie sich zahlreiche, benutzerdefinierte Berichte bezüglich Ihrer Kampagnen erstellen. Diese helfen Ihnen die Leistung Ihrer Kampagnen zu überwachen und sie entsprechend zu optimieren. Welche Berichtstypen erstellt werden können, erfahren Sie im Kapitel *Waren Sie erfolgreich? – Das Berichtcenter gibt Antwort*. Im **Änderungsprotokoll** können Sie alle bisher vorgenommen Änderungen an den aktuellen Kampagnen auf einen Blick einsehen. Besonders wichtig ist auch der Unterpunkt **Conversions**. Hier können Sie sich das AdWords Conversion Tracking einrichten und so den unmittelbaren Erfolg Ihrer Kampagne messen. Mit Conversion Tracking können bestimmte Aktionen, wie beispielsweise Verkäufe und Downloads, gezählt werden, die User auf Ihrer Seite durchführen. Zu diesen Themen erfahren Sie mehr in den Kapiteln *Weitere Profitools von Google nutzen* und *Optimieren Sie Ihre Kampagne mit AdWords Conversion Tracking*. Der Unterpunkt **Google Analytics** leitet Sie zur Startseite von Analytics weiter. Bei Analytics handelt es sich um ein kostenfreies Analysetool, das Sie dabei unterstützt, mehr über das Verhalten der Besucher Ihrer Website zu erfahren. Lesen Sie hierzu mehr im Kapitel *Nutzerdaten mit Google Analytics auwerten*. Das **Website-Optimierungstool** ist ein Werkzeug, das Sie beim Erstellen von sogenannten A/B-Tests, beziehungsweise multivariaten Tests unterstützt.

Abrechnung

Über diese Registerkarte gelangen Sie unter anderem zur **Abrechnungszusammenfassung** und den damit verbundenen Einstellungen. In der Abrechnungszusammenfassung finden Sie eine detaillierte Übersicht der erfolgten Zahlungen, angefallene Kosten und Rechnungen, die Ihnen auch zum Download bereitstehen.

Über die **Abrechnungseinstellungen** gelangen Sie auf eine Seite, auf der Sie Informationen bezüglich Abrechnung und Zahlung anlegen und bearbeiten können. An dieser Stelle geben Sie auch Ihre Umsatzsteuer-ID an. Mehr zu diesem Thema erfahren Sie im Kapitel *Wie verwalte ich mein Budget.*

Mein Konto

Über die Registerkarte **Mein Konto** haben Sie Zugriff auf die Grundeinstellungen Ihres AdWords-Kontos. Über den Unterpunkt **Kontoeinstellungen** nehmen Sie Änderungen an Ihrem Konto vor, wie zum Beispiel das Anpassen der Spracheinstellung. Hier können Sie auch eine Pharmacy-Checker-ID eintragen, die Sie benötigen, wenn Sie Medikamente bewerben.

Abbildung 20: Die Seite **Kontoeinstellungen**

Unter Kontozugriff können Sie weiteren Nutzern Zugangsrechte zu Ihrem Account geben. Sie können entscheiden, ob der User Änderungen am Konto vornehmen darf **(Standardzugriff)**, ob er nur Berichte einsehen kann **(Nur Berichtzugriff)** oder ob er nur Berichte und Informationen zugeschickt bekommt **(Nur E-Mail Zugriff)**. Klicken Sie dazu auf den Button **Andere Nutzer einladen** und vergeben Sie die entsprechenden Rechte (siehe Abbildung 21).

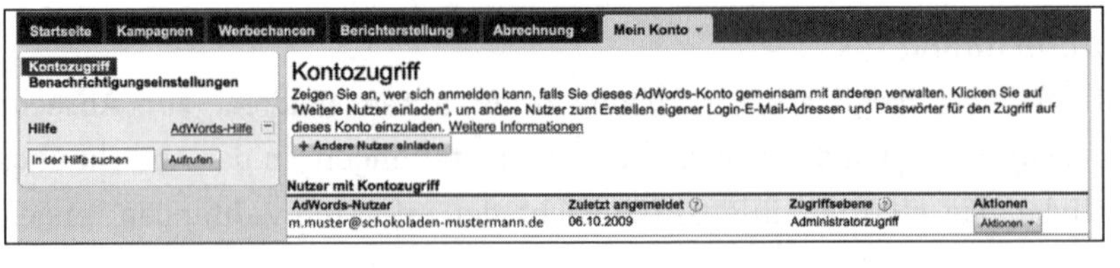

Abbildung 21: Die Seite **Kontozugriff**

Zusätzlich finden Sie unter **Kontozugriff** die Option **Benachrichtigungseinstellungen**. Hier können Sie festlegen, über welche Benachrichtigungsthemen Sie informiert werden wollen. Klicken Sie dazu hinter den Themen auf die aktuellen Einstellungen und ändern Sie diese nach Bedarf ab (siehe Abbildung 22), um regelmäßig über die für Sie relevanten Themen informiert zu werden.

Abbildung 22: Ändern der Benachrichtigungseinstellungen

Recht neu sind die Handy-Benachrichtigungen. Gehen Sie dazu auf den Link **Bearbeiten** hinter dem Vermerk **Handy** und geben Sie Ihre Handy-Nummer ein (vgl. Abbildung 23). Sie bekommen daraufhin eine SMS mit einem Bestätigungscode zugeschickt, den Sie auf dieser Seite eingeben. Daraufhin werden Ihnen wichtige Benachrichtigungen zu Budget uns Abrechnungen auch per SMS zugestellt.

Profi-Tipp

Da die Funktion der Handy-Benachrichtigung noch sehr neu ist, kann es bei der Verifizierung der Handy-Nummer mitunter noch zu Verzögerungen kommen. Diese Start-Schwierigkeiten sollten jedoch in einigen Wochen behoben sein.

Typischer Anfängerfehler

Anfänger verlassen sich oft nur auf die automatischen Benachrichtigungen. Es gibt keine Garantie für regelmäßige und vollständige Benachrichtigungen! Schauen Sie deshalb regelmäßig selbst nach, ob es Änderungen gibt.

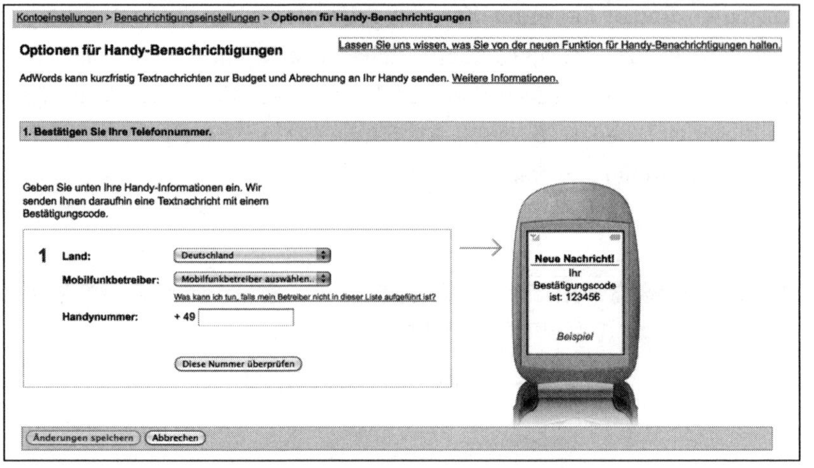

Abbildung 23: Eingabe der Handy-Nummer zur Berichterstattung

4. Wie verwalte ich mein Budget?

4.1 Kostenkontrolle

Ehe man sich voller Elan in ein neues Projekt stürzt, sollte man sich bereits im Voraus Gedanken über die Finanzen machen. Das finanzielle Risiko ist im Gegensatz zu anderen Werbeformen überschaubar, da es nur wenige andere Werbemittel gibt, bei denen der Erfolg einer Kampagne so genau messbar ist (siehe Kapitel *Optimieren Sie Ihre Kampagne mit AdWords Conversion Tracking*). Dazu kommt, dass sich die Kosten bereits im Voraus fast bis auf den Cent genau bestimmen lassen. Wenn Sie also wissen, was Ihnen ein Kunde im Durchschnitt einbringt, lässt sich ganz einfach berechnen, wie viel Sie für die Neukunden Akquise ausgeben können und dabei immer noch Gewinn machen. Wie bereits erwähnt, gibt es bei Google AdWords weder ein Mindestbudget, das Sie ausgeben müssen, noch eine festgelegte Laufzeit. Lediglich eine Aktivierungsgebühr, die zurzeit bei 5 Euro liegt, muss entrichtet werden. Ob Sie Ihre Kampagne also einen Tag, eine Woche oder ein paar Monate und Jahre laufen lassen, bleibt ganz Ihnen überlassen. Genauso sieht es mit dem Budget aus: Entscheiden Sie selbst, bei welchen Betrag Sie Ihr Tagesbudget ansetzen wollen. Die im Folgenden erklärten Funktionen ermöglichen es Ihnen, Ihr Budget genauestens zu planen und so effektiv wie möglich zu investieren.

Das Tagesbudget

Das Tagesbudget ist der Betrag, den Sie pro Kampagne höchstens am Tag ausgeben möchten, und wird für jede Kampagne einzeln festgelegt. Wenn Sie das Tagesbudget festlegen, können Sie damit einhergehend zwischen zwei Arten der Anzeigenauslieferung wählen: **Kontinuierlich** und **Anfrageabhängig**. Bei der ersten Einstellung werden Ihre Anzeigen gleichmäßig über den Tag verteilt geschaltet, sind also den ganzen Tag präsent. Wählt man dagegen **Anfrageabhängig**, werden die Anzeigen so häufig wie möglich geschaltet. Das kann zur Folge haben, dass Ihr Budget bereits nach einer kurzen Zeit aufgebraucht ist und Ihre Anzeigen für den restlichen Tag nicht mehr zu sehen sind.

Profi-Tipps

Am besten Sie probieren einfach aus, welche Art der Anzeigenverteilung für Sie am besten geeignet ist und wie Ihr Budget optimal aufgebraucht wird. Dies kann je nach Branche stark variieren.

Das AdWords-System kann Ihre Anzeigen an einem Tag bis zu 20 Prozent häufiger schalten als es Ihr Tagesbudget erlaubt. Dies kann geschehen, wenn an einem Tag extrem hohe Zugriffszahlen zu verzeichnen sind und an anderen Tagen dafür sehr wenig. Das Monatsbudget kann in diesem Fall um ein paar Cent überschritten werden, die Ihnen aber wieder gutgeschrieben werden. Es entstehen Ihnen keine Mehrkosten.

Das Monatsbudget

Das Monatsbudget errechnet sich aus dem Tagesbudget. Die Summe aller Tage eines Monats wird mit dem Tagesbudget multipliziert und ergibt so das Monatsbudget.

Cost-per-Click (CPC) und Cost-per-Impression (CPM)

Beim CPC-Verfahren bezahlen Sie nur für tatsächlich erfolgte Klicks. Wird Ihre Anzeige 50 Mal eingeblendet und nicht angeklickt, entstehen Ihnen auch keine Kosten. Den Klickpreis können Sie jedem Keyword einzeln und selbstbestimmt zuordnen. Der Klickpreis spielt auch bei der Ermittlung der Anzeigenplatzierung eine Rolle. Ist der von Ihnen eingegebene Klickpreis zu gering, kann es sein, dass Sie hinter bestimmten Keywords folgende Meldung angezeigt bekommen: **Geschätztes Gebot für die erste Seite: 3,25 Euro**. Die Meldung gibt an, dass Ihre Anzeige nicht auf der ersten Seite der Suchergebnisse geschaltet wird, sondern auf einer der folgenden. Der Betrag kann unterschiedlich sein und zeigt an, auf welchen Betrag das Gebot erhöht werden muss, damit Ihre Anzeige wieder auf der ersten Seite erscheint. Diesen Betrag nennt man First Page Bid oder auch Gebot der ersten Seite.

Profi-Tipp

Die Einstellungen für den Klickpreis, also den CPC, können Sie für die komplette Anzeigengruppe auf Anzeigenebene festlegen. Besser ist es aber, jedem einzelnen Keyword einen eigenen CPC zuzuordnen.

Beim CPM-Verfahren zahlen Sie dagegen einen vorher festgelegten Preis für 1.000 Impressionen, das heißt dafür, dass Ihre Anzeige 1.000 Mal eingeblendet wird. Sie bezahlen auch, wenn Ihre Anzeige nicht angeklickt wird. Der Preis, den Sie für 1.000 Impressionen auszugeben bereit sind, kann genauso individuell festgelegt werden wie der Klickpreis (CPC).

Profi-Tipp

Das CPM-Verfahren würde ich, wenn überhaupt, nur bei Displayanzeigen nutzen. Das CPM-Modell rechnet sich in den meisten Fällen nur dann, wenn eine Marke bekannt gemacht werden soll. Dazu eignet sich die klassische Textanzeige nur bedingt. Bleiben Sie, wenn Sie in erster Linie neue Besucher erhalten wollen, um beispielsweise mehr Verkäufe zu erzielen, besser beim CPC-Preismodell.

Vielleicht ist Ihnen beim Thema AdWords an der einen oder anderen Stelle der Begriff Mindestgebot untergekommen. Dieses Mindestgebot wurde durch den Qualitätsfaktor bestimmt und legte fest, welchen Betrag man mindestens zahlen musste, damit ein Keyword die Schaltung der Anzeigen auslöste. Seit Google dazu übergegangen ist, den Qualitätsfaktor in Echtzeit zu berechnen, das heißt ihn bei jeder Suchanfrage neu zu bestimmen, ist dieses Mindestgebot weggefallen. Es wurde durch das Gebot der ersten Seite, auch First Page Bid genannt, ersetzt. Trotzdem sollten Sie wissen, was damit gemeint ist, da man es noch sehr häufig liest.

AdWords Discounter und Smart Pricing

Der AdWords Discounter errechnet den tatsächlichen CPC beziehungsweise CPM. Das ist der Betrag, der erforderlich ist, um die Anzeigenposition beizubehalten. Dadurch werden für Sie unnötige Kosten vermieden, da der tatsächliche CPC/CPM den von Ihnen festgelegten Betrag, den Sie bereit sind für einen Klick beziehungsweise 1.000 Impressionen auszugeben, oftmals unterschreitet, aber niemals übersteigt.

Smart Pricing findet nur Verwendung, wenn Sie auch im Content-Werbenetzwerk Anzeigen schalten, und passt, ähnlich wie der AdWords Discounter, die Klickkosten an. Das System ermittelt die Wahrscheinlichkeit, mit der ein Klick auf Ihre Anzeige zu einer Erhöhung Ihrer Rendite führt. Ist die Wahrscheinlichkeit dafür geringer als auf anderen Seiten, werden die Klickkosten automatisch reduziert. Beide Funktionen sind standardmäßig aktiv und müssen nicht extra eingestellt werden.

Content-Gebote

Die Einstellung der Content-Gebote können Sie selbstverständlich nur dann verwenden, wenn Sie Anzeigen im Content-Werbenetzwerk schalten. Mithilfe dieser Einstellung können Sie separate Gebote für die Klicks einstellen, die über das Content-Werbenetzwerk generiert werden. Wie Sie Content-Gebote anlegen, erfahren Sie im Abschnitt *Gebotsoptionen für Kampagnen*.

Profi-Tipp

Es empfiehlt sich immer, die Preise für das Content-Werbenetzwerk anzupassen, also eigene Content-Gebote anzugeben. Oftmals stellt sich heraus, dass die qualifizierteren Besucher über das ein oder andere Werbenetzwerk kommen. Daraufhin kann man den Preis für das weniger erfolgreiche Werbenetzwerk unter Umständen senken und mehr in das erfolgreichere investieren.

4.2 Klickbetrug

Ein großes Thema, das eigentlich immer im Zusammenhang mit Google AdWords und anderer Online-Werbung genannt wird, ist der Klickbetrug. Ihr Konkurrent könnte auf die Idee kommen, besonders oft auf Ihre Anzeige zu klicken, um Sie so finanziell zu schädigen. Genauso gut könnte er auch auf seine eigene Anzeige klicken, um so die Klickrate nach oben zu treiben und eine bessere Anzeigenplatzierung zu erreichen. Gegen diese meist manuellen Klicks kann man sich recht gut schützen, indem man innerhalb seiner Kampagne auffällige Schwankungen (plötzlicher Anstieg von Klicks zu bestimmten Uhrzeiten, häufige Klicks einer bestimmten IP-Adresse usw.) mithilfe eines Analysetools ausfindig macht und entsprechend dagegen vorgeht. Schwieriger ist es dagegen, wenn professionelle Software-Tools wie Robots und Click-Bots zum Einsatz kommen. Diese Tools klicken, wie ihr Name schon sagt, automatisiert auf Sponsored Links und andere Werbeanzeigen und können so einen immensen Schaden verursachen. Sie setzen verschleierte IP-Adressen ein und beziehungsweise oder generieren Klicks über das Ausland, sodass sie nicht zurückverfolgt werden können. Unklar ist, wie hoch genau der Schaden ist, der durch Klickbetrug entsteht. Google geht zwar gegen jegliche Art von Klickbetrug vor, dennoch gibt es eine Dunkelziffer von betrügerischen Klicks, die eben nicht aussortiert werden können. Während die Suchmaschinenbetreiber von ein paar wenigen Prozent sprechen, ordnen Kritiker den Wert dagegen wesentlich höher ein. Ungültige Klicks, die Google bereits erkannt hat, können Sie sich in den Berichten zur Kampagnen- beziehungsweise Kontoleistung anzeigen lassen, indem Sie hier die Option **Unzulässige Klicks** und **Rate unzulässiger Klicks** aktivieren. Diese Klicks werden Ihnen nicht in Rechnung gestellt. In Ihrer **Abrechnungszusammenfassung** finden Sie dann den Vermerk **Korrektur-Klickqualität** und den zugehörigen Betrag, der Ihnen gutgeschrieben wurde.

Als Advertiser haben Sie selbst einige Möglichkeiten, um sich vor Klickbetrug zu schützen. Beobachten Sie Ihre Kampagne mithilfe eines Analysetools und klären Sie die folgenden Aspekte:

- Fallen auf einmal vermehrt Klicks aus dem Ausland an?
- Verstärkt sich die Zahl der Klicks zu ungewöhnlichen Uhrzeiten, gibt es eine oder mehrere IP-Adressen, die besonders häufig auftauchen?
- Vergleichen Sie das Verhalten von Besuchern, die über organische Suchergebnisse kommen mit dem von Besuchern, die über Paid Links auf Ihre Seite gelangen: Unterscheiden sich Klickpfade, Aufenthaltsdauer und Absprungrate extrem voneinander?

Sollten Sie hier auffällige Abweichungen feststellen, könnten Sie ein Opfer von Klickbetrug sein. Das heißt aber nicht, dass jede kleine Abweichung und Änderung auf Klickbetrug zurückzuführen ist! Oftmals gibt es auch ganz gewöhnliche Ursachen, die zu solchen Veränderungen führen können. Denkbar sind beispielsweise Änderungen in den Kampagneneinstellungen, saisonbedingte Schwankungen und andere.

Treten diese Auffälligkeiten über einen längeren Zeitraum auf und können andere Gründe als Ursache ausgeschlossen werden, haben Sie die Möglichkeit, Ihre Befürchtung direkt an Google weiterzugeben. Halten Sie hierzu am Besten schon die wichtigsten Informationen bereit:

- Zeitraum der verdächtigen Aktivitäten
- Betroffene Kampagnen, Anzeigengruppen und Keywords
- Verdächtige IP-Adressen
- Verdächtige Such- oder Content-Websites
- Beschreibung des Problems

Mit dem Tool zum Ausschluss von IP-Adressen können Sie auch selbst eine oder mehrere IP-Adressen »aussperren«. Diese gesperrten IPs bekommen Ihre Anzeigen dann nicht mehr zu sehen (siehe Kapitel *Weitere Profitools von Google nutzen*). Überstürzen Sie aber bitte nichts, da das Sperren von IP-Adressen eine recht komplexe Sache ist. Schnell kann es passieren, dass man beispielsweise alle Telekom-Kunden aus Frankfurt ausschließt und so eine große potenzielle Kundengruppe verliert! IP-Adressen werden von einigen Anbietern oft dynamisch vergeben, dass heißt eine IP-Adresse kann heute einem und morgen einem anderen User zugeordnet werden. Es kann also sein, dass die gleiche IP-Adresse häufiger in Ihren Berichten auftaucht, dahinter aber unterschiedliche Nutzer stehen.

Typischer Anfängerfehler

Fangen Sie bitte nicht damit an, hinter jedem Klick einen potenziellen Betrüger zu suchen. Das wichtigste einer Kampagne ist eine gute Conversion-Rate und ein guter Return-On-Investment. Mit überstürztem Vorgehen kann man leicht viel mehr Schaden anrichten, als es zwei oder drei ungültige Klicks gekonnt hätten. Des Weiteren arbeitet Google verständlicherweise ständig daran, Klickbetrug vorzubeugen, und scheint damit auch recht großen Erfolg zu haben.

4.3 Bezahlverfahren und -optionen

Die Zahlungsoptionen, die Ihnen von Google zur Verfügung gestellt werden, hängen von Ihrer Rechnungsadresse und der von Ihnen ausgewählten Währung ab. Vermutlich liegt Ihre Rechnungsadresse in Deutschland und die von Ihnen gewählte Währung ist der Euro. In diesem Fall können Sie als Bezahlverfahren sowohl Voraus- als auch Nachzahlung wählen. Bei Vorauszahlung können Sie mit den gängigsten Kreditkarten, American Express, Master-/Eurocard und Visa, oder per Überweisung bezahlen. Bei Nachzahlung können Sie ebenfalls entweder per Kreditkarte oder per Bankeinzug zahlen, sofern Sie Google die dazu notwendige Einzugsermächtigung zusenden.

Haben Sie die Option Nachzahlung gewählt, wird Ihr Konto alle 30 Tage von Google belastet – abhängig vom Zeitpunkt, an dem Sie Ihre Kampagne gestartet haben. Sollte Ihr Konto früher als vor dem Ablauf von 30 Tagen Klicks oder Impressionen im Wert von 50 Euro gesammelt haben, wird Ihr Konto eher belastet. Der nächste Wert, bei dem Ihr Konto vor Ablauf der 30 Tage belastet wird, läge dann bei 200 Euro. Dieses Prinzip setzt sich mit den Beträgen 350 Euro und 500 Euro weiter fort. Diese Beträge werden als Abrechnungsgrenzbeträge bezeichnet. Ist der Abrechnungsgrenzbetrag bei 500 Euro angekommen, ist der maximale Grenzbetrag erreicht. Ihr Konto wird dann immer belastet, sobald Klicks im Wert von 500 Euro angefallen sind.

Bei Vorauszahlung sehen Sie Ihr aktuelles Restguthaben in der **Abrechnungszusammenfassung**. Um Ihr Guthaben aufzufüllen, gehen Sie in die **Abrechnungszusammenfassung** und klicken Sie auf den Link **Zahlung ausführen,** der hinter Ihrem aktuellen Restguthaben steht. Der Link führt Sie auf eine Seite, auf der Sie eine Zahlungsausführung vornehmen können. Sie müssen lediglich den Betrag eingeben, den Sie einzahlen möchten. Bei Kreditkartenzahlung müssen Sie sich autorisieren, bei Überweisung wird Ihnen eine Referenznummer generiert, die Sie bei Ihrer Überweisung entsprechend angeben.

Profi-Tipp

Gerade am Anfang ist das Abrechnungsverfahren aufgrund der vielen Grenzbeträge unübersichtlich. Sehen Sie regelmäßig in die Abrechnungszusammenfassung und schauen Sie sich dort die aktuellen Rechnungen an.

Typischer Anfängerfehler

Wenn Sie per Vorauskasse bezahlen, müssen Sie selbst dafür sorgen, dass Ihr Budget nicht versehentlich komplett aufgebraucht wird, da sonst die Anzeigenschaltung automatisch eingestellt wird. Sie werden aber seitens Google rechtzeitig informiert, wenn sich Ihr Budget dem Ende nähert. Bedenken Sie, dass dieser Prozess gerade bei Vorauszahlung per Überweisung ein paar Tage dauern kann. Dies ist mit ein Grund, aus dem ich eher zur Abbuchung raten würde. Es erspart einem jede Menge Arbeit und es kommt nicht zu unliebsamen Unterbrechungen der Kampagne.

Geben Sie (Rechnungsadresse in Deutschland) über einen Zeitraum von drei Monaten, mindestens 3.333 Euro monatlich für AdWords aus, können Sie bei Google einen Antrag auf Rechnungsstellung einreichen. Genehmigt Google Ihren Antrag, erhalten Sie eine E-Mail, in der Sie aufgefordert werden, Ihre Rechnungsadresse zu bestätigen und die Geschäftsbedingungen zu akzeptieren. Im Anschluss daran bekommen Sie regelmäßig Rechnungen geschickt. Allerdings behält Google sich das Recht vor, Anträge auf Rechnungsstellung abzulehnen, und fordert unter Umständen noch einen Finanznachweis Ihres Unternehmens. Wenn Ihr Antrag genehmigt wurde, finden Sie auf der Registerkarte **Abrechnung** dann zusätzlich die beiden Unterpunkte **Budget** und **Rechnungszusammenfassung**. Unter Budget finden Sie das vertraglich festgelegte Budget, Start- und Enddatum und den Teil des Budgets, der bereits verbraucht wurde. Auf der Seite **Abrechnungszusammenfassung** finden Sie wie sonst auch eine detaillierte Aufführung der Kosten.

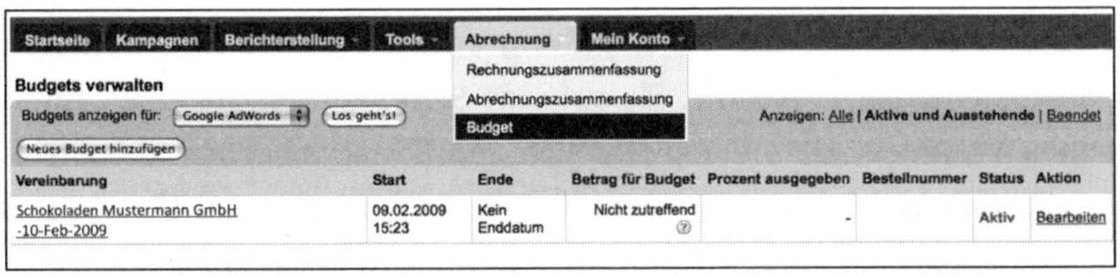

Abbildung 24: Die Seite **Budget** im AdWords-Account

Über den Unterpunkt **Rechnungszusammenfassung** gelangen Sie zu einer Seite, auf der Ihnen die aktuelle Rechnung unter anderem zum Ausdruck bereitsteht. Klicken Sie dazu einfach auf die Rechnungsnummer. Beachten Sie, dass Ihr Konto geschlossen werden kann, wenn die Rechnung nicht innerhalb von 15 Tagen nach Erhalt der Rechnung beglichen wurde.

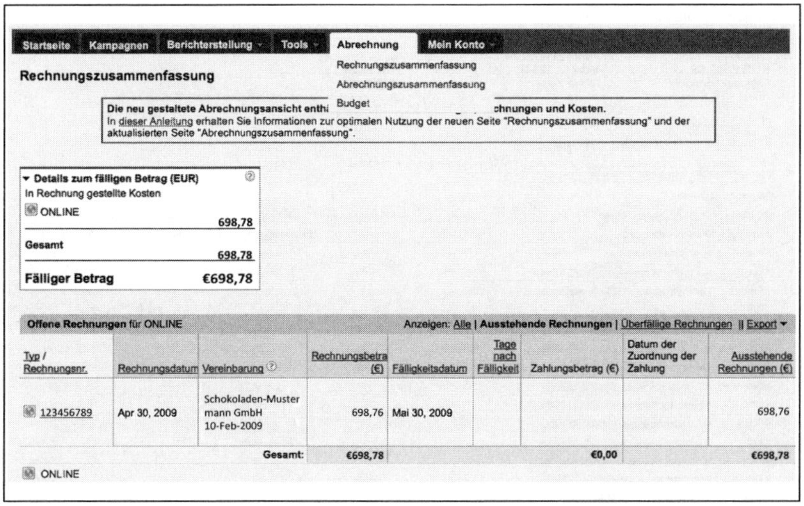

Abbildung 25: Die Seite **Rechnungszusammenfassung**

Profi-Tipps

Wenn Sie die Zahlungsmethode Nachzahlung mit Kontoabbuchung gewählt haben, achten Sie darauf, dass Ihre Rechnungsanschrift keine Umlaute enthält. Ersetzen Sie diese beispielsweise durch »ae«, da es bei der automatischen Abbuchung andernfalls zu Problemen kommen kann.

Es kann sein, dass der in Rechnung gestellte Betrag das eigentliche Monatsbudget überschreitet. Das liegt daran, dass Ihre Anzeigen zwischen dem Zeitpunkt, an dem ein neuer Abrechnungszeitraum beginnt, und dem Zeitpunkt, an dem die Abbuchung erfolgt, weiterlaufen und Kosten verursachen, die eigentlich schon in den neuen Monat gehören. Das heißt aber nicht, dass Ihr Monatsbudget tatsächlich überschritten wird!

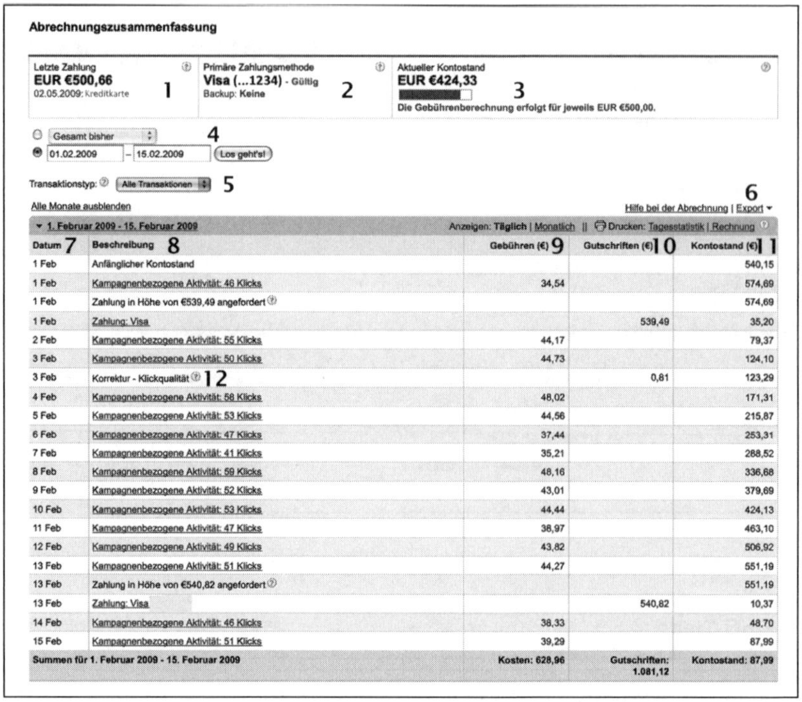

Datum 7	Beschreibung 8	Gebühren (€) 9	Gutschriften (€) 10	Kontostand (€) 11
1 Feb	Anfänglicher Kontostand			540,15
1 Feb	Kampagnenbezogene Aktivität: 46 Klicks	34,54		574,69
1 Feb	Zahlung in Höhe von €539,49 angefordert			574,69
1 Feb	Zahlung: Visa		539,49	35,20
2 Feb	Kampagnenbezogene Aktivität: 55 Klicks	44,17		79,37
3 Feb	Kampagnenbezogene Aktivität: 50 Klicks	44,73		124,10
3 Feb	Korrektur - Klickqualität 12		0,81	123,29
4 Feb	Kampagnenbezogene Aktivität: 58 Klicks	48,02		171,31
5 Feb	Kampagnenbezogene Aktivität: 53 Klicks	44,56		215,87
6 Feb	Kampagnenbezogene Aktivität: 47 Klicks	37,44		253,31
7 Feb	Kampagnenbezogene Aktivität: 41 Klicks	35,21		288,52
8 Feb	Kampagnenbezogene Aktivität: 59 Klicks	48,16		336,68
9 Feb	Kampagnenbezogene Aktivität: 52 Klicks	43,01		379,69
10 Feb	Kampagnenbezogene Aktivität: 53 Klicks	44,44		424,13
11 Feb	Kampagnenbezogene Aktivität: 47 Klicks	38,97		463,10
12 Feb	Kampagnenbezogene Aktivität: 49 Klicks	43,82		506,92
13 Feb	Kampagnenbezogene Aktivität: 51 Klicks	44,27		551,19
13 Feb	Zahlung in Höhe von €540,82 angefordert			551,19
13 Feb	Zahlung: Visa		540,82	10,37
14 Feb	Kampagnenbezogene Aktivität: 46 Klicks	38,33		48,70
15 Feb	Kampagnenbezogene Aktivität: 51 Klicks	39,29		87,99
Summen für 1. Februar 2009 - 15. Februar 2009		Kosten: 628,96	Gutschriften: 1.081,12	Kontostand: 87,99

Abbildung 26:
Die Seite
Abrechnungs-zusammenfassung

1. Letzte Zahlung

Zeigt Betrag, Datum und Zahlungsart der letzten Zahlung an.

2. Zahlungsmethode

Hier finden Sie Informationen über Ihre Zahlungsmethoden.

3. Aktueller Kontostand

Hier wird der Kostenbetrag angezeigt, der bis zum aktuellen Tag entstanden ist. An dem Balken sehen Sie, wie weit es noch ist, bis der Abrechnungsgrenzbetrag erreicht ist.

4. Datumsbereich einstellen

Stellen Sie hier den Zeitraum ein, der angezeigt werden soll.

5. Transaktionstyp

Filtern Sie die Ergebnisse der Tabelle nach diesen Optionen: Alle Transaktionen, Kosten, Zahlungen, Korrekturen und Steuern.

6. Export

Exportieren Sie die Abrechnungszusammenfassung in cvs. oder in eine Google-Tabelle.

7. Datum

Hier wird der Tag angezeigt, für den bestimmte Aktivitäten angefallen sind.

8. Beschreibung

Die Anzahl der Klicks beziehungsweise Impressionen, die für diesen Tag angefallen sind, werden in dieser Spalte angezeigt.

9. Gebühren

Zeigt die Kosten, die Ihnen an einem bestimmten Tag entstanden sind.

10. Gutschriften

Jegliche Art von Korrekturen und Gutschriften, wie zum Beispiel Gutschriften wegen erhöhter Anzeigenschaltung, werden hier angezeigt.

11. Kontostand

Zeigt den Kontostand an, der am jeweiligen Tag aktuell war.

12. Klickqualität

Der hier angezeigte Betrag wird Ihnen auf Grund der geringen Klickqualität gutgeschrieben.

Teil 2: Einrichten von Kampagnen, Anzeigengruppen, Anzeigen und Keywords

5. Das Wichtigste bei jeder Kampagne – Ihre Werbeziele

Klären wir als erstes, worum es sich bei Werbezielen eigentlich handelt: Allgemeingültig formuliert ist ein Werbeziel ein gewünschter zukünftiger Zustand, der mithilfe verschiedener Marketingaktivitäten erreicht werden soll. Bei dieser Veränderung handelt es sich in den meisten Fällen um eine positiv belegte Veränderung, wie zum Beispiel die Erhöhung der Einnahmen oder die Erweiterung der Marktanteile. Werbeziele dienen zur Orientierung bei geplanten Werbekampagnen und sind zeitgleich auch zur Erfolgskontrolle der durchgeführten Werbekampagnen notwendig. Zudem steigt die Motivation, wenn es eindeutige Ziele zu erreichen gibt. Man unterscheidet bei der Definition von Werbezielen in erster Linie ökonomische und psychologische Werbeziele.

Ökonomische Werbeziele weisen eine ihnen zugeordnete, tatsächlich messbare Größe aus. Einige Beispiele für ökonomische Werbeziele sind:

Umsatzerhaltung
Der Umsatz soll im Vergleich zu einem vorangegangenen Zeitabschnitt beibehalten werden.

Erhöhung der Kundenzahl
Die Kundenzahl soll gesteigert werden, sodass ein bestimmter Wert erreicht wird. Das dient nicht nur der kurzfristigen Umsatzsteigerung, sondern schafft für das Unternehmen eine gewisse Unabhängigkeit vom einzelnen Kunden.

Steigerung des Umsatzes
Der Umsatz soll im Vergleich zu einem bestimmten Zeitraum um einen gewissen Prozentsatz gesteigert werden.

Markterweiterung
Der Marktanteil soll um einen gewissen Prozentsatz gesteigert werden.

Psychologische Werbeziele haben im Gegensatz zu ökonomischen Werbezielen keinen direkt messbaren Wert. Sie sind oftmals Voraussetzung für das Erreichen der ökonomischen Werbeziele, da durch die psychologischen Werbeziele beim Konsumenten ein geistiger Vorgang ausgelöst wird, der zur eigentlichen Handlung, beispielsweise einem Kauf, führt. Psychologische Werbeziele lassen sich in drei Kategorien unterteilen:

- Kognitive Ziele. Das sind Ziele, die die Erkenntnis betreffen. Diese Ziele sollen die Aufnahme und Verarbeitung von Informationen beeinflussen.

- Affektive Ziele. Das sind Ziele, die die Gefühle betreffen. Sie dienen dazu, das Unternehmen beziehungsweise das Produkt oder die Dienstleistung zu positionieren, von der Konkurrenz abzuheben und ein Image aufzubauen.
- Konative Ziele. Hierbei handelt es sich um Ziele, die das Verhalten betreffen. Konative Ziele sollen Handlungen bei den Konsumenten auslösen.

Die drei Ziele wirken miteinander und verstärken einander in ihrer Wirkung. Sehen wir uns einige Beispiele für mögliche psychologische Werbeziele an:

Steigerung des Bekanntheitsgrades
Der Bekanntheitsgrad eines Produktes, einer Dienstleistung oder eines Unternehmens soll innerhalb der Zielgruppe gesteigert werden.

Interessenerweckung
Durch die Vermittlung relevanter Informationen soll beim Konsumenten Interesse für das Produkt erzeugt werden.

Aufbau und Verbesserung des Images
Die Stärkung oder überhaupt der Aufbau eines Images dient dazu, dem Kunden ein bestimmtes Bild des Unternehmens oder des Produktes zu vermitteln. Wird von einem potenziellen Kunden ein positives Image mit einem Unternehmen oder einem Produkt in Verbindung gebracht, ist die Wahrscheinlichkeit, dass er das Produkt oder das Unternehmen einem anderen vorzieht, deutlich höher, als wenn dies nicht der Fall ist.

Kundenbindung
Die Beziehung des einzelnen Kunden zum Unternehmen soll gestärkt werden. Konsumenten, die lange an ein Unternehmen gebunden sind, bringen diesem folglich mehr Umsatz. Zudem kann mit diesen Bestandskunden besser kalkuliert werden als mit Neukunden.

Kundenzufriedenheit
Die Zufriedenheit der Kunden mit einem Produkt, einer Dienstleistung oder einem Unternehmen soll erhöht werden, was wiederum auch zur Steigerung der Kundenbindung beitragen kann.

Sie wissen jetzt, was genau Werbeziele sind und was diese auszeichnet. Bei der Erstellung Ihrer eigenen Werbeziele gibt es einige Kriterien, die Sie unbedingt beachten sollten. Wichtig ist bei der Festlegung des Werbeziels vor allem, dass es messbar ist. Nur wenn das

Erreichen des Werbeziels überprüfbar ist, lässt sich feststellen, ob eine Kampagne Erfolg hatte oder nicht. Um ein messbares Werbeziel zu erstellen, orientieren Sie sich an den folgenden Punkten:

- **Zielart** – Was soll erreicht werden?
  Beispiel: *Die Verkaufszahl soll erhöht werden.*
- **Zielausmaß** – Wie viel soll erreicht werden?
  Beispiel: *5 Prozent Steigerungsrate im Vergleich zum Vorjahr.*
- **Zielzeitraum** – Wann soll es erreicht werden?
  Beispiel: *Innerhalb dieses Jahres.*
- **Zielobjekt** – Für welches Produkt soll das erreicht werden?
  Beispiel: *Plasma-Fernseher.*
- **Zielgruppe** – Bei wem soll das Ziel rreicht werden?
  Beispiel: *Menschen in der Altersklasse 25 bis 40 Jahre.*

Ein Beispiel für ein messbares Marketingziel, das nach den oben genannten Faktoren aufgestellt ist, wäre folgendes: Steigerung der Verkaufszahlen für Plasma-Fernseher bei den 25- bis 40-Jährigen innerhalb dieses Jahres um 5 Prozent im Vergleich zum Vorjahr.

Neben der Messbarkeit sollten Sie auch darauf achten, dass Ihr Werbeziel erreichbar ist. Es macht keinen Sinn, sich utopische Ziele zu setzen. Eine Umsatzsteigerung von 50 Prozent in nur einem halben Jahr ist vermutlich kaum zu realisieren.

Bevor Sie damit beginnen, eine Kampagne aufzusetzen, klären Sie also, welches Werbeziel mit dieser Kampagne erreicht werden soll. Natürlich kann eine Kampagne auch mehrere Werbeziele miteinander verbinden, der Schwerpunkt sollte aber immer nur auf einem Werbeziel liegen. Achten Sie darauf, dass die Ziele miteinander harmonieren und sich nicht gegenseitig aushebeln. Wenn Sie sich darüber klar geworden sind, was genau Ihr Werbeziel für die Kampagne ist, versuchen Sie dieses mithilfe der vier Zielpunkte möglichst genau zu beschreiben. Je präziser Sie Ihre Werbeziele formulieren, desto leichter fällt auch ihre Überprüfung. Kontrollieren Sie nach Ablauf der gesetzten Zeit, ob Sie Ihre Ziele erreicht haben. Falls das nicht der Fall ist, müssen Sie analysieren, woran Sie gescheitert sind. Das kann ganz verschiedene Ursachen haben. Vielleicht waren Ihre Erwartungen zu hoch oder Sie haben die falsche Kundengruppe angesprochen? Suchen Sie nach den Ursachen und versuchen Sie diese Fehler beim nächsten Werbeziel zu vermeiden. Wenn Sie sich realistische Ziele gesetzt haben und Ihre AdWords-Kampagne gut strukturieren und optimieren, sollten Sie Ihr Ziel eigentlich erreichen.

5.1 So legen Sie Ihre erste Kampagne an

1. Schritt – Fakten schaffen

Google propagandiert gerne, wie schnell und einfach es ist, mit AdWords zu werben. Es ist richtig, dass das Anlegen einer Kampagne sehr schnell geht, aber wie so oft im Leben ist schnell nicht gleichbedeutend mit gut. Besonders angepriesen werden hier immer die sensationell geringen Streuverluste. Leider wird aber verschwiegen, dass die Streuverluste nur dann so gering sind, wenn eine Kampagne gut strukturiert ist und regelmäßig optimiert wird. Es ist klug, sich Gedanken zu machen, bevor man damit beginnt, eine Kampagne anzulegen. Je mehr Gedanken Sie sich im Vorfeld machen, desto leichter gehen Ihnen das Anlegen und das Optimieren der Kampagne danach von der Hand. Nehmen Sie sich Zettel und Stift und machen Sie alleine oder mit einigen Kollegen zusammen ein kurzes Brainstorming.

- Welches Produkt oder welche Dienstleistung genau soll beworben werden?
- Welche Worte beschreiben das Produkt möglichst genau?
- Was unterschiedet Ihr Produkt beziehungsweise Ihre Dienstleistung von denen Ihrer Mitbewerber?
- Wer ist Ihre Zielgruppe und wen wollen Sie mit den Anzeigen erreichen? Abhängig davon können Sie die Kampagne gezielter auf das Content-Werbenetzwerk ausrichten.
- Bieten Sie Ihr Produkt oder Ihre Dienstleistung primär in ausgewählten Regionen, wie in Hessen oder in München an?
- Welche Sprache spricht Ihre Zielgruppe und in welchen Ländern sollen Ihre Anzeigen zu sehen sein?
- Wie viel Geld können Sie monatlich in die Kampagne investieren?
- Gibt es einen Zeitraum, in dem Sie Erfolg haben müssen?

Wenn Sie es nicht allzu eilig haben, mit der Kampagne zu beginnen, befragen Sie einmal Ihre Kunden zu Ihrem Produkt beziehungsweise Ihrer Dienstleistung. Die Eigenwahrnehmumg unterscheidet sich mitunter recht deutlich von der der eigentlichen Zielgruppe. Nehmen Sie sich lieber mehr Zeit, die Kampagne zu planen, und profitieren Sie von den Ergebnissen, bevor Sie nur Google mit eine schlecht aufgesetzten Kampagne bereichern.

2. Schritt – Anlegen der primären Kampagneneinstellungen

Nachdem Sie sich mit den Vorbereitungen beschäftigt haben, die Ihre neue Kampagne betreffen, können Sie jetzt endlich beginnen, diese anzulegen. Loggen Sie sich in Ihren Account ein. Gehen Sie hier auf der Seite **Kampagne** auf den Button **Neue Kampagne erstellen**.

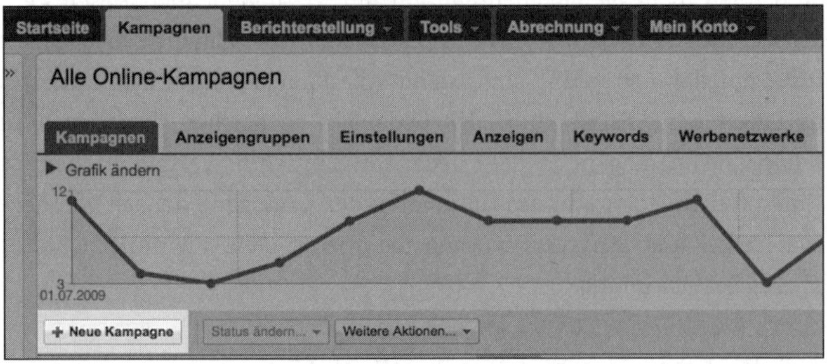

Abbildung 27: Erstellen einer neuen Kampagne

Daraufhin gelangen Sie zur Seite mit den Kampagneneinstellungen. Hier legen Sie fest, wie die Kampagne heißt (vgl. Abbildung 28, Punkt 1), welche geografische Ausrichtung sie erhalten soll (voreingestellt ist ganz Deutschland) und in welcher Sprache Sie werben (Abbildung 28, Punkt 2). Im Anschluss daran legen Sie die Werbenetzwerke fest, in denen Ihre Anzeigen geschaltet werden sollen (Punkt 3). Voreingestellt sind alle Werbenetzwerke und alle Empfänger. Um diese Einstellung zu ändern, aktivieren Sie **Ich möchte auswählen ...** Daraufhin wird Ihnen eine Liste mit allen zur Verfügung stehenden Werbenetzwerken sowie den Empfängern angezeigt.

Profi-Tipp

Beachten Sie, dass die Werbung im Content-Werbenetzwerk bereits voreingestellt ist. Wenn Sie keine Anzeigen im Content-Werbenetzwerk schalten wollen, passen Sie die Werbenetzwerke entsprechend an.

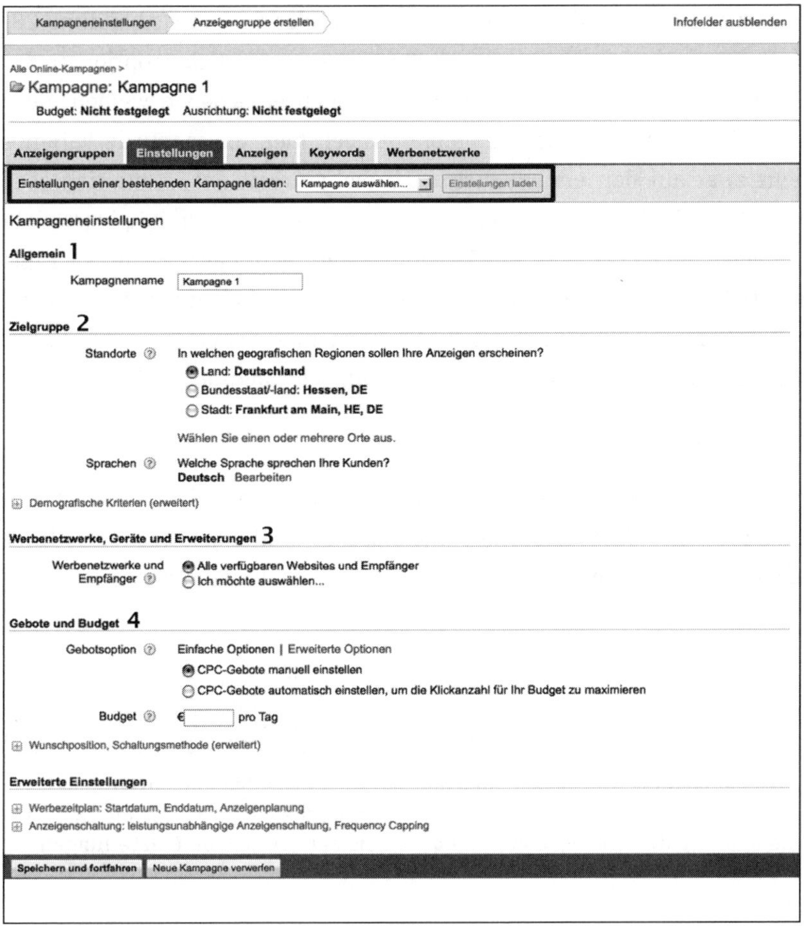

Abbildung 28:
Bearbeiten der Kampagneneinstellungen

Profi-Tipps

Es ist wichtig, dass Sie eine klare Struktur in Ihrer Kampagne haben, damit Sie später alles einfacher verwalten können. Das heißt auch, dass Sie den Kampagnen bezeichnende Namen geben. Es bieten sich Namen an, die sich auf die regionale Ausrichtung der Kampagne beziehen, oder auch thematisch passende Namen, die sich an den in der Kampagne beworbenen Produkten orientieren.

Bei größeren Kampagnen ist es immer ratsam, für Suchseiten und Content-Werbenetzwerk getrennte Kampagnen zu erstellen, da die Keywords von Google unterschiedlich ausgewertet werden – abhängig davon, für welches Werbenetzwerk sie bestimmt sind. Legt man zwei getrennte Kampagnen für beide Werbenetzwerke an, können die Kampagnen ganz klar nach unterschiedlichen Zielen strukturiert werden.

Der nächste Schritt ist das Festlegen der Gebotsmethode und des Budgets (Abbildung 28, Punkt 4). Bei einer neu angelegten Kampagne stehen Ihnen zwei Gebotsoptionen zur Auswahl. Der CPC, also der Klickpreis, kann entweder manuell eingegeben werden, oder Google erstellt das CPC-Gebot automatisch. Es empfiehlt sich hier, die manuelle Variante zu nehmen. Das sieht zwar auf den ersten Blick nach mehr Arbeit aus, zahlt sich aber aus. Bei der automatischen CPC-Vergabe wird der CPC so optimiert, dass er möglichst viele Klicks bringt. Ob und wie viele Conversions ein Keyword bringt, wird dabei nicht beachtet. Außerdem kann bei der automatisierten Variante die Anzeigenschaltung nicht zeitlich angepasst werden. Die Anzeigen werden dann 24 Stunden und sieben Tage die Woche geschaltet. Dies ist aber nur im seltensten Fall sinnvoll, da Schwankungen hier nicht berücksichtigt werden.

Jetzt legen Sie noch das Budget für die Kampagne fest und geben Sie, falls gewünscht, ein Start- und/ oder Enddatum ein. Jetzt haben Sie alle Haupteinstellungen bezüglich Ihrer neuen Kampagne angelegt. Speichern Sie alles ab und Sie werden zu den Anzeigengruppen weitergeleitet.

Profi-Tipp

Wenn Sie bereits eine oder mehrere Kampagnen angelegt haben, können Sie die Einstellungen von diesen für eine neue Kampagne übernehmen. Um die Einstellungen einer Kampagne zu laden, wählen Sie die gewünschte Kampagne aus und gehen Sie auf den Button **Einstellungen laden**.

3. Schritt – Anlegen von Anzeigengruppen

Innerhalb der Anzeigengruppen werden Keywords oder auch Placements, das sind ausgewählte Seiten im Content-Werbenetzwerk, hinterlegt. Diese Keywords sollten thematisch möglichst gut zueinander passen. Um eine neue Anzeigengruppe zu erstellen, klicken Sie auf den Button **Neue Anzeigengruppe** und geben Sie auf der aufgerufenen Seite deren Namen ein. Eine Kampagne kann bis zu 100 verschiedene Anzeigengruppen erhalten. Weitere 99 Anzeigengruppen können später ergänzt werden.

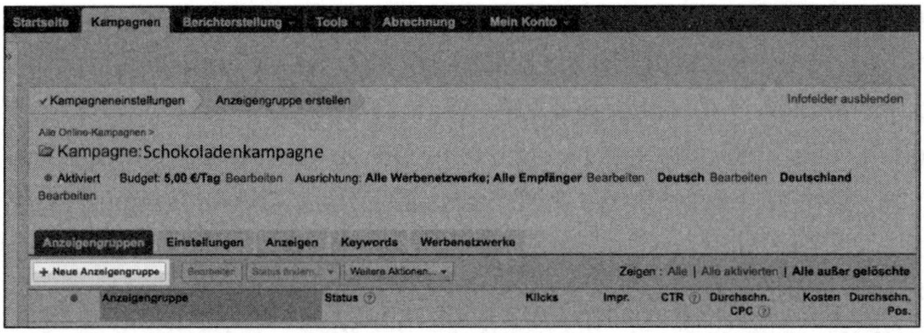

Abbildung 29: Anlegen einer neuen Anzeigengruppen

4. Schritt – Einrichten der Anzeige

Geben Sie bei einer Textanzeige den Anzeigentext und die zugehörigen URLs ein. Die Ziel-URL kann eine Unterseite der Anzeige-URL sein. Auf diese Art kann man Anzeigen auf passende Unterseiten verlinken. Sie können später noch weitere Anzeigen für die gleiche Anzeigengruppe erstellen. Speichern Sie die Anzeige ab und fahren Sie mit der Einrichtung fort. Google überprüft die Anzeigentexte auf verschiedene Richtlinien hin. Sobald die Anzeige freigegeben ist, erscheint ein entsprechender Vermerk hinter der Anzeige. Sollte eine Ihrer Anzeigen abgelehnt werden, wird dies ebenfalls vermerkt. Mit einem Klick auf den entsprechenden Vermerk erfahren Sie, was die Ursache war.

Profi-Tipp

Falls Sie keine einfache Textanzeige, sondern ein anderes Anzeigenformat erstellen wollen, überspringen Sie diesen Punkt und speichern Sie die unvollständige Anzeigengruppe ab. Gehen Sie dann auf den Tab **Anzeigen** und erstellen Sie hier eine Anzeige im gewünschten Format.

Abbildung 30: Einrichten des Anzeigentextes

5. Schritt – Eingabe der Keywords und / oder Placements

Geben Sie in das dafür vorgesehene Feld erst einmal die wichtigsten Keywords ein, weitere können später ergänzt werden (vgl. Abbildung 31). Wenn verschiedene Keywordoptionen genutzt werden sollen, geben Sie die entsprechenden Zeichen mit ein. Durch das Vorzeichen - (Minus) können an dieser Stelle auch ausschließende Keywords eingetragen werden. Ausschließende Keywords sollen verhindern, dass Anzeigen bei bestimmten Keyword-Kombinationen geschaltet werden. Mehr über ausschließende Keywords und die anderen Keywordoptionen erfahren Sie im Kapitel *Finden Sie Keywords für Ihre Anzeigen*. Neben dem Eingabefeld für die Keywords sehen Sie eine Liste mit Keyword-Vorschlägen. Diese hat Google Ihnen, basierend auf dem Inhalt der im Anzeigentext angegebenen URL, automatisch erstellt. Über den **Hinzufügen**-Link können diese Keywords in Ihre aktuelle Keywordliste übernommen werden.

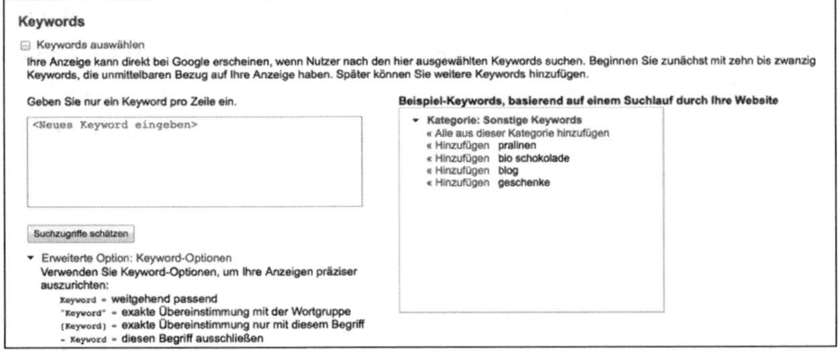

Abbildung 31: Einrichten von Keywords

Wollen Sie Placements festlegen, auf denen Ihre Anzeigen erscheinen sollen, geben Sie diese in das Eingabefeld ein (Abbildung 32). Bei Placements handelt es sich um ausgewählte Seiten innerhalb des Content-Werbenetzwerkes. Das können beispielsweise Blogs, Nachrichten- und Informationsseiten, aber auch Google-Anwendungen wie **Google Mail** sein.

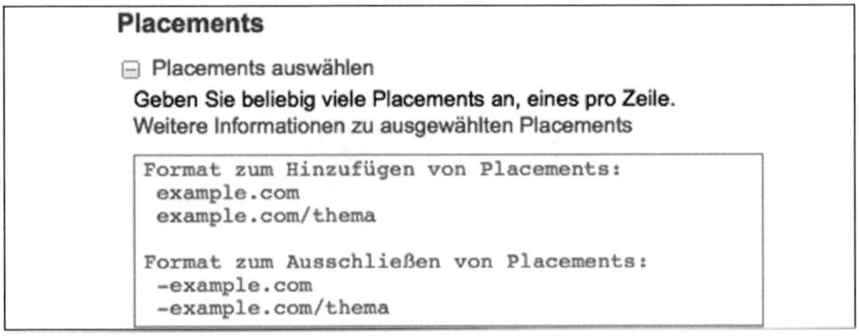

Abbildung 32: Einrichten von Placements

6. Schritt – Festlegen des maximalen CPC

Wenn Sie unter Schritt 1 den manuellen CPC gewählt haben, legen Sie an dieser Stelle den maximalen CPC für die Anzeigengruppe fest. Dieser gilt für alle Keywords, die Sie dieser Anzeigengruppe hinzufügen. Es kann später aber jedem Keyword ein individueller CPC zugeordnet werden. Sollten Sie mit einer Kampagne sowohl auf Suchseiten als auch im Content-Werbenetzwerk werben, kann an dieser Stelle ein separates Content-Gebot angelegt werden. Dieses kann vom maximalen CPC auf Suchseiten abweichen und auch nachträglich noch verändert werden. Das ist notwendig, wenn sich im Laufe einer Kampagne herausstellt, dass die Besucher aus dem einen oder anderen Werbenetzwerk bessere Ergebnisse, zum Beispiel mehr Verkäufe bringen. Auch für ausgewählte Placements können Sie an dieser Stelle separate Gebote einrichten. Speichern Sie die eingegebenen Einstellungen an dieser Stelle ab.

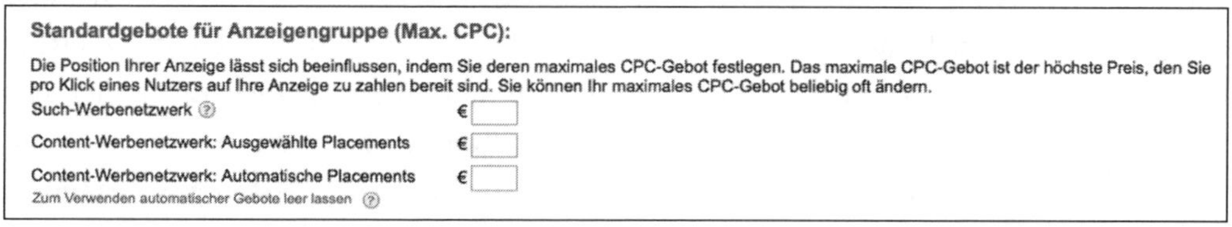

Abbildung 33: Festlegen des maximalen CPC

Typischer Anfängerfehler

Anfänger wundern sich oft, dass ihre Kampagne sofort nach Fertigstellung aktiv ist, ohne dass die Kampagne manuell gestartet werden muss. Möchten Sie nicht, dass Ihre Kampagne sofort nach der Erstellung beginnt und die Anzeigen geschaltet werden, können Sie ein Startdatum eingeben, oder Sie setzen die Kampagne nach Ihrer Fertigstellung auf Pause. Um dies zu tun, gehen Sie innerhalb der Seite **Kampagne** auf die Registerkarte **Kampagnen** und wählen über das Dropdown **Status ändern** die Option **Pausieren**.

5.2 Kampagnen für das Content-Werbenetzwerk

Wie bereits erwähnt, kann man mit ein und derselben Kampagne sowohl auf Suchseiten als auch im Such-Werbenetzwerk und im Content-Werbenetzwerk werben. Dies ist allerdings nicht zu empfehlen, da Kampagnen entsprechend ihrer Ausrichtung unterschiedlich strukturiert sein sollten. Legen Sie für das Such-Werbenetzwerk und das Content-Werbenetzwerk getrennte Kampagnen an, da die Keywords von Google unterschiedlich ausgewertet werden – abhängig davon, für welches Werbenetzwerk sie bestimmt sind. Legt man zwei Kampagnen an, können diese klar nach unterschiedlichen Zielen strukturiert werden.

Das Anlegen einer Kampagne, die nur auf das Content-Werbenetzwerk ausgerichtet ist, geht genauso vonstatten wie das Anlegen der »normalen« Kampagne. Lediglich die Wahl der Werbenetzwerke wird angepasst. Dazu geht man auf die Registerkarte **Kampagne** und auf den Tab **Einstellungen.** Hier wählt man unter der Überschrift **Werbenetzwerke, Geräte und Erweiterungen** die Option **Ich möchte auswählen ...** (vgl. Abbildung 34). Deaktivieren Sie die Google-Suche und **Such-Werbenetzwerk.** Wenn Sie im gesamten Content-Werbenetzwerk werben möchten, wählen Sie **Relevante Seiten im gesamten Werbenetzwerk.** Ergänzen Sie passende Keywords. Auf diese Weise stellen Sie sicher, dass Ihre Anzeigen nur auf thematisch passenden Websites erscheinen.

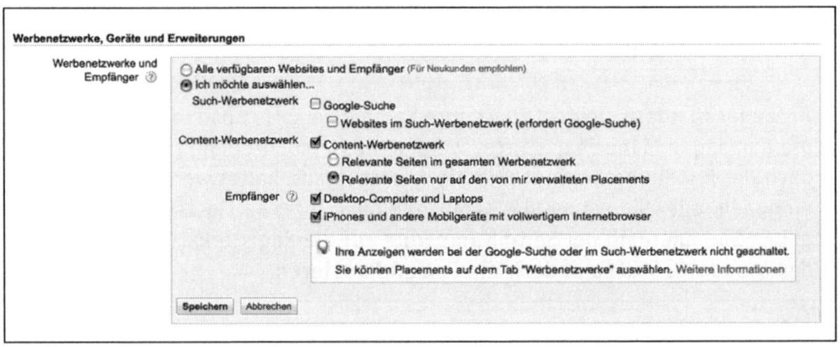

Abbildung 34: Auswahl der Werbenetzwerke

Um zu sehen, auf welchen Content-Seiten die Anzeigen einer laufenden Kampagne bereits geschaltet wurden, gehen Sie auf den Tab **Werbenetzwerke** und lassen sich hier die Details zu den automatischen Placements anzeigen. Es wird angezeigt, auf welchen Seiten Ihre Anzeigen gezeigt wurden, wie die Klick- und Conversion-Rate auf den entsprechenden Seiten war und mehr (vgl. Abbildung 35).

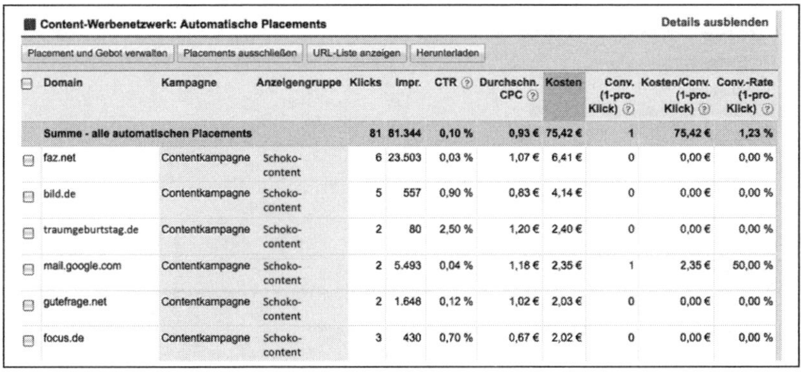

Content-Werbenetzwerk: Automatische Placements — Details ausblenden

Placement und Gebot verwalten | Placements ausschließen | URL-Liste anzeigen | Herunterladen

Domain	Kampagne	Anzeigengruppe	Klicks	Impr.	CTR	Durchschn. CPC	Kosten	Conv. (1-pro-Klick)	Kosten/Conv. (1-pro-Klick)	Conv.-Rate (1-pro-Klick)
Summe - alle automatischen Placements			**81**	**81.344**	**0,10 %**	**0,93 €**	**75,42 €**	**1**	**75,42 €**	**1,23 %**
faz.net	Contentkampagne	Schoko-content	6	23.503	0,03 %	1,07 €	6,41 €	0	0,00 €	0,00 %
bild.de	Contentkampagne	Schoko-content	5	557	0,90 %	0,83 €	4,14 €	0	0,00 €	0,00 %
traumgeburtstag.de	Contentkampagne	Schoko-content	2	80	2,50 %	1,20 €	2,40 €	0	0,00 €	0,00 %
mail.google.com	Contentkampagne	Schoko-content	2	5.493	0,04 %	1,18 €	2,35 €	1	2,35 €	50,00 %
gutefrage.net	Contentkampagne	Schoko-content	2	1.648	0,12 %	1,02 €	2,03 €	0	0,00 €	0,00 %
focus.de	Contentkampagne	Schoko-content	3	430	0,70 %	0,67 €	2,02 €	0	0,00 €	0,00 %

Abbildung 35: Details zu den automatischen Placements. Auf diesen Seiten wurden Ihre Anzeigen bereits geschaltet.

Sie können auch einen Bericht zur Suchanfrageleistung erstellen. Dieser liefert Ihnen ebenfalls eine Übersicht über die Seiten, auf denen Sie bisher geworben haben. Näheres dazu erfahren Sie im Kapitel *Waren Sie erfolgreich? – Das Berichtcenter gibt Antwort*. Möchten Sie nur auf ausgewählten Placements werben, wählen Sie **Relevante Seiten nur auf den von mir verwalteten Placements**. Über den Tab **Werbenetzwerke** können Sie gewünschte Placements ergänzen. Klicken Sie dazu auf den Link **Details anzeigen** hinter dem Vermerk **Ausgewählte Placements** (vgl. Abbildung 36).

Eine Übersicht über bereits ausgewählte Placements und deren Leistung wird eingeblendet. Gehen Sie hier auf den Button **Placements hinzufügen**. Geben Sie nun in die dafür vorgesehenen Felder die gewünschten Placements ein (vgl. Abbildung 37). Wenn Sie nicht wissen, welche Placements zur Verfügung stehen, nutzen Sie das Placement-Tool. Mit diesem Tool können Sie das Content-Werbenetzwerk anhand von Kategorien und Keywords nach Placements durchsuchen.

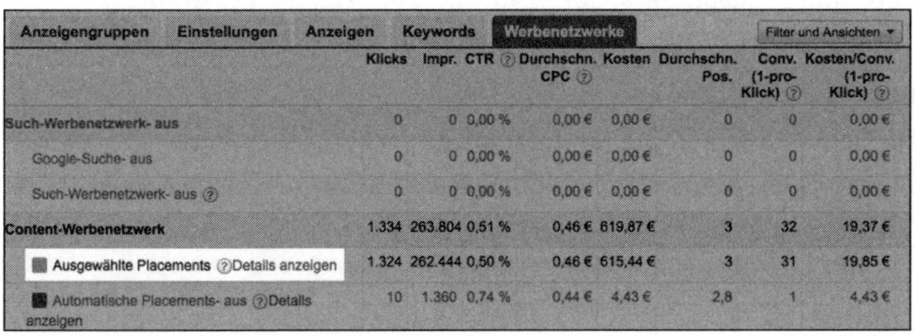

Anzeigengruppen | Einstellungen | Anzeigen | Keywords | Werbenetzwerke — Filter und Ansichten

	Klicks	Impr.	CTR	Durchschn. CPC	Kosten	Durchschn. Pos.	Conv. (1-pro-Klick)	Kosten/Conv. (1-pro-Klick)
Such-Werbenetzwerk- aus	0	0	0,00 %	0,00 €	0,00 €	0	0	0,00 €
Google-Suche- aus	0	0	0,00 %	0,00 €	0,00 €	0	0	0,00 €
Such-Werbenetzwerk- aus	0	0	0,00 %	0,00 €	0,00 €	0	0	0,00 €
Content-Werbenetzwerk	1.334	263.804	0,51 %	0,46 €	619,87 €	3	32	19,37 €
Ausgewählte Placements Details anzeigen	1.324	262.444	0,50 %	0,46 €	615,44 €	3	31	19,85 €
Automatische Placements- aus Details anzeigen	10	1.360	0,74 %	0,44 €	4,43 €	2,8	1	4,43 €

Abbildung 36: Details zu ausgewählten Placements einblenden

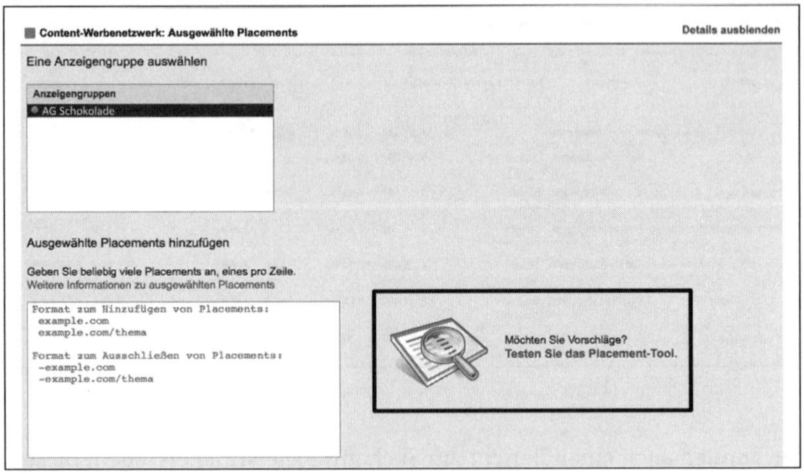

Abbildung 37: Placements können entweder direkt eingegeben werden oder mithilfe des Placement-Tools

Das Placement-Tool finden Sie, indem sie innerhalb des Tabs **Kampagnen** auf die Registerkarte **Werbenetzwerke** gehen. Lassen Sie sich hier die Details zu den ausgewählten Placements einblenden und klicken sie auf **Placements hinzufügen.** Neben dem Eingabefeld für die Placements finden Sie einen Link zum Placement-Tool (vgl. Abbildung 37). Es gibt drei verschiedene Möglichkeiten, die für Sie richtigen Placements zu finden (vgl. Abbildung 38):

1. Kategorien durchsuchen (Abbildung 38, Punkt 1)

Wählen Sie einfach die für Sie passende Branche oder Kategorie aus, und Ihnen werden automatisch die Websites angezeigt, auf denen Sie werben können. Neben der Domain finden Sie Informationen darüber, welche Anzeigenformate diese Seite unterstützt und wie viele Impressionen sie an einem durchschnittlichen Tag erhält. Über den Link **Hinzufügen** können Sie von Ihnen gewünschte Seiten zu Ihren Placements hinzufügen.

2. Themen beschreiben (Punkt 2)

Beschreiben Sie das Gebiet, für das Sie werben wollen, möglichst präzise mit einigen Keywords in dem dafür vorgesehenen Feld. Anhand dieser Keywords sucht Google Ihnen automatisch passende Placements.

3. URLs auflisten (Punkt 3)

Falls Sie schon einige Websites gefunden haben, auf denen Sie gerne werben würden, tragen Sie die URLs ein und überprüfen Sie, ob die ausgewählten Websites zur Verfügung stehen.

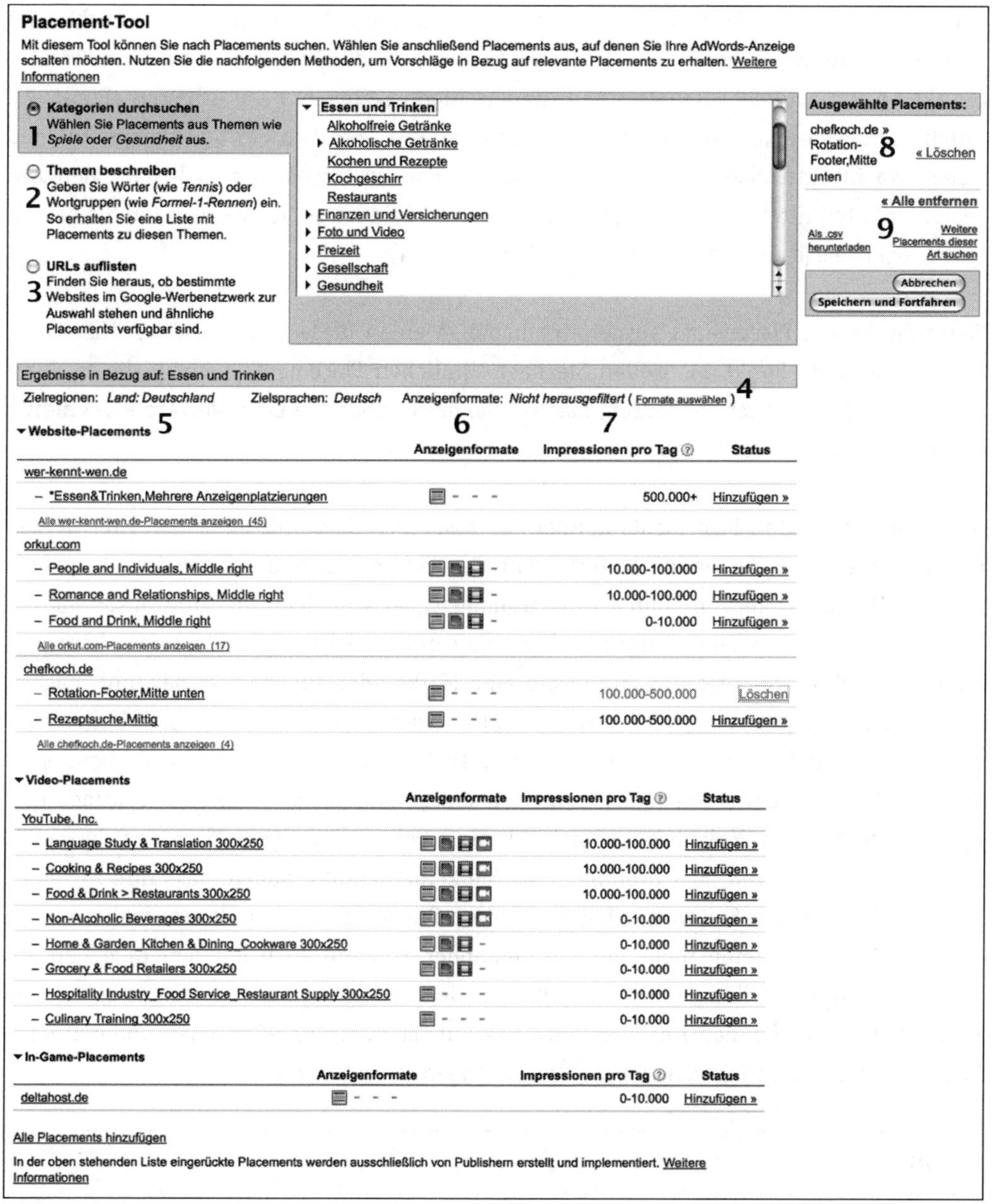

Abbildung 38: Das Placement-Tool

Nachdem das System Placements für Sie herausgesucht hat, werden diese eingeblendet (Punkt 5). Dahinter sehen Sie, welches Anzeigenformat die jeweilige Website unterstützt (Punkt 6) und wie viele Impressionen die jeweiligen Seiten pro Tag erhalten (Punkt 7). Durch Anklicken eines Placements bekommen Sie eine Vorschau der Seite angezeigt und sehen, wo Ihre Anzeige stehen könnte. Sie können die Placements auch nach den Anzeigenformaten filtern, die sie unterstützen. Das erleichtert die Auswahl, wenn Sie gezielt Video- oder Image-Anzeigen schalten wollen (Punkt 4).

Wenn Sie bereits Placements ausgewählt haben, werden diese in der rechten Hälfte der Seite aufgelistet (Punkt 8). Wollen Sie nach ähnlichen Placements suchen, die zu Ihrer bereits getroffenen Auswahl passen, machen Sie dieses über den Link **Weitere Placements dieser Art suchen** (Punkt 9).

Auch bei festgelegten Placements können Sie zusätzlich Keywords eingeben. Hier werden Ihre Anzeigen dann nur eingeblendet, wenn das Placement Inhalte aufweisen kann, die zu Ihren Keywords passen. Durch das Zusammenspiel von Keywords und ausgewählten Placements kann man seine Zielgruppe besonders gut erreichen. Eine Placement-bezogene Kampagne sollten Sie erstellen, wenn Sie eine Marke oder ein Produkt bekannt machen wollen, Ihre Zielgruppen genau kennen und am besten auch abschätzen können, auf was für Content-Sites sich diese bevorzugt aufhalten. Ideal ist es, wenn Sie bereits im Content-Netzwerk geworben haben und sich einige Seiten als besonders leistungsstark herausgestellt haben. Meist lohnt es sich, für diese Seiten eine eigene Placement-bezogene Kampagne einzurichten. Beachten Sie, dass Sie keine Garantie haben, dass Ihre Anzeigen auf den betreffenden Seiten geschaltet werden. Die Anzeigen aus Placement-bezogenen Kampagnen konkurrieren nicht nur untereinander, sondern auch mit den Anzeigen aus Keyword-bezogenen Kampagnen. Damit die Textanzeige einer Placement-bezogenen Kampagne tatsächlich den Anzeigenplatz gewinnt, muss die Anzeige einen höheren Rang haben als die vier erfolgreichsten Keyword-bezogenen Textanzeigen.

Profi-Tipp

Wenn Sie Kampagnen nur auf das Content-Werbenetzwerk ausrichten, haben Sie eine weitere Gebotsoption. Sie können wie gewohnt einen maximalen Klickpreis eingeben, oder Sie legen einen maximalen CPM fest. Dann bieten Sie nicht für einen Klick, sondern für 1.000 Impressionen. Dies kann mitunter günstiger sein als das klassische CPC-Verfahren.

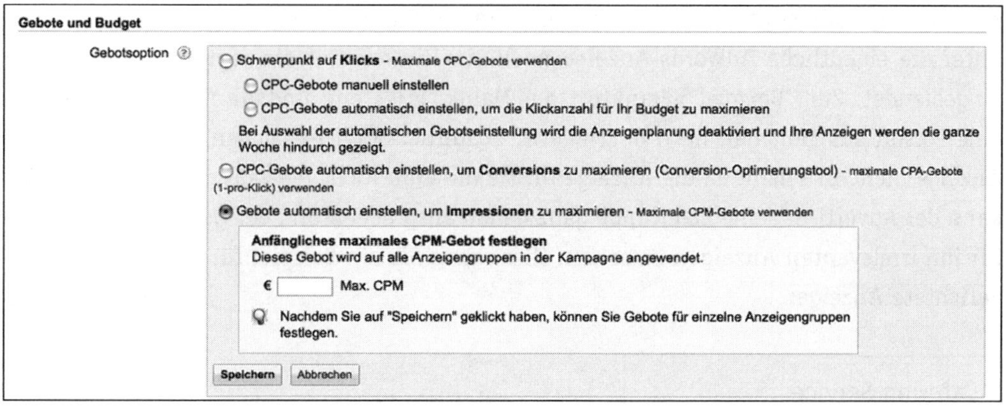

Abbildung 39: Eingabe eines maximalen CPM (Cost-per-Mille)

5.3 Zusätzliche Kampagneneinstellungen

5.3.1 Geografische Ausrichtung einer Kampagne

Viele Leute sind immer wieder aufs Neue erstaunt, wenn Sie erfahren, dass man AdWords ganz gezielt für bestimmte Regionen schalten kann. Besonders kleine Betriebe lassen sich die Möglichkeit, im Internet zu werben, entgehen, da sie sich dieser Option nicht bewusst sind. Natürlich kommt der Betreiber eines griechischen Restaurants in Frankfurt erst einmal nicht auf die Idee, im Internet zu werben, da er keinen deutschlandweiten Service anbietet. Vermutlich würde er aber online werben, wenn er wüsste, dass er seine Anzeigen auch so schalten kann, dass diese nur Leute aus Frankfurt und Umgebung zu sehen bekommen. Haben Sie nicht selbst schon oft nach einem Restaurant in Ihrer Nähe gesucht und zu diesem Zweck Google genutzt?

Mit Google AdWords können Sie nun Ihre Anzeigen nicht nur für das gesamte Web schalten, sondern diese absolut zielgenau ausrichten. Neben der Einschränkung durch die Sprache können Sie eben auch die Region, in der Ihre Anzeigen geschaltet werden sollen, sehr genau definieren und sich so eine große Zahl unqualifizierter Klicks ersparen und exakt Ihre Kundengruppe ansprechen. Dank dieser regionalen Ausrichtung können Sie Ihre Kampagnen beispielsweise auf einzelne Länder, Bundesländer und Städte ausrichten.

Dies funktioniert, da Google unter anderem anhand der IP-Adresse der User ermitteln kann, wo diese sich befinden, und diese dann nur die Anzeigen zu sehen bekommen, die auch für sie bestimmt sind. Handelt es sich bei einem der angezeigten AdWords um eine Anzeige mit regionaler Ausrichtung, wird automatisch, wie im folgenden Beispiel, unter die eigentliche AdWords-Anzeige noch ein Hinweis auf die regionale Ausrichtung eingeblendet. Zum Beispiel »Frankfurt am Main«, »Hessen« und Ähnliches. Würde nun eine Person aus München nach dem Begriff »Catering-Service« suchen, bekäme sie diese Anzeige nicht zu sehen, da die Anzeige für sie ohnehin nicht relevant wäre. Auf diese Art kann der Advertiser seine Zielgruppe ganz genau ansprechen und der User bekommt keine für ihn irrelevanten Anzeigen zu sehen. Hier sehen Sie ein Beispiel für eine regional ausgerichtete Anzeige:

Catering Service
Selber kochen war gestern. Mit uns wird Ihre Party zum Erfolg!
www.catering-mustermann.de
Frankfurt am Main

Um Ihrer Kampagne nun eine regionale Ausrichtung zuzuordnen, gehen Sie auf der Seite **Kampagnen** auf den Tab **Einstellungen**. Hier sehen Sie unter dem Punkt **Standort** die momentane Ausrichtung. Klicken Sie auf die aktuelle Ausrichtung (vgl. Abbildung 40), und Sie gelangen auf eine Seite, auf der Sie die Kampagnenausrichtung bearbeiten können (vgl. Abbildung 41).

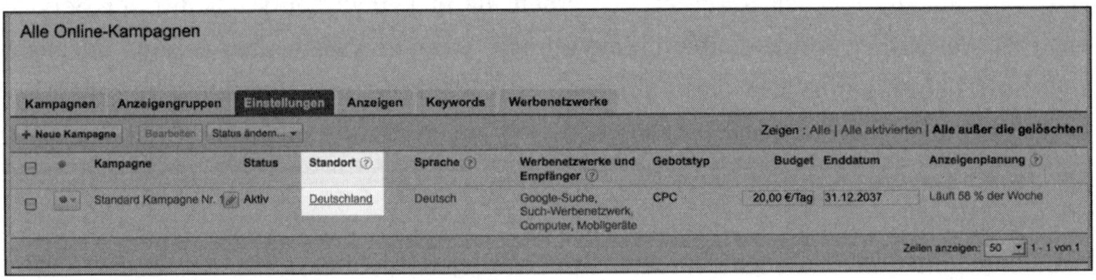

Abbildung 40: Einstellen der regionalen Ausrichtung

Sie können verschiedene Einstellungen wählen, über die Sie Ihre Zielregionen einschränken wollen. Bei der Option **Suchen** können Sie gezielt nach Regionen suchen, indem Sie beispielsweise eine Postleitzahl oder eine Stadt eingeben (vgl. Abbildung 41).

Den Link **Gebiete in den ausgewählten Zielregionen ausschließen** finden Sie bei allen Einstellungen. Über diesen Link können bestimmte Regionen innerhalb der Zielregion ausgeschlossen werden. Haben Sie Deutschland als Zielregion gewählt, könnten Sie auf diese Weise beispielsweise Bayern und Baden-Württemberg ausschließen, damit Ihre Anzeigen hier nicht geschaltet werden.

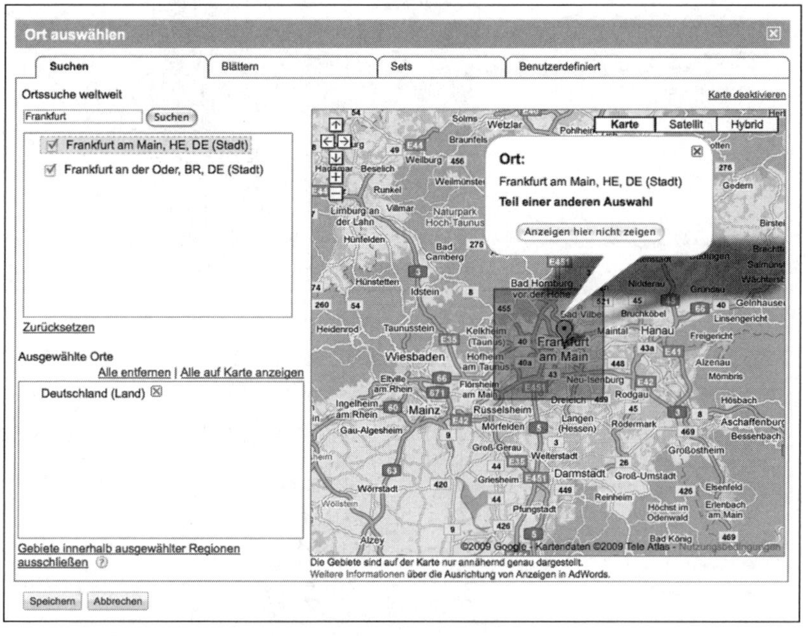

Abbildung 41: Bearbeiten der regionalen Ausrichtung

Über **Blättern** können Sie sich über Länderebene gezielt in kleinere Regionen vorarbeiten. Dazu wählen Sie erst das gewünschte Land, daraufhin das Bundesland usw., bis Sie die gewünschte Ebene erreicht haben (vgl. Abbildung 42). Wenn Sie ein Bundesland oder auch eine Stadt angeklickt haben, wird Ihnen der ausgewählte Bereich direkt auf der Karte angezeigt.

Die Option **Sets** bietet Ihnen die Möglichkeit, gleich mehrere Länder oder territoriale Gebiete aus einer Gruppe als Zielregion hinzuzufügen (vgl. Abbildung 43). Beispielsweise können vordefinierte Gruppen wie Westeuropa, Lateinamerika oder auch der Nahe Osten als Zielregionen ausgewählt werden. Innerhalb dieser Regionen kann noch eine Unterauswahl getroffen werden. In der Zielregion Westeuropa könnten so zum Beispiel gezielt Frankreich, Belgien und die Schweiz als endgültige Zielregion definiert werden.

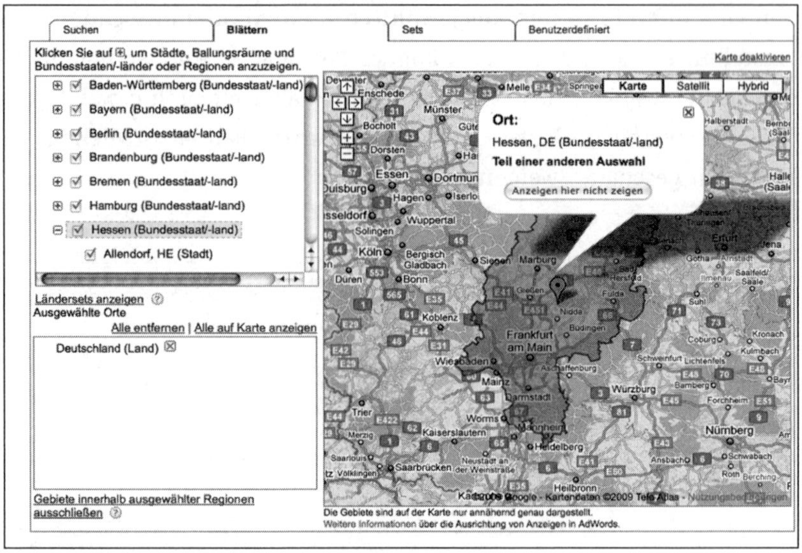

Abbildung 42:
Die Option **Blättern**

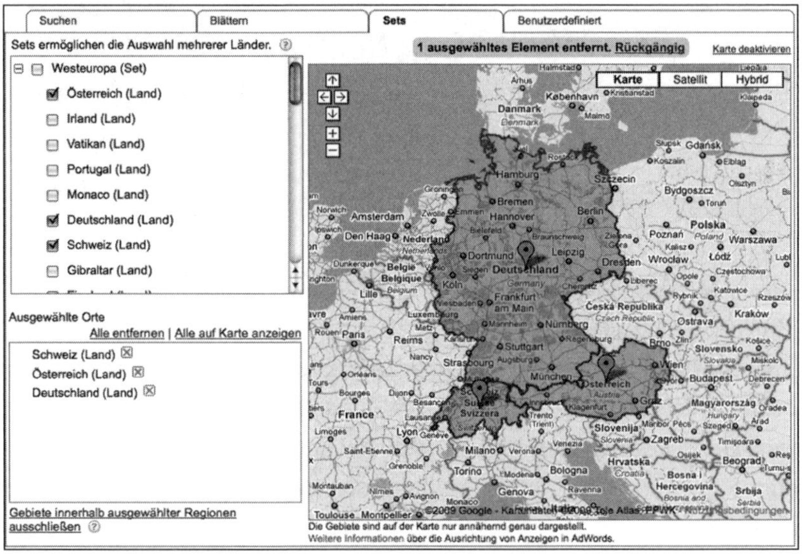

Abbildung 43:
Die Option **Sets**

Die letzte Option ist **Benutzerdefiniert**. Hier können Sie unter anderem von einem bestimmten Punkt ausgehend einen Radius eintragen und diesen als Region wählen **(Kartenpunkt)**, Koordinaten eingeben **(Benutzerdefiniertes Format)** und direkt mehrere Zielregionen eingeben **(Bulk)**. In Abbildung 42 wurde ein beliebiger Standort als Adresse eingetragen und als Suchradius 100 km gewählt. Die Anzeigen in der dazugehörigen Kampagne werden also nur Leuten gezeigt, deren IP-Adresse darauf schließen lässt, dass sie sich auch genau in diesem Gebiet aufhalten. User, deren IP angibt, dass sie sich außerhalb dieser 100 km befinden, sehen die Anzeigen nicht.

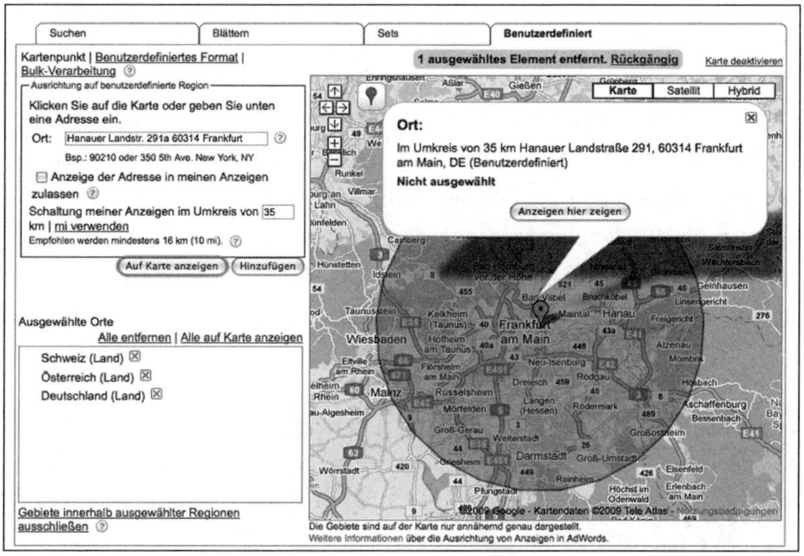

Abbildung 44:
Die Option
Benutzerdefiniert

5.3.2 Zeitliche Ausrichtung einer Kampagne

Eine weitere Option, mit der Sie die Anzeigenauslieferung beschränken können, ist die zeitliche Ausrichtung der Kampagne. Aber wann sollte man eine zeitliche Ausrichtung einer Kampagne überhaupt in Erwägung ziehen? – Dies kann unter Umständen zu Beginn einer neuen Kampagne sein, bei der das Budget sehr begrenzt ist. Ebenfalls denkbar ist der Einsatz der zeitlichen Ausrichtung, wenn sich während einer laufenden Kampagne herauskristallisiert hat, dass zu bestimmten Zeiten und Tagen eine besonders hohe oder niedrige Conversion-Rate zu verzeichnen ist. Ein Pizza-Lieferservice, der Montag Ruhetag hat, könnte sich überlegen, mit der Anzeigenschaltung an Montagen zu pausieren, da es an diesem Tag zu keinem erfolgreichen Verkauf kommen kann.

Unser Beispielshop Schokoladen-Mustermann hat sich überlegt, eine Art Happy Hour einzuführen. Kunden, die wochentags zwischen 11:00 und 13:00 Uhr bestellen, müssen bei dieser besonderen Aktion keine Versandkosten zahlen. Für diese Kampagne haben sie als zeitliche Ausrichtung dementsprechend Montag bis Freitag, 11:00 bis 13:00 Uhr gewählt. So bekommen Kunden, die zu dieser Zeit nach ihren Produkten suchen, den entsprechenden Anzeigentext zu sehen und können den Vorteil gleich nutzen.

Gehen Sie wie im Folgenden beschrieben vor, um die Anzeigenauslieferung in Ihrer Kampagne auf bestimmte Tage und Uhrzeiten zu beschränken: Wählen Sie die Registerkarte **Kampagnen** aus und gehen Sie hier auf den Tab **Einstellungen**. Klicken Sie bei **Anzeigenplanung** auf die momentane Einstellung. Auf der folgenden Seite können Sie nun die Zeiten für jeden Wochentag anpassen, zu denen Ihre Anzeigen geschaltet werden sollen (vgl. Abbildung 45). Dazu klicken Sie auf die Zeit hinter dem entsprechenden Tag. In dem kleinen Pop-up-Menü kann die Zeit eingetragen werden. Wenn die Zeit für mehrere Tage übernommen werden soll, klicken Sie auf den Link **Kopieren**. So kann die zeitliche Einstellung beispielsweise für alle Wochentage übernommen werden. Einen weiteren Zeitraum können Sie anlegen, indem Sie auf den gleichnamigen Link klicken. Auf diese Art können Anzeigen auf mehrere Zeiträume eines Tages verteilt geschaltet werden.

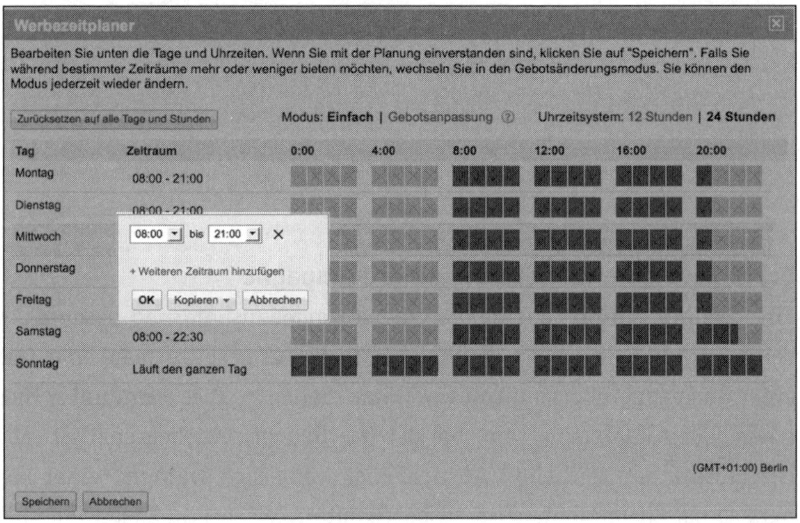

Abbildung 45: Die Anzeigenauslieferung kann zeitlich angepasst werden

Zusätzlich haben Sie über die Anzeigenplanung die Möglichkeit, auch die Gebote an die Uhrzeit anzupassen (vgl. Abbildung 46). Verkaufen Sie am frühen Nachmittag besonders viel, kann es sich auszahlen, die Gebote hier zu erhöhen, damit Sie eine vordere Position belegen. Um die Gebote an Uhrzeiten anzupassen, gehen Sie auf den Link **Gebotsanpassung**. Es wird eine zusätzliche Spalte eingeblendet, in der angezeigt wird, wie viel Prozent des Klickpreises zu den entsprechenden Zeiten geboten werden. Um den Prozentsatz anzugleichen, klicken Sie auf die aktuelle Prozentzahl. In dem nun geöffneten Menü kann das Gebot angepasst werden.

Profi-Tipp

Die von Google festgelegte Voreinstellung ist »alle Tage und alle Uhrzeiten«. Dies ist aber in den wenigsten Fällen sinnvoll. Belassen Sie es dabei, solange Ihnen noch nicht genug Daten vorliegen, um Ihre Kampagne auszuwerten. Sobald Sie mithilfe eines Analyse-Tools Ihre Kampagne entsprechend ausgewertet haben, sollten Sie die Anzeigenplanung aber unbedingt anpassen.

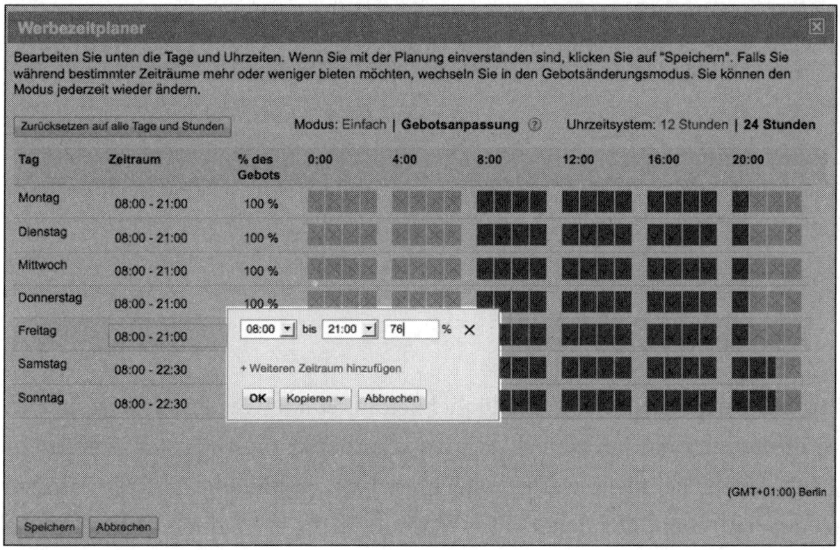

Abbildung 46: Anpassen der Gebote anhand der Tageszeit

5.3.3 Ausschließen bestimmter Websites und Websitekategorien im Content-Werbenetzwerk

Wir wissen bereits, dass das Content-Werbenetzwerk eine große Zahl verschiedenster Webseiten umfasst. Wenn Sie sich entschieden haben, Ihre Anzeigen in diesem Werbenetzwerk zu schalten, kann es sein, dass Ihre Anzeigen auch auf Seiten zu sehen sind, auf denen Sie keinesfalls werben möchten. Das könnten zum Beispiel Seiten der Konkurrenz sein, Seiten mit nicht jugendfreien Inhalten und andere. Um bestimmte Seiten auszuschließen, gehen Sie auf die Registerkarte **Kampagnen** und dort auf **Werbenetzwerke**. Hier finden Sie unterhalb der Liste mit den Werbenetzwerken den Vermerk **Ausschlüsse**. Über diesen Vermerk kann man bestimmte Placements entweder für eine Anzeigengruppe oder für die ganze Kampagne als Ausschluss hinzufügen (vgl. Abbildung 47). Auf den hier gelisteten Placements werden Ihre Anzeigen dann nicht mehr geschaltet.

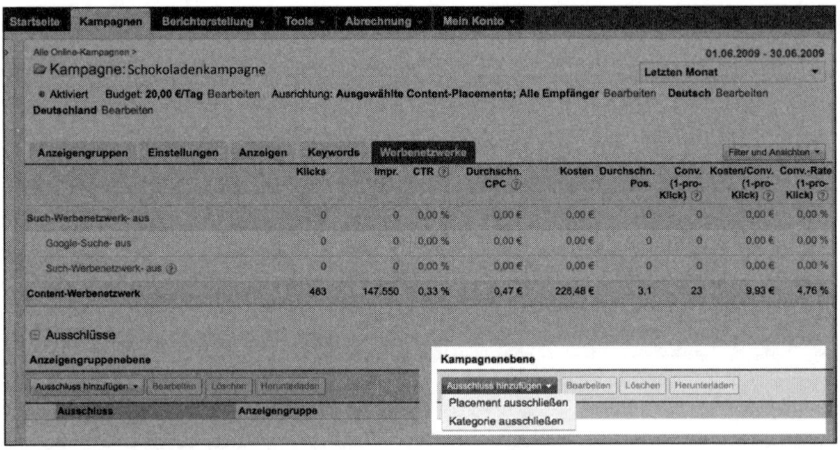

Abbildung 47: Placements ausschließen

Um Placements auszuschließen, gibt es zwei Möglichkeiten. Wählen Sie aus dem Dropdown **Placements** aus, öffnet sich ein Eingabefeld, in dem Sie direkt die URLs von Seiten angeben können, auf denen Sie nicht werben möchten (vgl. Abbildung 48). Sie können auch nur Unterseiten eingeben, auf denen Ihre Werbung nicht erscheinen soll, ohne die gesamte Website auszuschließen. Möchten Sie beispielsweise nur nicht auf der Sportseite der Internetseite *www.bild.de* werben, geben Sie nicht *www.bild.de* als ausschließende URL ein, sondern *www.bild.de/sport*. Auf diese Art wird Ihre Anzeige auf allen anderen Seiten der Bild-Website weiterhin angezeigt.

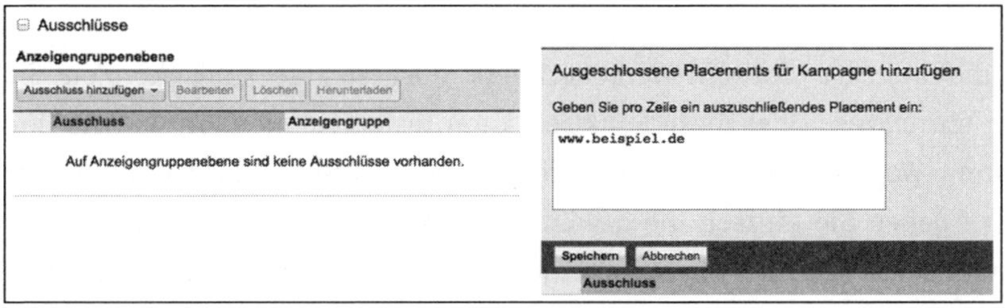

Abbildung 48: Anlegen von ausschließenden Placements

Sie können aber auch ganze Kategorien und Seitentypen ausschließen. Das können beispielsweise Seiten mit nicht jugendfreien Inhalten, Fehlerseiten, aber auch Foren und andere sein. Um Websitekategorien auszuschließen, wählen Sie **Kategorie ausschließen**. In dem sich öffnenden Fenster wird Ihnen eine Liste mit Kategorien und Websitetypen angezeigt, die Sie ausschließen können (siehe Abbildung 49). Wurden Ihre Anzeigen bereits auf Seiten dieser Kategorie geschaltet, bekommen Sie die zugehörigen Daten wie Impressionen, Klicks und weitere angezeigt. Aktivieren Sie das Auswahlkästchen vor den entsprechenden Kategorien und speichern Sie dies ab. Ihre Anzeigen werden nun nicht mehr auf den Placements dieser Kategorien geschaltet. Um Seiten beziehungsweise Seitentypen zu finden, die Sie ausschließen sollten, können Sie einen Bericht zum Anzeigenplacement erstellen, oder sich die Detailinformationen zu den automatischen Placements anzeigen lassen. Hier sehen Sie, welche Sites nur Impressionen, aber keine Klicks und keine Conversions generieren oder auch einfach nur irrelevant und unpassend für Ihre Anzeigen sind. Fügen Sie diese dann als ausschließende Placements hinzu.

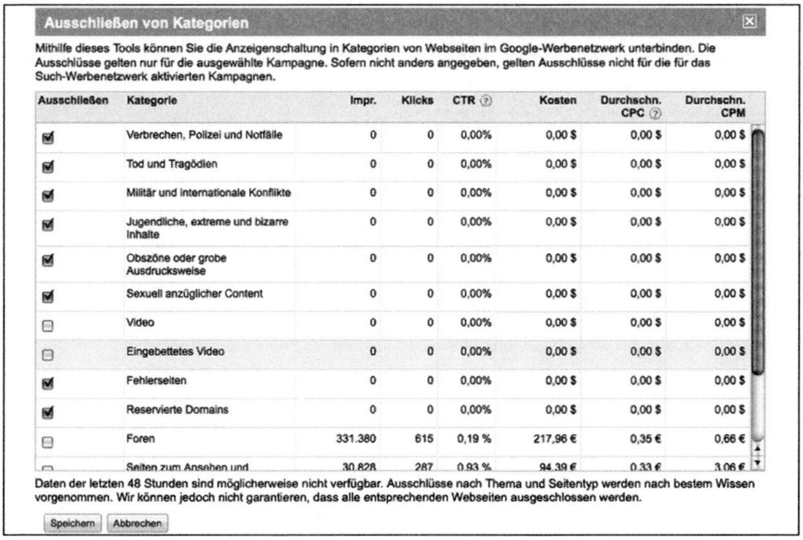

Abbildung 49: Ausschluss von Seitentypen und bestimmten Kategorien

5.3.4 Frequency Capping

Bei Kampagnen, die auf das Content-Werbenetzwerk ausgerichtet sind, können Sie Frequency Capping einrichten. Über diese Funktion kann festgelegt werden, wie oft Ihre Anzeigen im Content-Werbenetzwerk maximal für einen einzelnen Nutzer geschaltet werden sollen. Dazu geben Sie einfach die gewünschte Obergrenze an Impressionen pro User an. Der Zeitraum, für den die Obergrenze gelten soll, kann individuell festgelegt werden. Genauso kann festgelegt werden, ob die Obergrenze der Impressionen für die ganze Anzeigengruppe gilt oder nur für eine Anzeige. Um Frequency Capping einzurichten, gehen Sie auf den Tab **Einstellungen** der entsprechenden Kampagne. Klicken Sie unter der Überschrift **Erweiterte Einstellungen** neben **Frequency Capping** auf **Bearbeiten** und nehmen Sie die gewünschten Einstellungen vor.

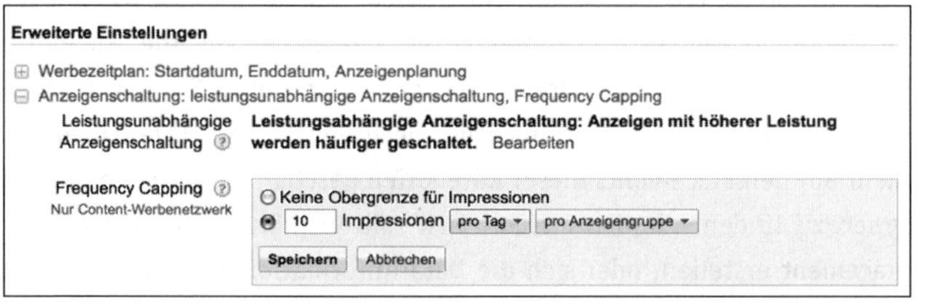

Abbildung 50: Einrichten von Frequency Capping

Profi-Tipp

Bei Frequency Capping handelt sich um eine noch relativ neue Funktion. Dieses Feature ist auf jeden Fall zu empfehlen, da man so viele Impressionen für nicht interessierte Nutzer einsparen kann.

5.4 Gebotsoptionen für Kampagnen

5.4.1 Content-Gebote anpassen

Klicks, die über das Content-Werbenetzwerk generiert werden, können in ihrer Qualität stark von den Klicks abweichen, die über die Suchergebnisseiten kommen. In vielen Fällen ist es so, dass Klicks aus dem Content-Werbenetzwerk weniger oft zu Conversions führen. In diesem Fall ist es sinnvoll, die Content-Gebote leicht nach unten zu korrigieren. Dennoch kann es bei bestimmten Produkten auch genau andersherum sein, dann sollten die Content-Gebote nach oben korrigiert werden.

Sollten Sie keine getrennten Kampagnen für die verschiedenen Werbenetzwerke angelegt haben, ist es wichtig, die Leistung der verschiedenen Werbenetzwerke miteinander zu vergleichen. Überprüfen Sie, während die Kampagne läuft, ob sich die Leistungen der Klicks, die über das eine oder andere Werbenetzwerk kommen, voneinander unterscheiden. Gegebenenfalls können Sie dann die Content-Gebote anpassen. Um herauszufinden, welche Leistung Ihre Anzeigen im Content-Werbenetzwerk erbringen, gibt es zwei Möglichkeiten: Wählen Sie auf der Registerkarte Kampagnen den Tab **Werbenetzwerke**. Gehen Sie hier auf den Link **Details anzeigen** hinter dem Vermerk **Automatische Placements**. Es wird Ihnen eine detaillierte Auflistung der Seiten angezeigt, auf denen Ihre Anzeigen bisher erschienen sind. Werten Sie die Leistung anhand der Klickrate (CTR), der Conversion-Rate und anderer relevanter Faktoren aus und passen Sie den CPC entsprechend an. Alternativ dazu gehen Sie ins Berichtcenter und erstellen Sie einen Bericht zur Anzeigenplatzierung. Dieser gibt Ihnen Auskunft, wo genau Ihre Anzeigen gezeigt werden, welchen durchschnittlichen Klickpreis sie haben, und zeigt die Zahl der Klicks, Impressionen und Conversions.

Um den CPC, also den Klickpreis für einzelne Seiten, anzupassen, wählen Sie ein oder mehrere Placements aus und gehen auf den Button **Placement und Gebot verwalten**. In dem sich öffnenden Fenster können individuelle CPC-Gebote für diese Seiten eingegeben werden (vgl. Abbildung 51 auf der folgenden Seite).

Der durchschnittliche maximale CPC für Content-Gebote wird auf dem Tab **Anzeigengruppen** angepasst. Hinter jeder Anzeigengruppe finden Sie das maximale CPC-Gebot für das Such- beziehungsweise Content-Werbenetzwerk. Um dieses für die ganze Anzeigengruppe anzupassen, klicken Sie das Gebot an. Ein kleines Fenster wird geöffnet, in dem Sie die gewünschten Änderungen am maximalen CPC vornehmen können (vgl. Abbildung 52 auf der folgenden Seite).

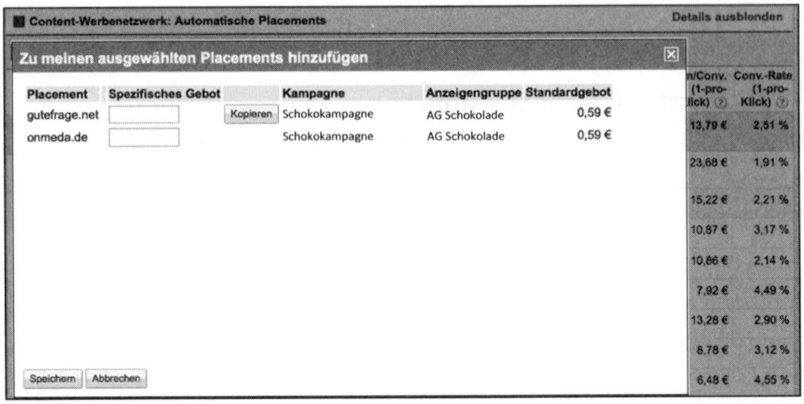

Abbildung 51: Anlegen von eigenen Geboten für ausgewählte Placements

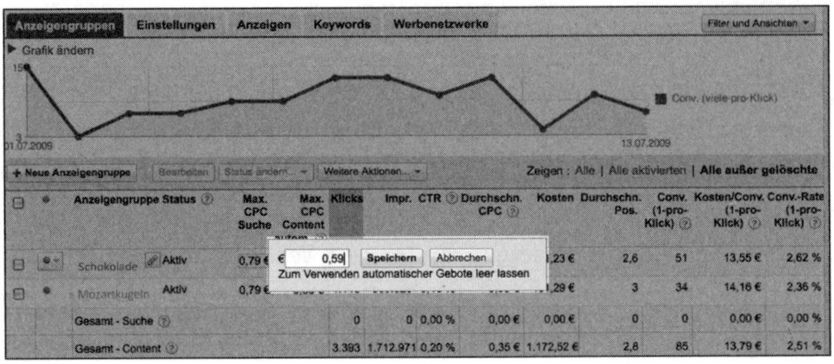

Abbildung 52: Anpassen der Content-Gebote für eine ganze Anzeigengruppe

5.4.2 Gebote nach demografischer Ausrichtung

Wenn Sie im Content-Werbenetzwerk werben, haben sie die Möglichkeit, Ihre Gebote für Content-Sites an demografischen Merkmalen auszurichten (vgl. Abbildung 53). Dies funktioniert nur auf Seiten, auf denen sich der User bereits registriert hat und für die so die notwendigen Daten zur Verfügung stehen. Wenn Sie Ihre Zielgruppe gut kennen, können Sie mit dieser Funktion abhängig von Alter und Geschlecht auswählen. Besonders gut eignet sich diese Funktion für Advertiser, die über eine klar definierte Zielgruppe verfügen. Sind Sie vielleicht gerade dabei, ein Dating-Portal zu promoten, bei dem sich explizit Menschen über 40 Jahren anmelden sollen, könnten Sie so das jüngere Publikum auf bestimmten Seiten des Content-Werbenetzwerks einfach ausschließen.

Nehmen wir als Beispiel einen Shop, der speziell Beautyprodukte für Frauen vertreibt. Natürlich kaufen dort deutlich mehr Frauen ein als Männer. Insbesondere Frauen im Alter zwischen 30 und 43 Jahren bringen viele Conversions und damit mehr Gewinn. Unter diesem Aspekt bietet es sich an, die Gebote für diese Zielgruppe um einen bestimmten Prozentsatz zu erhöhen. Der Betreiber des Shops bietet daraufhin für Frauen allgemein 30 Prozent mehr und für Frauen in der speziellen Altersgruppe noch mal 10 Prozent zusätzlich. Bei Gruppen, bei denen mehrere ausgewählte demografische Aspekte zusammenkommen, addieren sich die eingestellten Werte. Bei unserem Beispiel betrifft das Frauen im Alter von 25 bis 34 Jahren beziehungsweise 35 bis 44 Jahren. Da man, wie in den meisten Shops, auch bei diesem erst Bestellungen tätigen darf, wenn man volljährig ist, schließt der Betreiber Personen unter 18 Jahren einfach aus.

Um diese Funktion zu aktivieren, gehen Sie auf den Tab **Einstellungen** auf der Registerkarte **Kampagnen**. Hier finden Sie unter **Zielgruppe** den Link: **Demografische Kriterien (erweitert)**. In dem entsprechenden Untermenü können Sie die gewünschten Anpassungen vornehmen und eine statistische Auswertung der letzten Tage sehen. Änderungen nehmen Sie vor, indem Sie hinter den betreffenden Gruppen auf den Vermerk **Gebot + 0 Prozent** gehen (vgl. Abbildung 54). Es öffnet sich ein kleines Fenster, in dem Sie das Gebot für die ausgewählte Gruppe anpassen können. Um Gruppen ganz auszuschließen, aktivieren Sie das Kontrollkästchen unter dem Vermerk **Ausschließen** hinter der gewünschten Gruppe.

Die Funktion an sich ist ein guter Ansatz, wenn man bereits weiß, wer seine primäre Kundengruppe ist, und sich diese gut anhand demografischer Merkmale unterteilen lässt. Das kann auch bei besonderen Aktionen der Fall sein, für die extra Kampagnen angelegt werden. Denkbar wäre zum Beispiel die Kampagne eines Medienfachmarktes, mit der er sich kurz vor einer Fußball-Weltmeisterschaft mit besonders günstigen Angeboten primär an Männer richtet. Allerdings ist die Zahl der Websites, bei denen diese Funktion tatsächlich zum Einsatz kommen kann, noch sehr gering. Diese Anwendung beschränkt sich auf Webseiten im Content-Netzwerk, bei denen sich der User anmeldet und so identifiziert werden kann. Das können Foren, Social Networks und Ähnliches sein. Datenschützern dürfte diese Anwendung verständlicherweise ein Dorn im Auge sein. Dennoch bietet die Funktion einige interessante Ansichten und lässt erahnen, in welche Richtung sich Online-Werbung weiterentwickeln könnte und was bereits jetzt schon alles möglich ist.

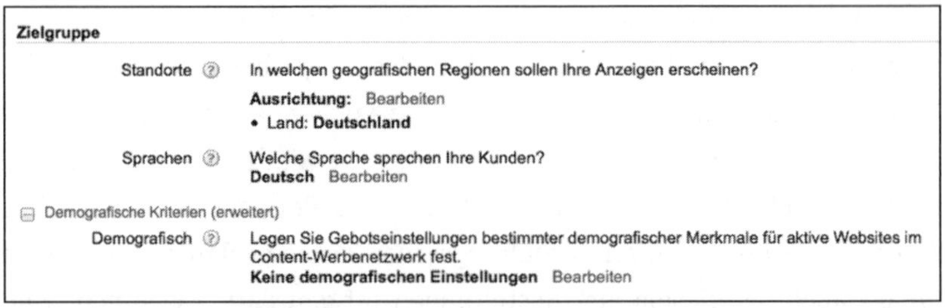

Zielgruppe

Standorte In welchen geografischen Regionen sollen Ihre Anzeigen erscheinen?
Ausrichtung: Bearbeiten
• Land: **Deutschland**

Sprachen Welche Sprache sprechen Ihre Kunden?
Deutsch Bearbeiten

Demografische Kriterien (erweitert)

Demografisch Legen Sie Gebotseinstellungen bestimmter demografischer Merkmale für aktive Websites im Content-Werbenetzwerk fest.
Keine demografischen Einstellungen Bearbeiten

Abbildung 53: Gebote können anhand demografischer Merkmale angepasst werden

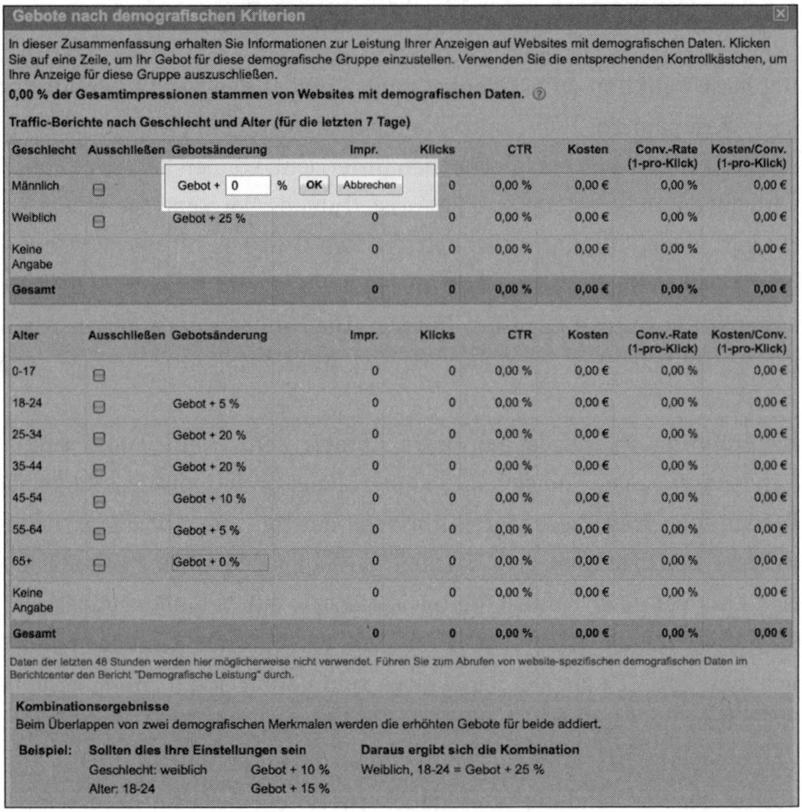

Gebote nach demografischen Kriterien

In dieser Zusammenfassung erhalten Sie Informationen zur Leistung Ihrer Anzeigen auf Websites mit demografischen Daten. Klicken Sie auf eine Zeile, um Ihr Gebot für diese demografische Gruppe einzustellen. Verwenden Sie die entsprechenden Kontrollkästchen, um Ihre Anzeige für diese Gruppe auszuschließen.

0,00 % der Gesamtimpressionen stammen von Websites mit demografischen Daten.

Traffic-Berichte nach Geschlecht und Alter (für die letzten 7 Tage)

Geschlecht	Ausschließen	Gebotsänderung	Impr.	Klicks	CTR	Kosten	Conv.-Rate (1-pro-Klick)	Kosten/Conv. (1-pro-Klick)
Männlich		Gebot + 0 % OK Abbrechen		0	0,00 %	0,00 €	0,00 %	0,00 €
Weiblich		Gebot + 25 %	0	0	0,00 %	0,00 €	0,00 %	0,00 €
Keine Angabe			0	0	0,00 %	0,00 €	0,00 %	0,00 €
Gesamt			**0**	**0**	**0,00 %**	**0,00 €**	**0,00 %**	**0,00 €**

Alter	Ausschließen	Gebotsänderung	Impr.	Klicks	CTR	Kosten	Conv.-Rate (1-pro-Klick)	Kosten/Conv. (1-pro-Klick)
0-17			0	0	0,00 %	0,00 €	0,00 %	0,00 €
18-24		Gebot + 5 %	0	0	0,00 %	0,00 €	0,00 %	0,00 €
25-34		Gebot + 20 %	0	0	0,00 %	0,00 €	0,00 %	0,00 €
35-44		Gebot + 20 %	0	0	0,00 %	0,00 €	0,00 %	0,00 €
45-54		Gebot + 10 %	0	0	0,00 %	0,00 €	0,00 %	0,00 €
55-64		Gebot + 5 %	0	0	0,00 %	0,00 €	0,00 %	0,00 €
65+		Gebot + 0 %	0	0	0,00 %	0,00 €	0,00 %	0,00 €
Keine Angabe			0	0	0,00 %	0,00 €	0,00 %	0,00 €
Gesamt			**0**	**0**	**0,00 %**	**0,00 €**	**0,00 %**	**0,00 €**

Daten der letzten 48 Stunden werden hier möglicherweise nicht verwendet. Führen Sie zum Abrufen von website-spezifischen demografischen Daten im Berichtcenter den Bericht "Demografische Leistung" durch.

Kombinationsergebnisse
Beim Überlappen von zwei demografischen Merkmalen werden die erhöhten Gebote für beide addiert.

Beispiel:	**Sollten dies Ihre Einstellungen sein**		**Daraus ergibt sich die Kombination**
	Geschlecht: weiblich	Gebot + 10 %	Weiblich, 18-24 = Gebot + 25 %
	Alter: 18-24	Gebot + 15 %	

Abbildung 54: Anpassen der Gebote an die Zielgruppe

5.5 Kampagnenleistung

Nachdem Sie eine oder mehrere Kampagnen erstellt haben, sollten Sie diese natürlich auch im Auge behalten und sich hin und wieder einen statistischen Überblick über die Leistung Ihrer Kampagne verschaffen. Auch hier empfiehlt sich wieder ein Analysetool. Um nur einen ersten Eindruck zu bekommen, ist die Leistungsstatistik innerhalb des AdWords-Kontos ausreichend. In der **Kontozusammenfassung** (Registerkarte **Startseite**) finden Sie neben aktuellen Benachrichtigungen und Tipps auch eine Statistik zur Kampagnenleistung. Diese Leistungsstatistik gibt Ihnen unter anderem in Form eines Messdiagramms Auskunft über den Verlauf einer ausgewählten oder aller aktiver Kampagnen (siehe Abbildung 55).

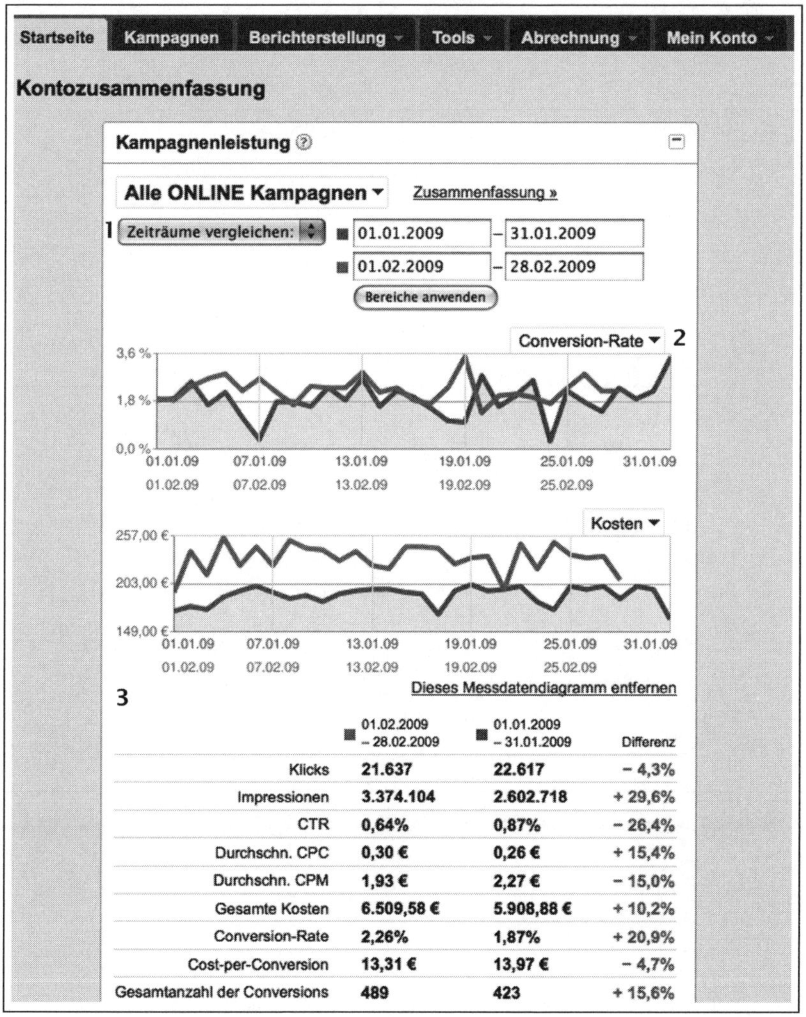

Abbildung 55:
Die Kampagnenleistung

Sie können auch unterschiedliche Zeiträume miteinander vergleichen (Abbildung 55, Punkt 1). Auf diese Art lässt sich ganz klar erkennen, ob eine Kampagne eine Leistungssteigerung durchmacht oder in ihrer Leistung abfällt. Sinken die Kosten und die Anzahl der Conversions steigt, ist das beispielsweise ein klares Zeichen, dass sich Ihre Kampagne zum Positiven hin entwickelt. In den entsprechende Dropdowns können Sie wählen, was genau die beiden Messdiagramme anzeigen sollen: Klicks, Impressionen, CTR, CPC, CPM, Kosten, Conversion-Rate, Cost-per-Conversion und Conversion (Punkt 2). Im unteren Teil der Statistik finden Sie dann eine Gegenüberstellung der ermittelten Werte in den ausgewählten Zeiträumen sowie eine Auswertung der Differenzen. Auch hier sieht man anhand dieser Differenzwerte auf einen Blick, in welche Richtung sich die Kampagne entwickelt (Punkt 3).

6. Anzeigengruppen – Ordnung innerhalb der Kampagne

Wie bereits erwähnt, ist es wichtig, dass man Anzeigengruppen bereits beim Erstellen klar definiert. Geben Sie den Anzeigengruppen aussagekräftige Namen, damit Sie gleich sehen, welche Anzeigengruppe welches Produkt bewirbt und was für Keywords diese enthält. Wie unterscheiden sich Anzeigengruppen von Kampagnen, die auf unterschiedliche Werbenetzwerke ausgerichtet sind, nun aber im Detail von ihrem Aufbau her?

Bei einer Keyword-bezogenen Kampagne, die für Suchseiten und das Such-Werbenetzwerk konzipiert wurde, ist es sinnvoll, die Anzeigengruppen nach Keywords zu gruppieren, die vom Ausdruck her zusammenpassen. Für jede Wortvariante und jedes Synonym wird am besten eine neue Anzeigengruppe angelegt. Dies ist enorm wichtig, da Anzeigentexte und Keywords genauestens zueinander passen müssen, um den sogenannten Qualitätsfaktor zu stärken. Mithilfe dieses Faktors wird unter anderem ermittelt, auf welcher Position die Anzeige letztendlich erscheint. Verschiedene Keywordoptionen sind hier unbedingt zu nutzen. Genaueres zu den Keywordoptionen erfahren Sie im Kapitel *Finden Sie Keywords für Ihre Anzeigen*.

Bei einer Keyword-bezogenen Kampagne, die auf das Content-Werbenetzwerk ausgerichtet ist, können Keywords aller Art in einer Anzeigengruppe zusammengefasst werden, solange sie thematisch zusammenpassen. Von den verschiedenen Keywordoptionen kann man hier Abstand nehmen. Lediglich ausschließende Keywords sollten auf jeden Fall ebenfalls eingegeben werden. Auf diese Art stellen Sie sicher, dass Ihre Anzeigen nicht auf Seiten zu sehen sind, die nicht genau zu den von Ihnen hinterlegten Keywords passen.

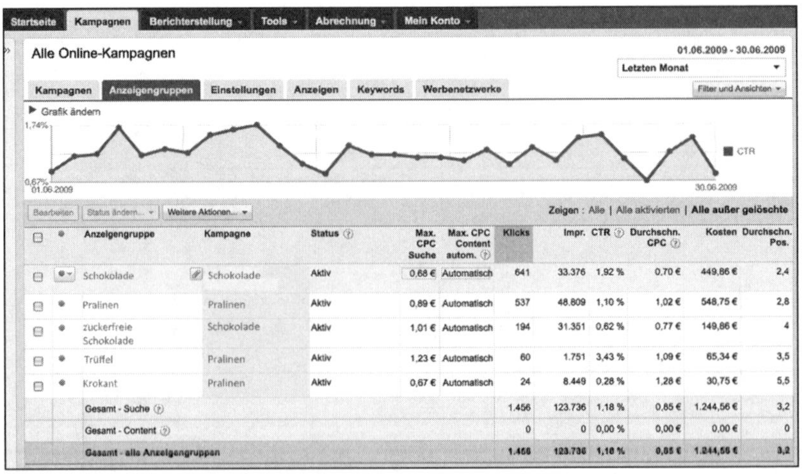

Abbildung 56: Die Anzeigengruppenebene im AdWords-Account

Profi-Tipp
Machen Sie sich keine Gedanken über die Kontokapazität. Sie können bis zu 25 Kampagnen mit jeweils 100 Anzeigengruppen erstellen. Davon kann jede bis zu 1.000 Keywords und nahezu unerschöpflich viele Anzeigenvarianten enthalten.

Um es etwas greifbarer zu machen, sehen wir uns die Anzeigengruppen mit den zugehörenden Keywords von unserem Schokoladen-Mustermann an:

Anzeigengruppen für Suchseiten und Such-Werbenetzwerk

Anzeigengruppe 1 »Alpenmilch«	Anzeigengruppe 2 »Weiße Schokolade«	Anzeigengruppe 3 »Pralinen«
"Alpenmilch Schokolade kaufen" "Alpenmilch Schokolade online" "Alpenmilch Schokolade bestellen" [Alpenmilch Schokolade] "Alpenmilchschokolade kaufen" "Alpenmilchschokolade bestellen" "Alpenmilchschokolade online"	"Weiße Schokolade kaufen" "Weiße Schokolade online" "Weiße Schokolade bestellen" [Weiße Schokolade]	"Pralinen kaufen" "Pralinen online bestellen" "Pralinen bestellen" "Pralinen für Diabetiker" "Pralinen Diabetiker" "Diabetiker Pralinen"

Ausschließende Keywords: »gratis«, »umsonst«, »günstig«, »billig«, »Nährwert«, »Vergleich«, »Vergleichsbericht«, »Inhaltsstoffe« usw.

Anzeigengruppen von Kampagnen, die für das Content-Werbenetzwerk angelegt sind, sollten thematisch zusammenpassende Keywords enthalten und nicht zu umfangreich sein. Auf die verschiedenen Keywordoptionen, wie »genau passend« oder »Wortgruppe«, kann verzichtet werden. Die Option »weitgehend passend« ist hier ausreichend. Ausschließende Keywords sollten dagegen auf jeden Fall eingerichtet werden, um zu vermeiden, dass Ihre Werbung auf Seiten geschaltet wird, auf denen sie eigentlich nichts zu suchen hat.

Anzeigengruppen für das Content-Werbenetzwerk

Anzeigengruppe 1 Produktthema (Schokolade)	Anzeigengruppe 2 Zugehörige Produkte (Pralinen usw.)	Anzeigengruppe 3 Zielgruppe (Geschenkideen)
Schokolade	Kakao	Geschenk
Weiße Schokolade	Pralinen	Geschenkidee
Alpenmilchschokolade	Süßigkeiten	Geburtstagsgeschenke
Dunkle Schokolade	Mozartkugeln	Gourmet
Zartbitter Schokolade	Nougat	Mitbringsel
Schweizer Schokolade	Kekse	
	Plätzchen	

Ausschließende Keywords: »gratis«, »umsonst«, »günstig« usw.

Gut strukturierte Anzeigengruppen erleichtern die Optimierung, da man leichter den Überblick bewahrt. Zudem kann zielgerichteter geworben werden, da Anzeigentexte und Keywords gut aufeinander abgestimmt werden können. Dies wirkt sich wiederum positiv auf den Qualitätsfaktor aus. Keywords, die nur wenige Impressionen erhalten und sich nicht eindeutig in eine andere Anzeigengruppe eingliedern lassen, sollten in einer gesonderten Anzeigengruppe zusammengefasst werden. Auf diese Art entsteht ein **Long Tail** [8]. Das heißt, durch die Menge an Nischen-Keywords können genauso gute Ergebnisse erzielt werden wie durch Keywords mit höherer Zahl an Impressionen.

Profi-Tipp

Ich habe oft festgestellt, dass die Kampagnen, die über viele, kleine zielgerichtete Anzeigengruppen verfügen, nicht nur eine gute Klickrate (CTR) haben sondern auch die meisten Conversions bringen.

8 Die Theorie des Long Tail wurde von Chris Anderson näher erläutert. Sie beschreibt die Gewinngenerierung durch den Vertrieb von Nischenprodukten, insbesondere im Internet. Durch eine große Menge an Nischenprodukten kann genauso viel, teilweise sogar mehr Gewinn erzielt werden wie durch den Verkauf von stark gefragten Produkten. Anderson, Chris: The Long Tail – Der lange Schwanz. Nischenprodukte statt Massenmarkt – Das Geschäft der Zukunft. Carl Hanser Verlag, München 2007.

7. Welche Anzeigenformate gibt es?

7.1 Anzeigenformate und ihr Aufbau

Google AdWords beinhalten nicht nur die verbreiteten Textanzeigen, sondern unterstützen insgesamt fünf verschiedene Anzeigenformate. Dazu gehören die Textanzeige, die lokale Anzeige, die Image-Anzeige, die Display-Anzeige und die Video-Anzeige. Es muss beachtet werden, dass nicht alle Anzeigenformate für jedes Werbenetzwerk verwendet werden können. Image-, Video- und Display-Anzeigen können nur im Content-Werbenetzwerk geschaltet werden, nicht auf Suchseiten. Neben diesen Anzeigen können auch Anzeigen für Handys und andere mobile Endgeräte erstellt werden. Hier unterscheidet man die Handytext- und die Handyimage-Anzeige. Um das Anzeigenformat, das Sie erstellen wollen, auszuwählen, gehen Sie auf die Registerkarte **Kampagnen** und hier auf den Tab **Anzeigen**. Hier finden sie den Button **Neue Anzeige** (vgl. Abbildung 57). Über diesen Button kann gewählt werden, welcher Anzeigentyp als nächstes erstellt werden soll. Im folgenden Abschnitt erfahren Sie, was die verschiedenen Anzeigenformate unterscheidet und was Sie beachten sollten, nachdem Sie sich für einen oder mehrere Anzeigentypen entschieden haben.

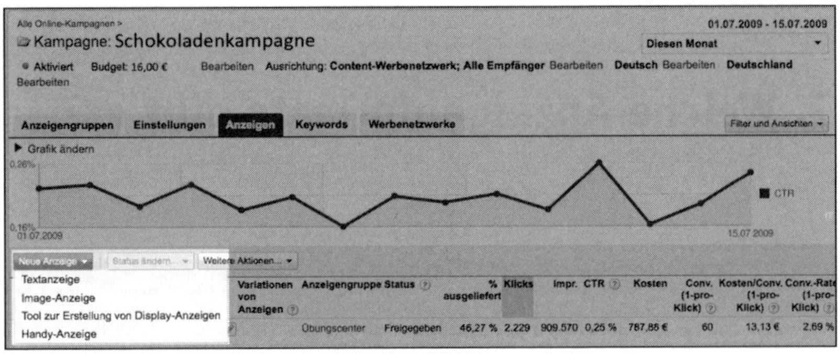

Abbildung 57: Auswahl des Anzeigentyps

7.1.1 Textanzeige

Das bekannteste Format einer AdWords-Anzeige ist die einfache Textanzeige. Diese kann sowohl im Such- als auch im Content-Werbenetzwerk geschaltet werden. So sieht eine typische Textanzeige aus:

Leckere Schokolade Finden Sie unter mehr als 100 Sorten Ihre Lieblingsschokolade www.schokoladen-mustermann.de

Die Textanzeige setzt sich aus diesen vier Teilen zusammen:

Die Überschrift

Die Überschrift darf maximal 25 Zeichen, einschließlich Leerzeichen, enthalten. Bereits der Titel soll die Nutzer ansprechen, die an Ihrem Produkt oder Ihrer Dienstleistung interessiert sind. Überlegen Sie sich, wie Sie bereits hier die Aufmerksamkeit des Users auf Ihre Anzeige lenken können.

Der Beschreibungstext

Dieser Abschnitt, der Ihnen zur Produktbeschreibung zur Verfügung steht, umfasst zwei Zeilen zu je 35 Zeichen, einschließlich Leerzeichen. Hier können Sie interessante Informationen zu Ihrem Produkt beziehungsweise Ihrer Dienstleistung unterbringen. Achten Sie darauf, dass sich Ihr Anzeigentext von denen Ihrer Mitbewerber unterscheidet. Der Text muss so überzeugend sein, dass der User auf Ihre Anzeige klickt und damit Ihre Website besucht.

Die Anzeige-URL

Die Anzeige-URL umfasst, einschließlich Leerzeichen, ebenfalls 35 Zeichen. Sie gibt an, auf welche Seite der Nutzer nach Anklicken der Anzeige geleitet wird.

Die Ziel-URL

Die Ziel-URL kann bis zu 1024 Zeichen umfassen, wird dem Nutzer nicht angezeigt und kann beziehungsweise sollte eine Unterseite Ihrer Website sein, die spezifisch zum Inhalt der Anzeige passt.

Unter bestimmten Umständen kann eine Anzeige auf Content-Seiten als erweiterte Textanzeige geschaltet werden. In diesem besonderen Fall füllt die Anzeige den ganzen Bereich, der für die Anzeigen bestimmt ist, aus, ohne sich diesen mit anderen Anzeigen teilen zu müssen. Sie selbst haben aber keinen Einfluss darauf, ob und wann eine Ihrer Anzeigen als erweiterte Textanzeige geschaltet wird, dies wird einzig und allein von Google festgelegt. Oftmals sieht man erweiterte Textanzeigen von Hilfsorganisationen, da Google diesen verständlicherweise einen gewissen Bonus gewährt. Google experimentiert zurzeit an Erweiterungen für die Textanzeige. Es wird bald möglich sein, beispielsweise Kontaktformulare mit in die Anzeige einzubauen, die vom User bearbeitet werden können. Man sieht bereits Anzeigen, in denen unter dem eigentlichen Anzeigentext über das kleine Symbol »+« weitere Informationen wie Produktbilder und Links zu den Produkten abgerufen werden können.

Typischer Anfängerfehler

Ihre Anzeige wird von Google abgelehnt, wenn die Domain der Anzeige-URL und die der Ziel-URL nicht übereinstimmen. Sie dürfen zwar auf Unterseiten der entsprechenden Seite verlinken, aber nicht auf eine völlig andere Domain. Unsere Beispielanzeige darf als Ziel-URL auch *www.schokoladen-mustermann.de/chocolate/white* nutzen, um dem User auf eine Unterseite zu schicken, ohne dies in der eigentlichen Anzeige-URL angeben zu müssen. Als Ziel-URL nicht erlaubt wäre dagegen *www.pralinen-mustermann.de*, da diese nicht mit der Anzeige-URL übereinstimmt und der User nicht weiß, dass er auf eine ganz andere Seite geschickt wird.

Profi-Tipp

Die angegebenen Zeichenzahlen können durch breite Zeichen und Double-Byte-Zeichen reduziert werden. Dies ist zum Beispiel bei den meisten chinesischen Schriftzeichen der Fall.

7.1.2 Image-Anzeigen

Ein ebenfalls beliebtes Format für Anzeigen sind die Image-Anzeigen. Bei Image-Anzeigen wird der potenzielle Kunde nicht über reinen Text, sondern über eine Grafik auf die Anzeige aufmerksam gemacht. Dieser Anzeigentyp kann nur im Content-Werbenetzwerk geschaltet werden, nicht auf Suchseiten und in den Such-Werbenetzwerken. Image-Anzeigen sind grafikbasiert und können sowohl statisch als auch animiert sein. Zulässige Bildformate sind GIF, animiertes GIF, JPG, SWF, PNG und Flash in folgenden Größen (in Pixeln):

- Square (250 × 250)
- Small Square (200 × 200)
- Banner (468 × 60)
- Leaderboard (728 × 90)
- Inline Rectangle (300 × 250)
- Large Rectangle (336 × 280)
- Skyscraper (120 × 600)
- Wide Skyscraper (160 × 600)

Profi-Tipp

Haben Sie bei der Ausrichtung der Geräteplattform **iPhones und ähnliche Mobilgeräte mit vollwertigem Internetbrowser** gewählt, werden nur die Dateiformate GIF, JPG und PNG, sowie die Anzeigengröße Mobile Leaderboard 300 × 50 unterstützt.

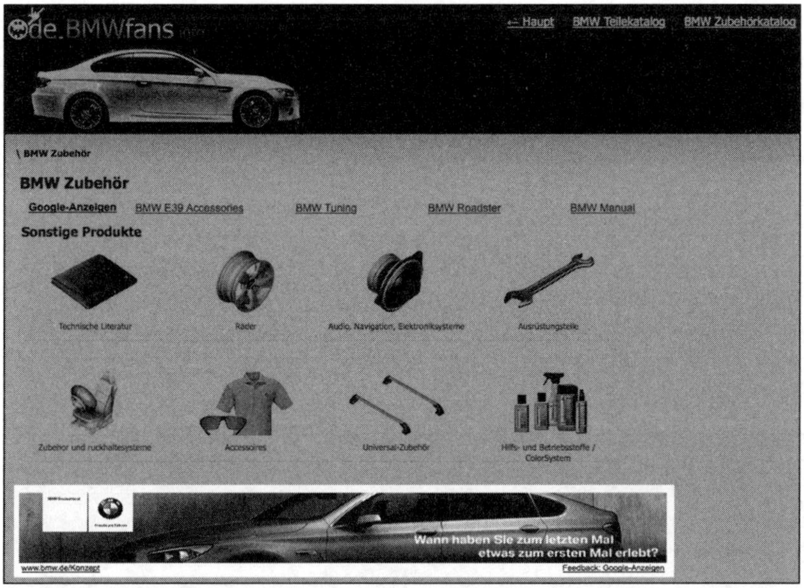

Abbildung 58: Image-Anzeige im Content-Werbenetzwerk *(www.bmwfans.info)*

Profi-Tipp

Bei Image-Anzeigen können Sie zwischen den Modellen Cost-per-Click (CPC) und Cost-per-Impression (CPM) wählen. Sie entscheiden also, ob Sie wie bei normalen Textanzeigen nur für den tatsächlich erfolgten Klick zahlen oder für 1.000 erfolgte Impressionen.

7.1.3 Video-Anzeigen

Video-Anzeigen sind Click-to-Play- oder In-Stream-Video-Anzeigen. Click-to-Play-Video-Anzeigen bleiben solange statisch, bis sie durch Anklicken aktiviert werden. In-Stream-Video-Anzeigen werden wie Werbespots vor, während oder nach anderen Videos geschaltet. Ein User kann den Content der In-Stream-Videoanzeige nicht überspringen und »muss« sie sozusagen anschauen. Das Anklicken der Click-to-Play-Video-Anzeige ist dagegen freiwillig. Wie auch die Image-Anzeige kann diese Anzeigenvariante nur im Content-Werbenetzwerk geschaltet werden. Um eine Video-Anzeige zu erstellen, wählen Sie bei den Anzeigenvarianten das Tool zur Erstellung von Display-Anzeigen aus. Bei Video-Anzeigen können Sie zwischen den beiden Zahlungsvarianten Cost-per-Click (CPC) und Cost-per-Impression (CPM) wählen. Da Google die Video-Feeds streamt und hostet, das heißt die Videos werden von Google gespeichert und ausgeliefert, benötigen Sie keine zusätzliche

Software. Um eine Video-Anzeige zu erstellen, nutzen Sie das Tool zur Erstellung von Display-Anzeigen und wählen Sie hier **Rich Media** oder **Video**. Genaueres zu diesem Tool erfahren Sie im Kapitel *Tools*.

Profi-Tipp

Abhängig vom Typ der Video-Anzeige werden unterschiedliche Anforderungen an Format und maximale Datei-Größen gestellt. Informieren Sie sich diesbezüglich über den folgenden Link: *http://adwords.google.com/support/aw/bin/topic.py?hl=de&topic=23217.*

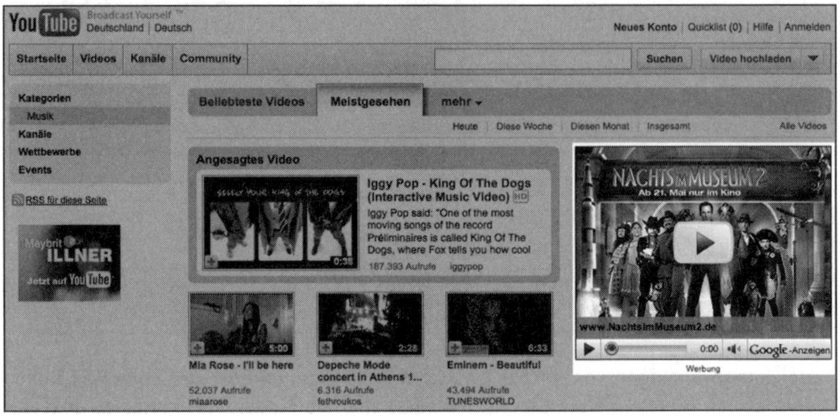

Abbildung 59: Video-Anzeige im Content-Werbenetzwerk *(www.youtube.com)*

7.1.5 Lokale Anzeigen

Ein für kleine und mittelständische Unternehmen sehr wichtiges Anzeigenformat ist die lokale Anzeige. Lokale Anzeigen werden angezeigt, wenn ein User nach bestimmten Produkten beziehungsweise Dienstleistungen in der von Ihnen angegebenen Region sucht. Lokale Anzeigen können zusätzlich bei **Google Maps** und **Google Earth** geschaltet werden.

Beim Erstellen einer lokalen Anzeige sollten Sie Folgendes beachten: Für die Kampagnen, in der Sie lokale Anzeigen schalten wollen, muss die Anzeigenschaltung im Such-Werbenetzwerk oder nur für die Google-Suche aktiviert sein und auf eine bestimmte Region oder Stadt ausgerichtet sein. Damit Ihre Adresse unterhalb Ihrer Anzeigen eingeblendet werden kann, gehen Sie auf den Tab **Einstellungen** und wählen hier **Relevante Adressen mit Ihren Anzeigen darstellen (erweitert)**. Hier können Sie bis zu neun Adressen eingeben und weitere Informationen über Ihr Unternehmen wie Telefonnummer oder auch ein

Bild hinterlegen. Ihre Anzeige wird mit einem Adresszusatz eingeblendet, wenn sich der User in der Nähe des von Ihnen eingegebenen Standortes befindet, oder der eingegebene Suchbegriff im Zusammenhang mit Ihrem Standort steht. Abhängig von der Position, auf der Ihre Anzeige geschaltet wird, kann sich der User über ein kleines, eingeblendetes »+«-Symbol Ihren Unternehmensstandort unterhalb der Anzeige in einer Google Maps-Karte anzeigen lassen.

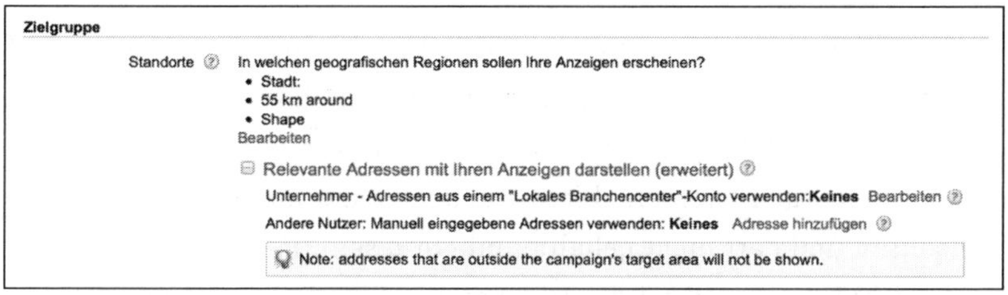

Abbildung 60: Eingabe des Adresszusatzes für lokale Anzeigen

Abbildung 61: Das lokale Branchencenter

Sie können auch Ihr AdWords-Konto mit Ihrem Konto des lokalen Branchencenters verknüpfen. Wenn Sie noch kein Konto haben, legen Sie sich eines unter *https://www.google.com/accounts/ServiceLogin?hl=de&service=lbc* an. Mit diesem Konto können Sie Ihren Brancheneintrag auf **Google Maps** bearbeiten und Informationen über Ihr Unternehmen ergänzen. Diese Anzeigenerweiterung hat zur Folge, dass die in Ihrem Branchencenter gespeicherten Informationen wie Adresse und Telefonnummer unterhalb Ihrer eigentlichen Textanzeige als Zusatz angezeigt werden.

Profi-Tipp

Wenn Sie lokale Anzeigen schalten, können Sie die Berichte innerhalb des Berichtcenters entsprechend anpassen. Unter den erweiterten Einstellungen können Sie Spalten zur Interaktion mit lokalen Anzeigen aktivieren (siehe auch Abbildung 98).

7.1.6 Handy-Textanzeigen

Handy-Anzeigen ähneln den Textanzeigen, nur dass Sie nicht im Internet, sondern auf mobilen Endgeräten, also unter anderem Handys geschaltet werden. Die Handy-Textanzeige kann den Nutzer auf Ihre Handy-Website leiten, oder er kann direkt mit einer von Ihnen angegebenen Rufnummer verbunden werden. Diese Nummer muss auf einen Telefonanschluss im Zielland verweisen und darf nicht gebührenpflichtig sein. Handy-Anzeigen sind Keyword-basiert. Als Abrechnungsmodell wird auch hier das CPC-Verfahren angewendet. Kosten entstehen Ihnen, wenn der Nutzer auf den Link zu Ihrer Handy-Website beziehungsweise zu Ihrer Rufnummer klickt. Handy-Anzeigen können sowohl im Such- als auch im Content-Werbenetzwerk von Handy-Seiten geschaltet werden. Sie funktionieren nur, wenn es sich um eine Land- oder Regionen-bezogene Kampagne handelt, nicht bei lokaler Ausrichtung. Es empfiehlt sich deshalb, ortsbezogene Keywords zu erstellen, damit der User weiß, wo genau sich Ihr Geschäft befindet. Zum Beispiel »Griechisches Restaurant Frankfurt«. Anders als bei der normalen Textanzeige stehen einem bei der Handy-Textanzeige nur drei Spalten zur Verfügung: Der Anzeigentitel (maximal 18 Zeichen inklusive Leerzeichen), der Anzeigentext (maximal 18 Zeichen inklusive Leerzeichen) und die Anzeige-URL (maximal 20 Zeichen inklusive Leerzeichen). Auch hier müssen Anzeige-URL und Ziel-URL (maximal 200 Zeichen) miteinander übereinstimmen. Sie können den Kunden auch mit der Click-to-Call-Funktion direkt mit einer Rufnummer Ihres Unternehmens verbinden lassen.

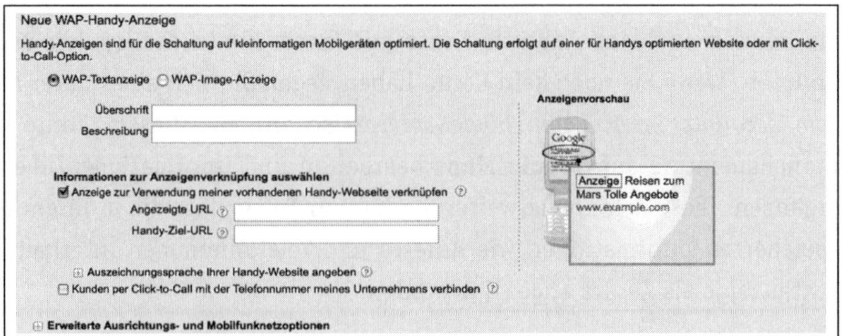

Abbildung 62: Einrichten einer Handy-Textanzeige

7.1.7 Handy-Image-Anzeigen

Wie auch die Handy-Textanzeigen wird dieses Anzeigenformat auf mobilen Endgeräten geschaltet. Bei Image-Anzeigen können Sie den User direkt auf Ihre Handy-Website weiterleiten. Genau wie Image-Anzeigen werden Handy-Image-Anzeigen nur im Content-Netzwerk geschaltet. Unterstützt werden GIF, animiertes GIF, JPG und PNG in folgenden Größen (in Pixeln):

Seitenverhältnis 6:1	Seitenverhältnis 4:1
300 × 50, maximal 7,5 KB	300 × 75, maximal 7,5 KB
216 × 36, maximal 4,5 KB	216 × 54, maximal 4,5 KB
168 × 28, maximal 3 KB	168 × 42, maximal 3 KB
Standardgröße für Japan	
192 × 53, maximal 5 KB	

8. Finden Sie Keywords für Ihre Anzeigen

Wie Sie bereits wissen, sind Keywords die Schlüsselworte, unter denen Ihre Anzeigen eingeblendet werden. Wie genau findet man nun aber die richtigen Keywords und was ist beim Einrichten dieser zu beachten?

8.1 Auswahl der Keywords

Um ein Produkt oder eine Dienstleistung richtig bewerben zu können, ist es notwendig, passende Begriffe zu finden: Keywords, die das Produkt oder die Dienstleistung möglichst genau widerspiegeln. Grundsätzlich gilt: je genauer und spezifischer das Keyword, desto höher ist die Wahrscheinlichkeit, dass Sie auf genau die richtige Kundengruppe treffen. Das sind User, die sich wirklich für Ihr Produkt interessieren. Suchen Sie nicht nach Begriffen, die Ihr Produkt nur am Rande beschreiben, sondern wählen Sie Begriffe, die genau das ausdrücken, was Sie anbieten. Unser Schokoladen-Mustermann sollte nicht primär mit den Überbegriffen »Süßwaren« oder »Chocolaterie« werben, sondern mit zielgerichteten Schlagworten, wie »Schokolade kaufen« und Ähnlichen.

Überlegen Sie vor allem auch, wie Ihre potenziellen Kunden nach Ihrem Produkt suchen. Meist macht man den Fehler und wirft mit Fachtermini um sich, welche für denjenigen, der aus der Branche kommt verständlich sind, für einen Außenstehenden dagegen eher nicht. Derjenige, der nach einem Produkt sucht, wird nur in wenigen Fällen mit dem entsprechenden Fachvokabular danach suchen, sondern eine allgemein gebräuchliche Bezeichnung verwenden oder es umschreiben. Trotzdem dürfen natürlich auch Fachbegriffe verwendet werden, um Kunden anzusprechen, die sich vielleicht schon im Vorfeld informiert haben und nun gezielt suchen, oder auch um Leute aus der gleichen Branche anzusprechen. Das alles hängt ganz vom beworbenen Produkt ab. Ein guter Anfang ist es immer, Außenstehende zu fragen, was sie mit einem Produkt oder einer Dienstleistung in Verbindung bringen. Machen Sie ruhig ein kurzes Brainstorming innerhalb der Firma, oder starten Sie eine Umfrage bei Bestandskunden. Sie werden überrascht sein, auf wie viele neue Keywords Sie stoßen, die Ihnen sonst möglicherweise nicht eingefallen wären.

8.2 Einrichten der Keywords

Wenn man sich das Einrichten der Keywords erleichtern will, kann man auf sogenannte Keyword-Tools zurückgreifen. Das sind Anwendungen, die einem Informationen über das Suchvolumen der Keywords geben und weitere, alternative Keywordvorschläge machen. Eines dieser Tools ist das in Ihrem AdWords-Konto enthaltene Keyword-Tool.

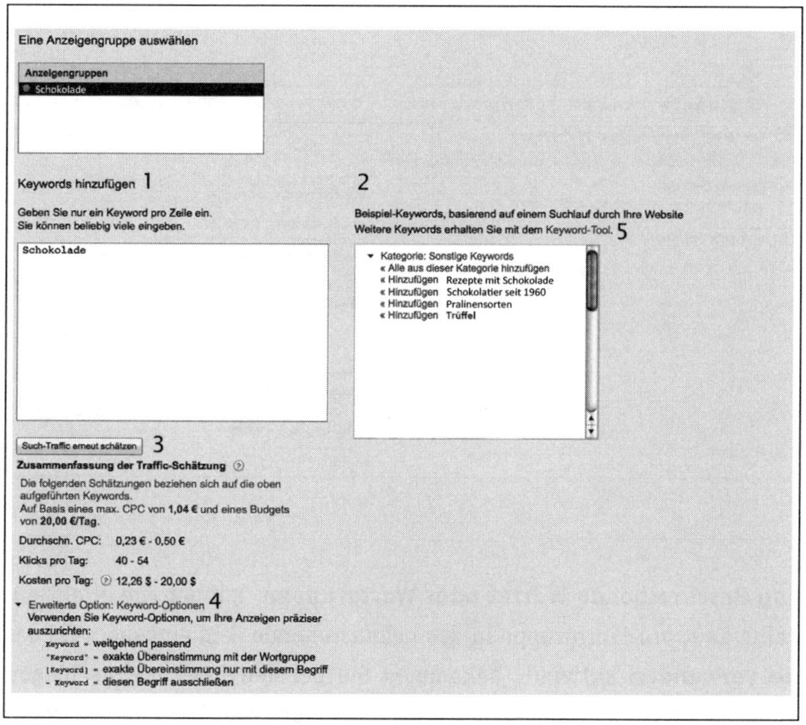

Abbildung 63: Das Google AdWords-Keyword-Tool

Um Keywords in eine Ihrer Kampagnen eingeben zu können, gehen Sie auf die Registerkarte **Kampagnen** und wählen dort den Tab **Keywords**. Wenn Sie hier auf den Button **Keywords hinzufügen** gehen, öffnet sich ein Eingabefeld, in das Sie direkt Keywords eingeben können (vgl. Abbildung 63, Punkt 1). Neben dem Eingabefeld sehen Sie Keywordvorschläge, die Google Ihnen basierend auf dem Inhalt Ihrer Website automatisch erstellt hat (Abbildung 63, Punkt 2). Über den **Hinzufügen**-Link können Sie diese Keywords zu Ihrer aktuellen Auswahl hinzufügen. Wenn der Button **Suchzugriffe schätzen** angeklickt wird, ermittelt das System die durchschnittlichen Werte der jeweiligen Keywords (Punkt 3). Um die verschiedenen Keywordoptionen zu nutzen, geben Sie die entsprechenden Vorzeichen ein

(Punkt 4). Näheres zu den Keywordoptionen erfahren Sie Abschnitt *Bedeutung der verschiedenen Keywordoptionen*.

Zum Keyword-Tool gelangen Sie über den entsprechenden Link auf der Eingabeseite der Keywords (Punkt 5) oder über den Link **Tools** auf der Registerkarte **Werbechancen**. Wenn Sie Ihre Keywords mithilfe des Keyword-Tools einrichten wollen, stehen Ihnen drei verschiedene Optionen zur Verfügung: **Beschreibende Wörter oder Wortgruppen**, **Website-Content** und **Vorhandenes Keyword**.

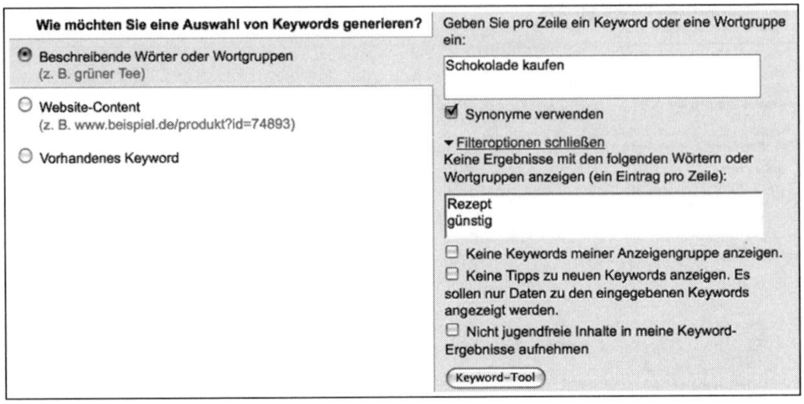

Abbildung 64: Die Option **Beschreibende Wörter** oder **Wortgruppen** im Keyword-Tool

Wählen Sie die Option **Beschreibende Wörter oder Wortgruppen**, können Sie direkt ein Keyword oder eben eine Keyword-Wortgruppe in das nebenstehende Feld eingeben. Ist das Kästchen **Synonyme verwenden** aktiviert, bekommen Sie bei den Keywordvorschlägen auch Synonyme zu Ihren Keywords angezeigt. Interessant sind auch die Filtereinstellungen. Über diese Einstellungen können Sie bereits im Vorfeld ungewünschte Keyword-Bestandteile ausschließen. Das können beispielsweise Wortkombinationen mit für Sie irrelevanten Begriffen wie »günstig«, »gratis« und Ähnlichen sein (vgl. Abbildung 64). Weiterhin können Sie Keywords aus Ihrer Anzeigengruppe ausschließen, festlegen, ob Sie auch nicht jugendfreie Keywords angezeigt bekommen wollen, und bereits bestehende Keywords analysieren. Die Ergebnisse, die das Keyword-Tool liefert, werden dann Ihrer Auswahl entsprechend angepasst. Um eine Suche zu starten, klicken Sie auf den Button **Keyword-Tool**.

Wenn Sie die Option **Website-Content** wählen, können Sie Ihre URL eingeben und das System generiert Ihnen, basierend auf dem Inhalt Ihrer Website, passende Keywords (vgl. Abbildung 65). Diese Art der Keywordfindung hilft einen ersten Eindruck zu gewinnen.

Sie zeigt auf, welche Art Keywords überhaupt infrage kommen, ist aber als endgültige Keywordauswahl weniger zu gebrauchen, da die Ergebnisse oftmals recht ungenau sind.

Zusätzlich kann bei der Option **Website-Content** ein Text eingegeben werden, zum Beispiel eine kurze Beschreibung Ihres Unternehmens. Basierend auf diesem Text werden ebenfalls Keywordvorschläge erstellt. Auch bei dieser Option stehen Ihnen verschiedene Filter zur Verfügung.

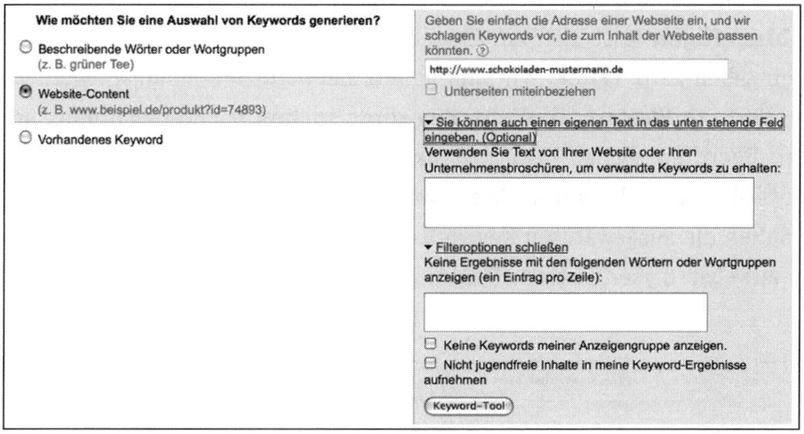

Abbildung 65: Die Option **Website-Content** im Keyword-Tool

Als drittes gibt es noch die Option **Vorhandenes Keyword** (vgl. Abbildung 66). Hier finden Sie eine Aufreihung Ihrer bisherigen Keywords. Wählen Sie ein Keyword aus und das Tool zeigt Ihnen weitere Varianten Ihres Keyword an. Hier können ebenfalls verschiedene Filter genutzt werden.

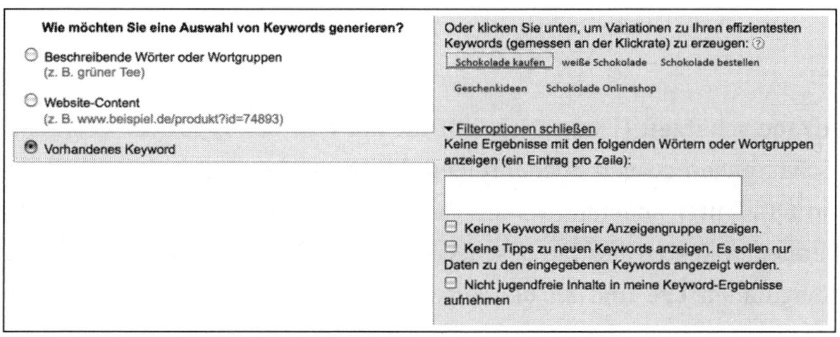

Abbildung 66: Die Option **Vorhandenes Keyword** im Keyword-Tool

Die Ergebnisse, die das Keyword-Tool anzeigt, können angepasst werden. Möchte man eine Schätzung zum durchschnittlichen CPC angezeigt bekommen, muss man einen fiktiven maximalen CPC eingeben (vgl. Abbildung 67, Punkt 1). Welche Faktoren genau angezeigt werden sollen, kann über das Dropdown **Spalten anzeigen/ausblenden** festgelegt werden (Abbildung 67, Punkt 2). Möchte man die Keywords unter Einbezug der verschiedenen Keywordoptionen angezeigt bekommen, legt man dies über das entsprechende Auswahlfeld fest (Punkt 3). Um ein Keyword zur Auswahl hinzuzufügen, nutzt man den gleichnamigen Link hinter den Keywords. Die ausgewählten Keywords werden automatisch in das rechte Menü übernommen und können hier weiter bearbeitet werden. Über den Link **Eigene Keywords hinzufügen** lässt sich ein Eingabefeld öffnen, in das man zusätzlich manuell Keywords eingeben kann (Punkt 4). Sind bereits Keywords übernommen worden, kann man über den Vermerk **Weitere ähnliche Keywords suchen** noch einmal ganz gezielt nach ähnlichen Begriffen suchen lassen (Punkt 5). Ausgewählte Keywords können in verschiedenen Datei-Formaten heruntergeladen werden. Zur Auswahl stehen .text, .csv für Excel und .csv. Sollen die ausgewählten Keywords in die Anzeigengruppe übernommen werden, klickt man auf eben diesen Button (Punkt 8).

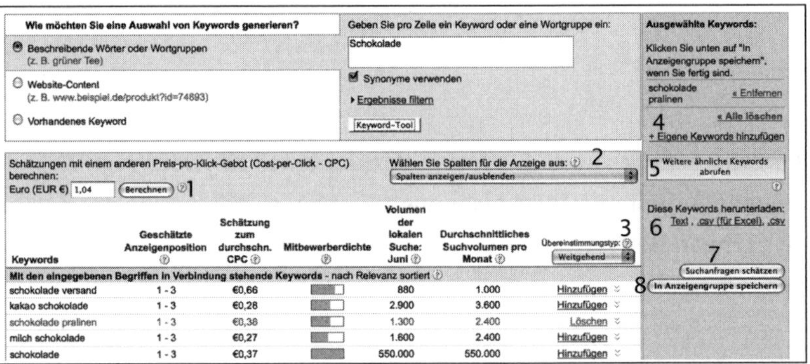

Abbildung 67: Die Ergebnisse können angepasst und bearbeitet werden

Der Button **Suchanfrage schätzen** (Punkt 7) bringt Sie auf eine Seite, auf der noch einmal im Detail die Schätzungen zu den Suchanfragen der einzelnen Keywords aufgelistet sind (vgl. Abbildung 68). Unter anderem werden die durchschnittliche Anzahl an Klicks und die damit verbundenen Kosten pro Tag geschätzt. Zusätzlich können auf dieser Seite Änderungen am momentanen CPC und an der Ausrichtung der Keywords vorgenommen werden.

Profi-Tipp

Groß- und Kleinschreibung sind bei der Eingabe der Keywords nicht relevant. Die Suchergebnisse werden, unabhängig davon ermittelt.

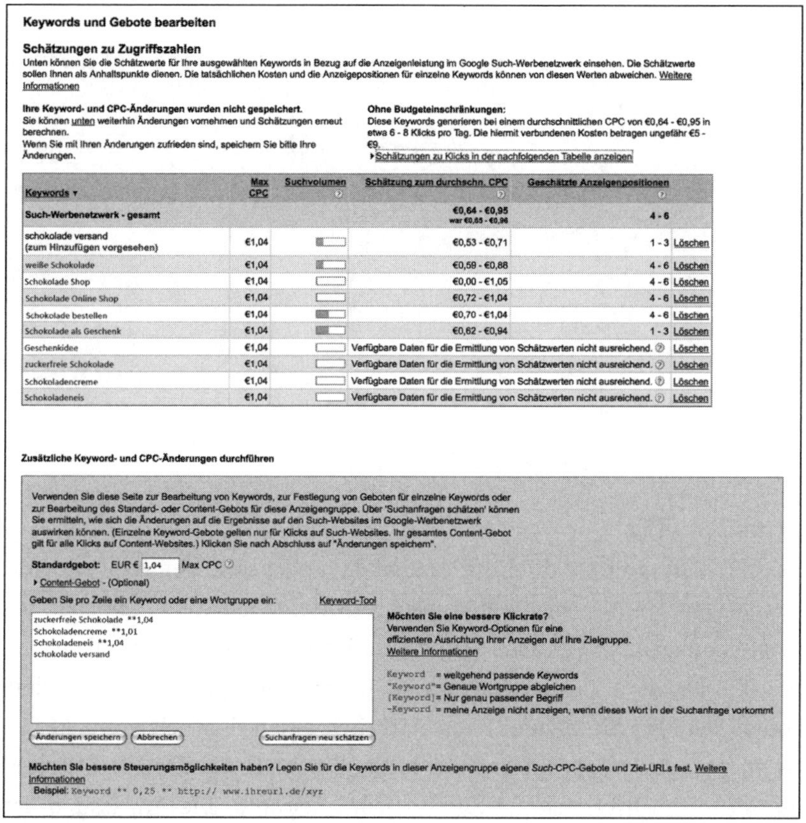

Abbildung 68: Schätzungen zu den Suchanfragen

Typischer Anfängerfehler

!

Viele Anfänger hinterlegen die Namen der Konkurrenz als Keywords, in der Hoffnung, auf diese Art Kunden abwerben zu können. Schließlich erscheint ihre Anzeige dann auch, wenn User gezielt nach dem Namen der Konkurrenz suchen. Aufgrund der Markenrechte in Deutschland ist es Ihnen aber nicht erlaubt, Markennamen von Konkurrenten als Keywords zu hinterlegen. Betreiben Sie beispielsweise ein Online-Reisebüro, dürfen Sie »Expedia« nicht als Keyword anlegen. Verzichten Sie unbedingt darauf, eine Markenrechtsverletzung kann teuer werden!

8.3 Bearbeiten von Keywords

Um Keywords und ihre Einstellungen zu verändern, ruft man die Registerkarte **Kampagnen** und dort den Tab **Keywords** auf. Dort klickt man das gewünschte Keyword an. Es öffnet sich ein Eingabefeld, in dem man sowohl das Keyword als solches als auch die ihm zugeteilte Keywordoption ändern kann (vgl. Abbildung 69).

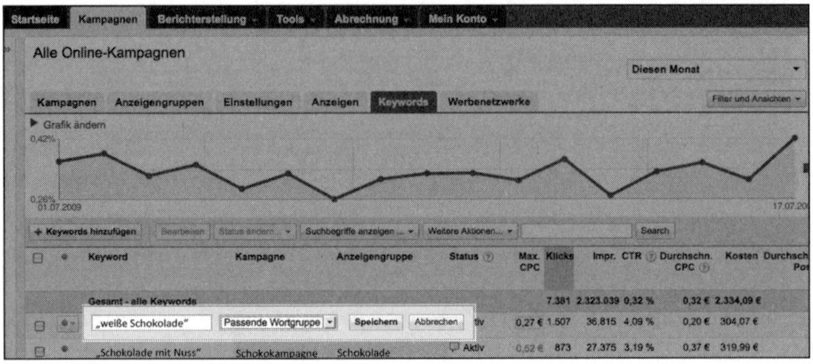

Abbildung 69: Ändern der Eigenschaften eines Keywords

Anpassen des maximalen CPCs

Auch der maximale CPC kann durch direktes Anklicken angepasst werden (vgl. Abbildung 70). Berücksichtigen Sie hierbei die gewünschte Anzeigenposition, die Leistung des Keywords, wie viele Conversions Sie über dieses eine Keyword bekommen haben und was diese wert waren. Ein Keyword, das besonders viele Conversions einbringt, die zudem auch noch einen hohen Wert für Sie haben, kann natürlich einen deutlich höheren CPC haben als eines, das zu weniger guten Ergebnissen führt. Ermitteln Sie dazu mit der bekannten Formel den Return-on-Investment (ROI) für jedes Keyword. Die Anpassung des CPCs einzelner Keywords ist besonders effektiv, wenn bereits Daten zur Auswertung vorliegen. Bei einer neu angelegeten Kampagnen können die vom Keyword-Tool ermittelten und geschätzten Klickpreise genutzt werden, um den Keywords individuelle Klickpreise zuzuordnen.

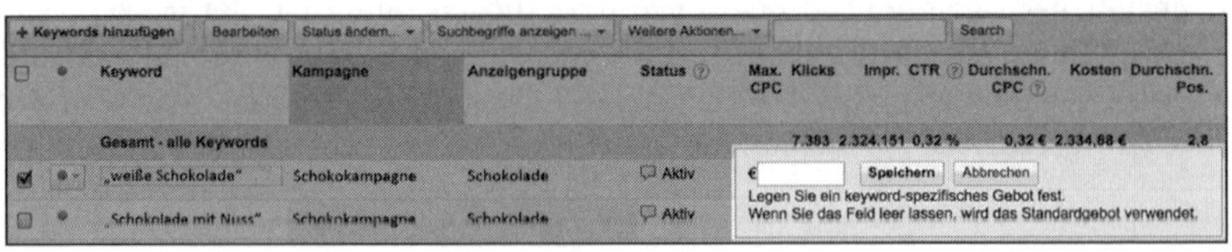

Abbildung 70: Anpassen des maximalen CPC eines Keywords

Sind Sie unsicher, ob Sie den Klickpreis von bestimmten Keywords verändern sollen, können Sie den Gebotssimulator zurate ziehen. Diese Funktion wird Ihnen nur angezeigt, sofern in den letzen Wochen genügend Daten gesammelt werden konnten. Der Gebotssimulator zeigt Ihnen, welche Auswirkungen eine Änderung des Klickpreises gehabt hätte. Um den Gebotssimulator zu nutzen, gehen Sie auf den Tab **Keywords**. Hier finden Sie hinter dem maximalen CPC der Keywords einen kleinen Grafen (vgl. Abbildung 71). Klicken Sie diesen an und es öffnet sich ein neues Fenster mit dem Gebotssimulator (vgl. Abbildung 72). Beachten Sie, dass der Simulator keine Ergebnisse zu Keywords im Content-Werbenetzwerk erstellt.

Abbildung 71: Lassen Sie sich den Gebotssimulator anzeigen.

Profi-Tipp

Der Gebotssimulator erstellt keine Zukunftsprognosen. Vielmehr erstellt er eine Schätzung zu Ergebnissen, die Sie erzielt hätten, wenn Sie das CPC-Gebot geändert hätten. Zudem handelt es sich auch hier nur um geschätzte Werte, die Realität kann in vielen Fällen davon abweichen!

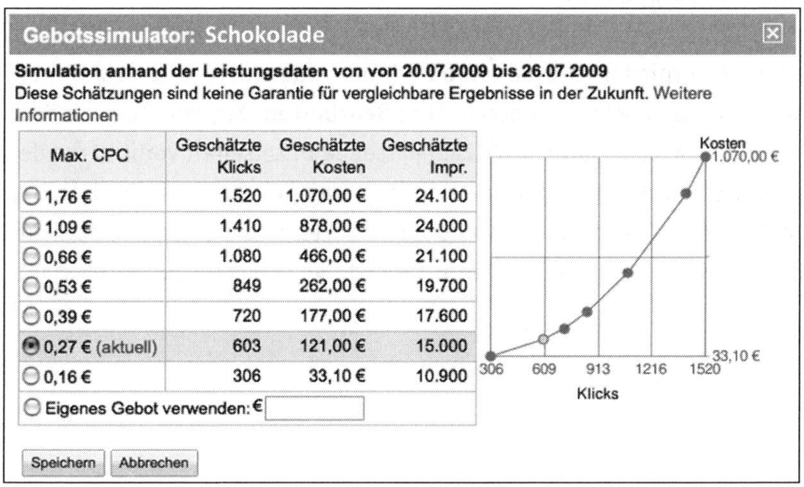

Abbildung 72: Der Gebotssimulator

Anpassen des Keyword-Status

Der Status eines Keywords kann aktiv, pausiert oder gelöscht sein. Um ein Keyword zu löschen, zu pausieren oder es erneut zu aktivieren, wählen Sie das entsprechende Keyword aus. Klicken Sie dann auf den Button **Status ändern** und wählen Sie den gewünschten Status aus. Den aktuellen Keyword-Status entnehmen Sie der Spalte **Status**.

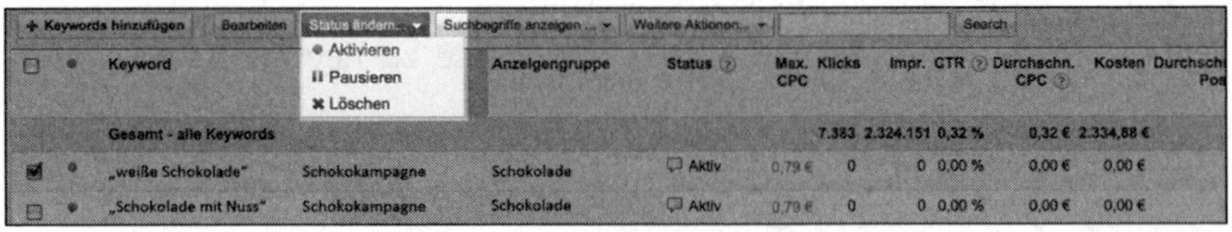

Abbildung 73: Änderungen am Keyword-Status vornehmen

Es kann vorkommen, dass man eine besondere Statusmeldung hinter einzelnen Keywords angezeigt bekommt. Ist der CPC des Keywords zu niedrig, als dass er die Anzeigenschaltung auf der ersten Seite auslösen könnte, findet man folgenden Vermerk: **Unter dem Gebot für die erste Seite. Geschätztes Gebot für die erste Seite 0,80 Euro.** Dieser Betrag gibt an, auf welchen Betrag der CPC des Keywords erhöht werden muss, damit die Anzeige wieder auf der ersten Seite der Suchergebnisse zu sehen ist. Je nach Art und Qualität des Keywords kann dieser Betrag unterschiedlich hoch sein. Wenn das Keyword zwar aktiv ist, die Anzeigenschaltung aber nicht auslöst, findet sich die Anmerkung **Geringes Suchvolumen**. Das bedeutet, dass nur sehr wenige User nach diesem Begriff gesucht haben. In diesem Fall wird das Keyword automatisch ausgesetzt.

Bearbeiten von mehreren Keywords

Sie können nicht nur jedes Keyword für sich, sondern auch mehrere Keywords auf einmal bearbeiten. Um mehrere Keywords zu bearbeiten oder ihnen eine eigene URL zuzuweisen, wählen Sie die Keywords aus und gehen auf den Button **Bearbeiten**. Keywords eigene URLs zuzuweisen ist von Vorteil, da sie so auf thematisch passende Unterseiten verlinkt werden können. Das stärkt zum einen den Qualitätsfaktor, zum anderen erhöht es die Usability, also die Nutzerfreundlichkeit, da dem Nutzer unnötiges Klicken und Suchen auf der Seite erspart wird. Stattdessen wird der User genau dahin geführt, wo er das für ihn interessante Produkt findet.

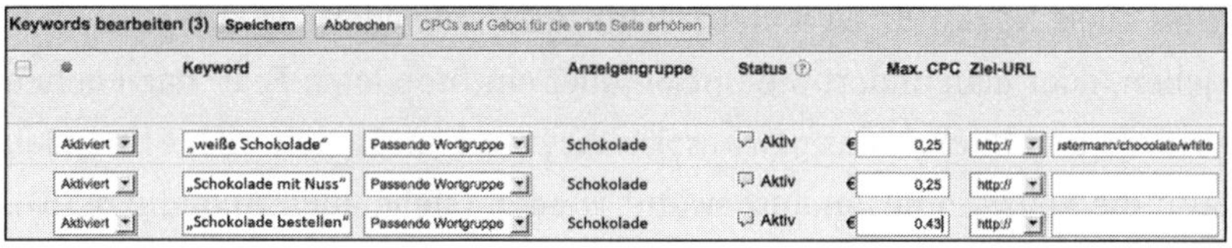

Abbildung 74: Bearbeiten von mehreren Keywords

Profi-Tipp

Auch wenn Ihr Gebot dem der ersten Seite entspricht, ist das keine Garantie für das Schalten der Anzeige. Nach wie vor spielen hier auch Faktoren wie der Qualitätsfaktor, das Gesamtbudget und andere eine Rolle.

8.4 Effektive Keywordauswahl

Wenn Sie Ihre Keywords einrichten, können Sie zwischen verschiedenen Optionen wählen, die Sie den Keywords zuordnen wollen. Man unterscheidet hier die vier folgenden Keywordoptionen: weitgehend passend, passende Wortgruppe, genau passend und ausschließend.

Um bestmögliche Ergebnisse zu erzielen, ist es wichtig, Ihre Keywords in diese Gruppen zu unterteilen. Viele Advertiser machen den Fehler, alle Keywords unter der voreingestellten Option »weitgehend passend« laufen zu lassen. Das hat zur Folge, dass Anzeigen auch bei denn entferntesten Synonymen der eigentlich hinterlegten Keywords geschaltet werden. Unabhängig davon, ob diese für Ihr beworbenes Produkt beziehungsweise Ihre Dienstleistung relevant sind oder nicht. Auf diese Art bekommt man viele Klicks, aber leider zu viele unqualifizierte. Unqualifizierte Klicks werden von Usern getätigt, die nicht auf der Suche nach Ihrem Produkt beziehungsweise Ihrer Dienstleistung sind, sondern unter Umständen nur ein ähnliches Keyword eingegeben haben. Sollten Sie bloßen Traffic, also einfach nur möglichst viele Besucher auf Ihre Seite locken wollen, um vielleicht eine Marke bekannt zu machen, ist dagegen nichts zu sagen. Wollen Sie allerdings eine möglichst hohe Gewinnspanne durch erfolgte Conversions erzielen, ist diese undefinierte Besuchergruppe für Sie nur bedingt die richtige. Denn nicht die Menge der Besucher ist entscheidend, sondern die Qualität dieser. Und genau das stellen Sie durch eine sehr sorgfältige Auswahl der Keywords sicher. Man kann sagen, je zielgerichteter Ihre Keywords sind, desto wahrscheinlicher erreichen Sie genau Ihre Zielgruppe.

Um die Keywordoption eines Keywords zu ändern, kann man entweder das entsprechende Vorzeichen mit eingeben, oder man ändert die Option über ein Dropdown-Feld. Dazu gehen Sie auf den Tab **Keywords** und klicken das gewünschte Keyword an. In dem sich öffnenden Bearbeitungsfeld kann die Keywordoption ausgewählt werden (siehe auch Abbildung 75).

8.5 Bedeutung der verschieden Keywordoptionen

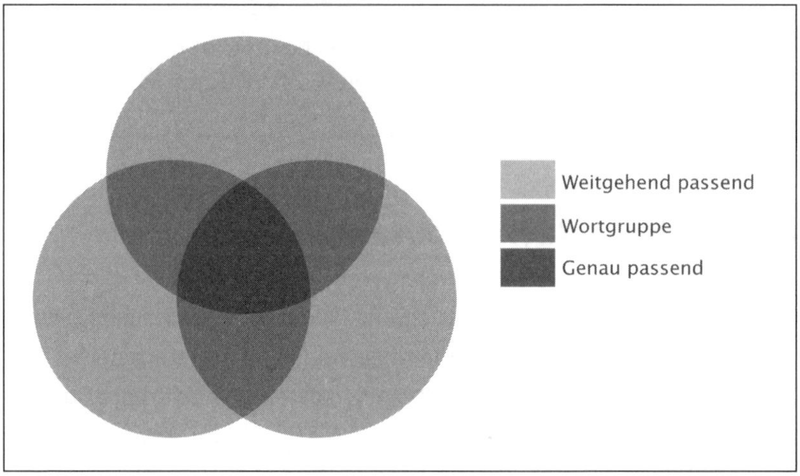

Abbildung 75: Die Reichweite der verschiedenen Keywordoptionen

8.5.1 Weitgehend passend (Broad)

Diese Option wird automatisch für Keywords verwendet, sofern Sie diesen nicht durch Eingabe entsprechender Zeichen eine andere Keywordoption zuweisen. Mit dieser Option wird Ihre Anzeige geschaltet, wenn genau Ihr Keyword gesucht wird, wenn Ihr Keyword in Kombination mit anderen Worten, oder ein noch so weit entferntes Synonym davon gesucht wird. Ihre Anzeige erscheint auch, wenn eines der folgenden Kriterien zutrifft:

- Wenn die Suchanfrage einen anderen Suchbegriff enthält.
- Wenn die Begriffe in einer anderen als der von Ihnen festgelegten Reihenfolge gesucht werden.
- Wenn die Suchanfrage Ihrem Keyword nur ähnlich ist, also auch bei Pluralformen und Synonymen.

Weitgehend passende Keywords bieten sich an, um eine möglichst große, aber undefinierte Gruppe von Personen anzusprechen. Greifbarer wird das Ganze durch folgendes Beispiel:

Haben Sie das Keyword »dunkle Schokolade« als weitgehend passend festgelegt, wird Ihre Anzeige auch bei diesen Suchanfragen geschaltet:

»Schokoladen Rezept«	»dunkle Schokolade kaufen«
»belgische Schokolade dunkel«	»dunkle Schokolade Fleck auswaschen«

Überlegen Sie sich gut, welche und ob Sie überhaupt Keywords als »weitgehend passend« anlegen. Die Variationen der Keywords, die Google in diesen Fällen mit dazunimmt, sind mehr als großzügig ausgelegt. Wenn Sie diese Option wählen sollten, ergänzen Sie so viele ausschließende Keywords wie möglich und erstellen Sie regelmäßig Berichte zur Suchanfrageleistung. Nur so können Sie ansatzweise sehen, bei welchen Suchanfragen genau Ihre Anzeigen eingeblendet werden. Mithilfe dieses Berichts können Sie auch die Liste Ihrer ausschließenden Keywords immer mehr erweitern, da Sie sehen, nach welchen Begriffen genau gesucht wurde. Fügen Sie die unpassenden dann zu Ihren ausschließenden Keywords hinzu. Besonders bei Abkürzungen, die nur aus Buchstaben bestehen, ist die Option »weitgehend passend« besser zu vermeiden. Da Anzeigen, die beispielsweise bei dem Keyword »UVC« geschaltet werden sollen, dann auch bei »VCU«, »UVS« oder allen möglichen anderen Varianten dieser Buchstaben zu sehen sind. Sie würden staunen, unter was für absurden Begriffen der ein oder andere Unbedarfte zu finden ist.

Profi-Tipps

Damit ein Keyword als weitgehend passend eingestuft wird, geben Sie es ohne ein Zeichen davor und dahinter ein. Zum Beispiel nur »Schokolade«.

Pluralformen sollte man stets als eigene Keywords anlegen, da sich Suchvolumen und möglicher CPC stark von den Singularformen unterscheiden können.

Denken Sie bei der Wahl Ihrer Keywords an übliche Tipp- und Rechtschreibfehler. Diese Begriffe weisen oft einen sehr günstigen Klickpreis auf und sprechen trotzdem die richtige Zielgruppe an.

8.5.2 Passende Wortgruppe (Phrase)

Haben Sie diese Option für eines oder mehrere Ihrer Keywords gewählt, wird Ihre Anzeige immer dann eingeblendet, wenn die Suchanfrage das Keyword oder die Keyword-Wortgruppe in genau der Reihenfolge und Form enthält, die Sie eingegeben haben. Es können auch weitere Wörter vor und hinter Ihrem Suchbegriff stehen. Will man auch bei Rechtschreibvarianten, Pluralformen und Ähnlichem gefunden werden, müssen diese separat als Keywords eingerichtet werden. Mit dieser Option werden Ihre Anzeigen präziser auf die Zielgruppe gelenkt und bei unwichtigen und falschen Varianten der Keywords erst gar nicht angezeigt.

Haben Sie für das Keyword »dunkle Schokolade« die Option »passende Wortgruppe« gewählt, wird die Anzeige zum Beispiel auch bei diesen Suchanfragen geschaltet:

»dunkle Schokolade kaufen«	»dunkle Schokolade Fleck auswaschen«

Bei diesen Anfragen wird Ihre Anzeige dagegen nicht geschaltet:

»Schokoladen Rezept«	»belgische Schokolade dunkel«

Profi-Tipps

Um Keywords als passende Wortgruppe kenntlich zu machen, schließen Sie es in Anführungszeichen ein. Zum Beispiel »"dunkle Schokolade"«.

Auch wenn die Bezeichnung Wortgruppe heißt, kann sie selbstverständlich auch für einzelne Keywordbegriffe verwendet werden.

8.5.3 Genau passend (Exact)

Diese Option ist die genaueste und am meisten zielgerichtete. Wählen Sie diese Option, wenn Sie sicherstellen wollen, dass Ihre Anzeige nur dann erscheint, wenn eine Anfrage gestellt wird, die ganz genau dem von Ihnen eingegebenen Wortlaut entspricht. Ihre Anzeige wird nicht angezeigt, wenn die Suchanfrage zusätzliche Wörter und Buchstaben enthält oder die Reihenfolge nicht der Ihren entspricht.

Haben Sie für das Keyword »dunkle Schokolade« die Option »genau passend« gewählt, wird es nur bei dieser Suchanfrage angezeigt:

»dunkle Schokolade«

Bei allen anderen Suchanfragen wie »dunkle Schokoladen«, »dunkle Schokolade kaufen« erscheint Ihre Anzeige nicht.

Profi-Tipp

Um ein Keyword als genau passend zu kennzeichnen, setzen Sie es in eckige Klammern. Zum Beispiel »[Schokolade kaufen]«.

8.5.4 Ausschließend (Negative)

Durch ausschließende Keywords stellen Sie sicher, dass Ihre Anzeige nicht bei Suchanfragen eingeblendet wird, deren Inhalt für Sie uninteressant ist. Das heißt, Ihre Anzeige wird nicht eingeblendet, wenn die Suchanfrage einen Begriff enthält, den Sie als ausschließendes Keyword angelegt haben. Gibt man beispielsweise »Rezept« als ausschließendes Keyword ein, erscheint die Anzeige nicht, wenn jemand nach »Rezept für dunkle Schokolade« sucht. Dies ist nur von Vorteil, da jemand, der auf der Suche nach Rezepten ist, wohl kaum Schokolade kaufen will und so auch nicht auf die Anzeige klickt und Kosten verursacht. Je größer und genauer die Liste mit den ausschließenden Keywords ist, desto präziser erreicht man genau seine Zielgruppe.

Profi-Tipps

Wenn Sie Keywords manuell eingeben, kennzeichnen Sie diese als ausschließend, indem Sie ein Minuszeichen davor setzen. Zum Beispiel »–Rezept«.

Ausschließende Keywords sollten in jeder Anzeigengruppe angelegt werden, da man dadurch einem Großteil unnötiger Klicks vorbeugen kann. Sie beschränken die Keywords auch nicht so stark wie die Optionen »passende Wortgruppe« und »genau passend«.

Um einer Anzeigengruppe ausschließende Keywords hinzuzufügen, gehen Sie auf die Registerkarte **Kampagnen** und dort auf den Tab **Keywords**. Unter der Liste mit den aktuellen Keywords befindet sich der Vermerk **Ausschließende Keywords** (siehe Abbildung 76). Öffnen Sie diese Option über das Pluszeichen. Geben Sie in das sich öffnende Feld die ausschließenden Keywords ein (siehe Abbildung 77). Beachten Sie, dass Sie hier auf das Minuszeichen vor den Keywords verzichten können, um diese als ausschließend kenntlich zu machen.

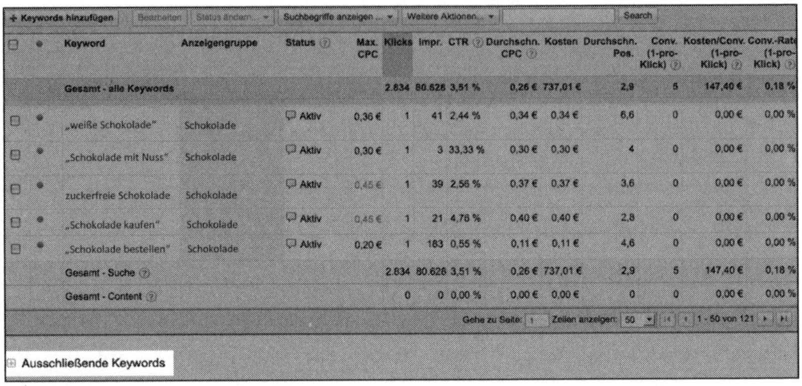

Abbildung 76: Über diesen Link können ausschließende Keywords ergänzt werden.

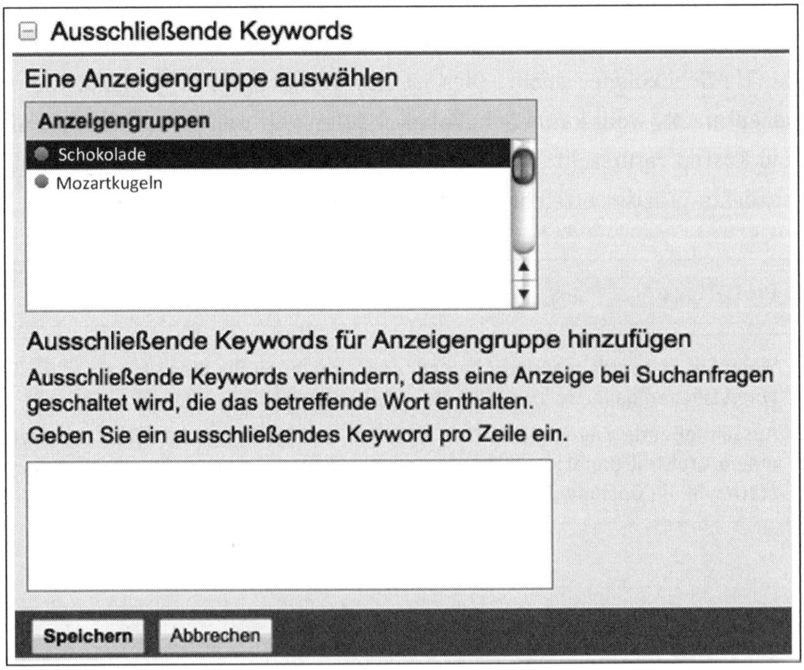

Abbildung 77: Ausschließende Keywords auf Anzeigengruppenebene hinzufügen.

Profi-Tipp

Ausschließende Keywords können durch Kombination mit den anderen Keywordoptionen noch einmal verfeinert werden. Geben Sie nur ein Minuszeichen (-) vor einem Keyword ein, werden alle Begriffe ausgeschlossen, die diesem Keyword ähneln. Geben Sie dagegen die Kombination »-"Keyword"« ein, werden nur Begriffe ausgeschlossen, die mit dieser Wortgruppe übereinstimmen. Bei der Variante »-[Keyword]« wird nur genau dieses Keyword ausgeschlossen.

8.6 Ausschließende Keywords auf Kampagnenebene

Es kann bei einigen Keywords sinnvoll sein, sie nicht separat für jede Anzeigengruppe anzulegen, sondern allgemeingültig für die ganze Kampagne. Betreiber eines Online-Shops beispielsweise, deren Kampagnenziel die Gewinnmaximierung durch Verkäufe darstellt, können auf diese Art Keywords wie »umsonst«, »gratis«, »Vergleichsbericht« und ähnliche kampagnenweit ausschließen. Gehen Sie wie folgt vor, um Keywords auf Kampagnenebene auszuschließen: Öffnen Sie die Registerkarte **Kampagnen** und gehen Sie hier auf den Tab **Keywords**. Hier finden Sie unter der aktuellen Keywordauswahl den Vermerk **Ausschließende Keywords**. Neben den ausschließenden Keywords für Anzeigengruppen können hier auch ausschließende Keywords für eine ganze Kampagne angelegt werden. Um Keywords zur Liste der ausschließenden Keywords einer ganzen Kampagne hinzuzufügen, gehen Sie genauso vor wie beim Ausschließen von Keywords für Anzeigengruppen.

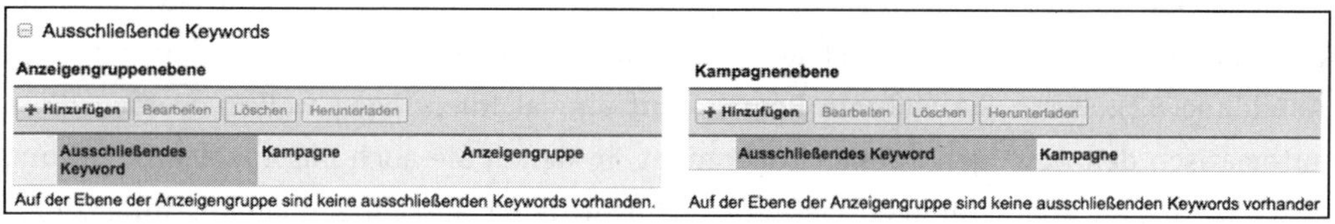

Abbildung 78: Ausschließende Keywords auf Kampagnenebene anlegen

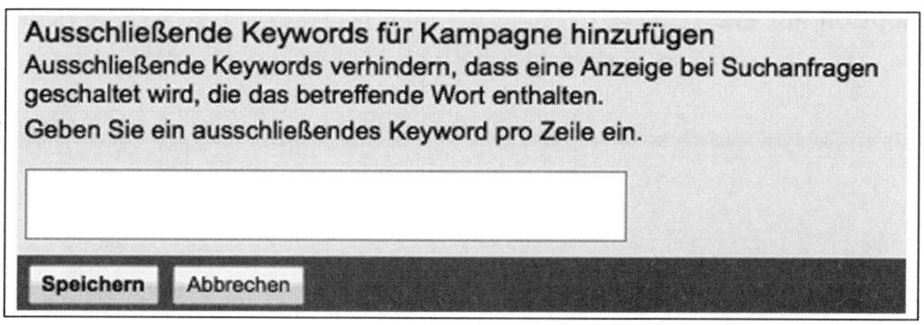

Abbildung 79: Geben Sie die ausschließenden Keywords in das Eingabefeld ein

8.7 Tatsächlich gesuchte Keywords

Um herauszufinden, nach welchen Begriffen die User tatsächlich gesucht haben, können Sie entweder einen entsprechenden Bericht erstellen (siehe auch Kapitel *Waren Sie erfolgreich? – Das Berichtcenter gibt Antwort*), oder Sie lassen sich diese Begriffe direkt in Ihrem Konto anzeigen. Gehen Sie dazu auf den Tab **Keywords**. Klicken Sie auf den Button **Suchbegriffe anzeigen ...** und wählen Sie hier **Alle** (vgl. Abbildung 80).

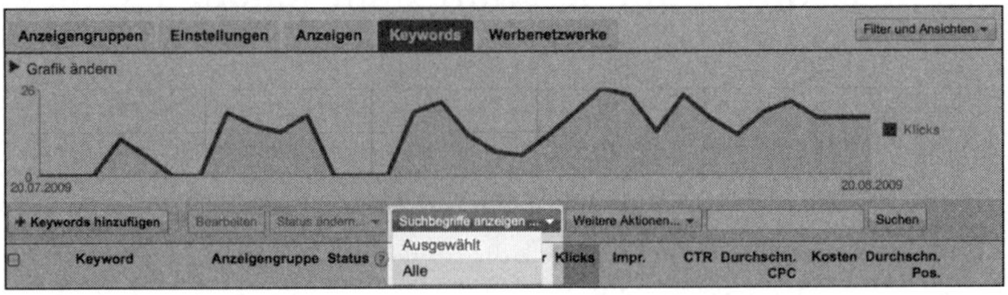

Abbildung 80: Tatsächlich gesuchte Keywords kann man sich anzeigen lassen.

Sie bekommen daraufhin eine Liste mit Suchbegriffen angezeigt, die aufgrund Ihrer hinterlegten Keywords zur Schaltung Ihrer Anzeigen geführt haben (vgl. Abbildung 81). Der Vermerk **Hinzugefügt** gibt an, dass dieser Begriff bereits in Ihrer Keywordliste hinterlegt ist. Möchten Sie einen der Begriffe zu Ihren Keywords hinzufügen, aktivieren Sie das Kontrollkästchen vor diesem Keyword und gehen auf den Button **Als Keyword hinzufügen**. In dem sich öffnenden Fenster können Sie dem Keyword ein Gebot und eine Ziel-URL zuweisen. Die Keywordoption legen Sie fest, indem Sie die entsprechenden Zeichen mit eingeben (vgl. Abbildung 82). Wenn Sie mehrere Begriffe auf einmal hinzufügen wollen, werden diese automatisch den Anzeigengruppen zugeordnet, in denen Sie auch die Anzeigenschaltung ausgelöst haben. Um einen oder mehrere Suchbegriffe als ausschließende Keywords zu ergänzen, wählen Sie diese aus und gehen auf den Button **Als ausschließendes Keyword hinzufügen** (vgl. Abbildung 83). Auch hier geben Sie die gewünschten Zeichen zur Festlegung der Keywordoption mit ein.

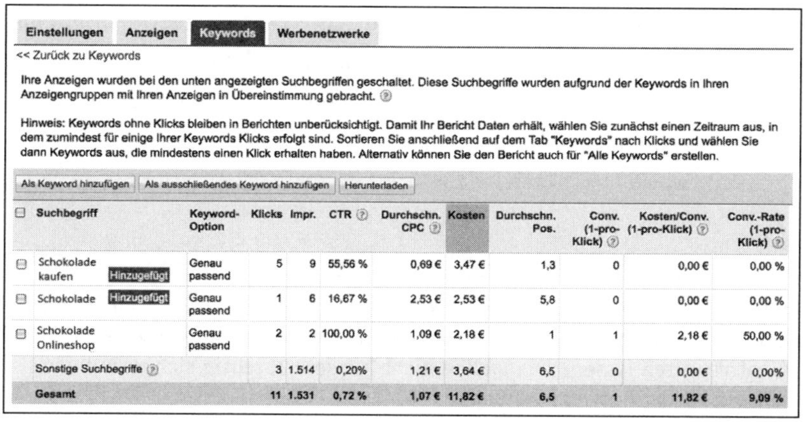

Suchbegriff	Keyword-Option	Klicks	Impr.	CTR	Durchschn. CPC	Kosten	Durchschn. Pos.	Conv. (1-pro-Klick)	Kosten/Conv. (1-pro-Klick)	Conv.-Rate (1-pro-Klick)
Schokolade kaufen Hinzugefügt	Genau passend	5	9	55,56 %	0,69 €	3,47 €	1,3	0	0,00 €	0,00 %
Schokolade Hinzugefügt	Genau passend	1	6	16,67 %	2,53 €	2,53 €	5,8	0	0,00 €	0,00 %
Schokolade Onlineshop	Genau passend	2	2	100,00 %	1,09 €	2,18 €	1	1	2,18 €	50,00 %
Sonstige Suchbegriffe		3	1.514	0,20%	1,21 €	3,64 €	6,5	0	0,00 €	0,00%
Gesamt		11	1.531	0,72 %	1,07 €	11,82 €	6,5	1	11,82 €	9,09 %

Abbildung 81: Liste mit tatsächlich gesuchten Keywords

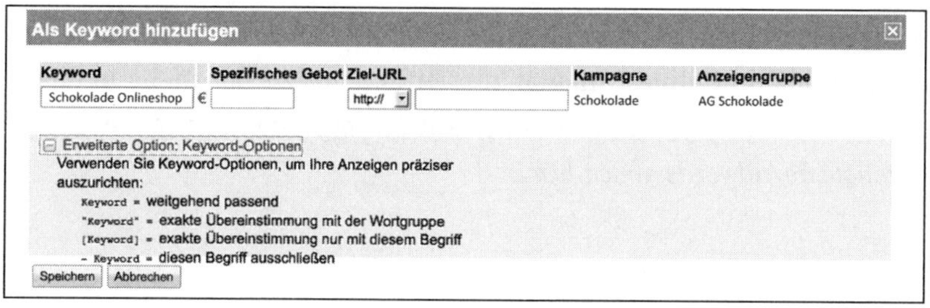

Abbildung 82: Keywords von der Liste hinzufügen und bearbeiten

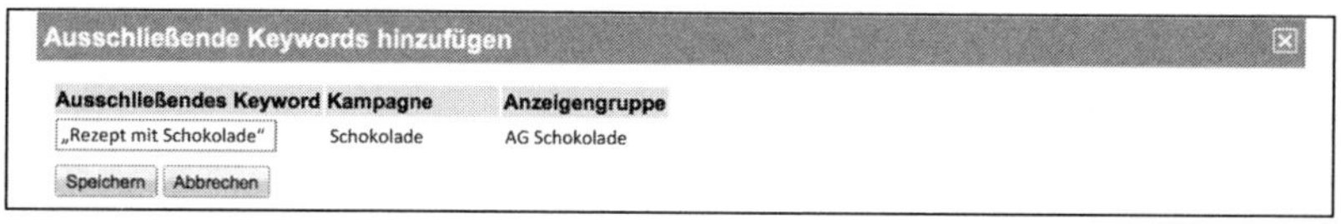

Abbildung 83: Keywords von der Liste als ausschließende Keywords hinzufügen

8.8 Richtlinien zu Marken- und Urheberrecht

Generell ist es bei Google erlaubt, Markenbegriffe in den Anzeigentexten zu verwenden oder als Keywords zu hinterlegen. Da aber einzig und allein der Advertiser Verantwortung für seine Keywords und seine Anzeigentexte trägt, ist bei dem Gebrauch von Markennamen Vorsicht geboten. Beachten Sie, dass in Deutschland die Hinterlegung von Markennamen als Keywords verboten ist, solange Sie nicht dazu berechtigt sind, diese zu verwenden. Das ist der Fall, wenn Sie der Inhaber der Marke sind oder das Recht haben, diese zu verwenden. Das kann beispielsweise der Fall sein, wenn Sie Reseller eines Produktes sind. Nicht erlaubt ist es demnach, den Namen eines Konkurrenzproduktes als Keyword zu hinterlegen und bei diesem Anzeigen zu schalten.

Wenn Sie Inhaber einer Marke sind und einer Ihrer Konkurrenten wirbt widerrechtlich mit Ihrem Markennamen, können Sie bei Google eine Beschwerde einreichen. Das Formular, um eine Markenbeschwerde einzureichen, finden Sie unter folgendem Link: *https://services.google.com/inquiry/aw_tmcomplaint?hl=de.*

Profi-Tipp

Da das Markenrecht besonders in Deutschland eine komplexe Angelegenheit ist und es besonders bei Werbung im Internet noch etliche Grauzonen gibt, sollten Sie bei der Verwendung von Markennamen Vorsicht walten lassen, solange Sie nicht hundertprozentig sicher sind, dass Sie auch das Recht haben, mit der Marke zu werben.

Auch bei Urheberrechtsverletzungen können Sie eine Beschwerde bei Google einreichen. Leider steht Ihnen hier noch kein Online-Formular zur Verfügung. Wie genau Sie in einem Fall von Urheberrechtsverletzung vorgehen, wird Ihnen auf der folgenden Seite genauestens erklärt: *http://www.google.de/adwords_dmca.html.*

9. Qualitätsfaktor und Anzeigenplatzierung

9.1 Was ist der Qualitätsfaktor und wo ist er zu finden?

Der Qualitätsfaktor ist die entscheidende Größe, wenn es um die Berechnung des Anzeigenrangs geht. Dieser wiederum entscheidet, an welcher Position Ihre Anzeige geschaltet wird. Der Qualitätsfaktor ist eine Größe, welche dazu dient, die Qualität eines Keywords und damit verbunden die Qualität einer Anzeige zu messen. Je besser der Qualitätsfaktor eines Keywords ist, desto geringer ist der Betrag, den man ausgeben muss, um mit seiner Anzeige auf der ersten Seite gelistet zu werden. Man unterscheidet bei der Berechnung des Qualitätsfaktors, ob es sich um Google und das Such-Werbenetzwerk handelt oder um das Content-Werbenetzwerk. Der Qualitätsfaktor, der Keywords auf der Google-Suchseite zugeordnet wird, wird in Echtzeit bestimmt. Das bedeutet, er wird bei jeder Suchanfrage neu berechnet. Basierend auf dem Qualitätsfaktor errechnet sich der Anzeigenrang, welcher für die Platzierung der Anzeige ausschlaggebend ist. Es ist also überaus erstrebenswert, einen möglichst hohen Qualitätsfaktor zu erreichen. Die unterschiedlichen Stufen gehen von »gering« (1 bis 3) über »o.k.« (4 bis 7) bis zu »hoch« (8 bis 10).

Um den standardmäßig nicht eingeblendeten Qualitätsfaktor Ihrer Keywords überhaupt zu sehen, gibt es zwei Wege: Entweder Sie fahren mit dem Cursor über das kleine Symbol vor der Keyword-Status-Meldung, oder Sie lassen sich die Spalte **Qualitätsfaktor** dauerhaft anzeigen (vgl. Abbildung 84). Dazu gehen Sie auf dem Tab **Keywords** auf den Link **Spalten**.

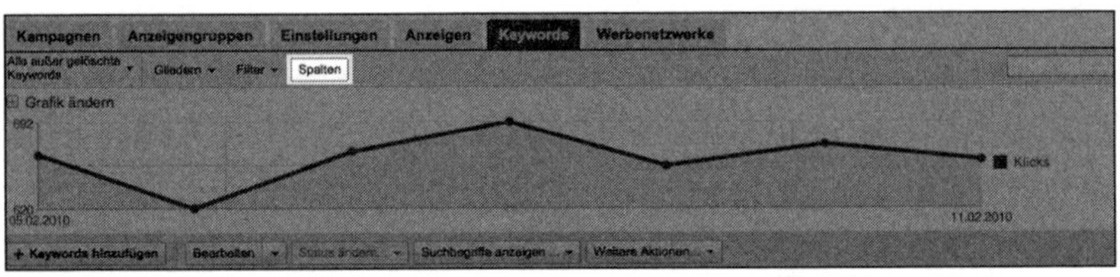

Abbildung 84: Lassen Sie sich den Qualitätsfaktor anzeigen.

Aktivieren Sie, wie in Abbildung 85 dargestellt, das Kontrollkästchen **Qualitätsfaktor** in dem Auswahlmenü und speichern Sie dies. Daraufhin wird Ihnen der Qualitätsfaktor jedes einzelnen Keywords automatisch angezeigt (vgl. Abbildung 86).

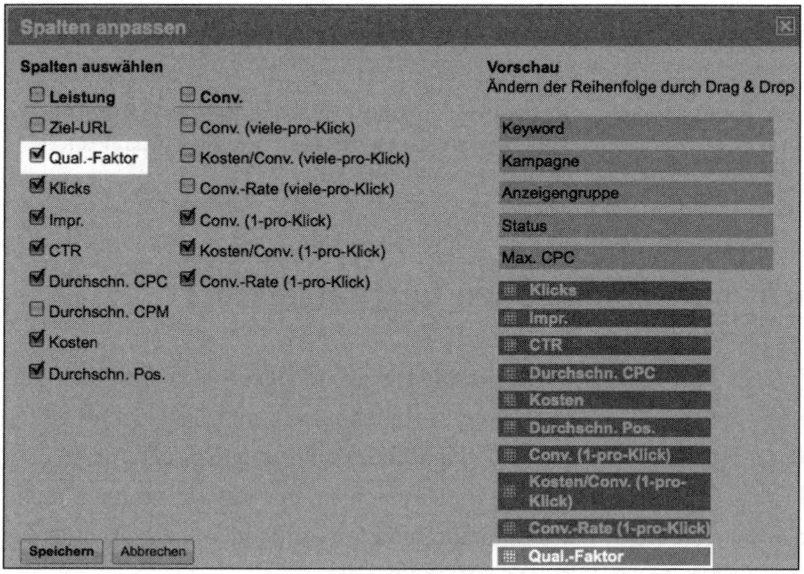

Abbildung 85: Ist das Kontrollkästchen ausgewählt, wird der Qualitätsfaktor angezeigt.

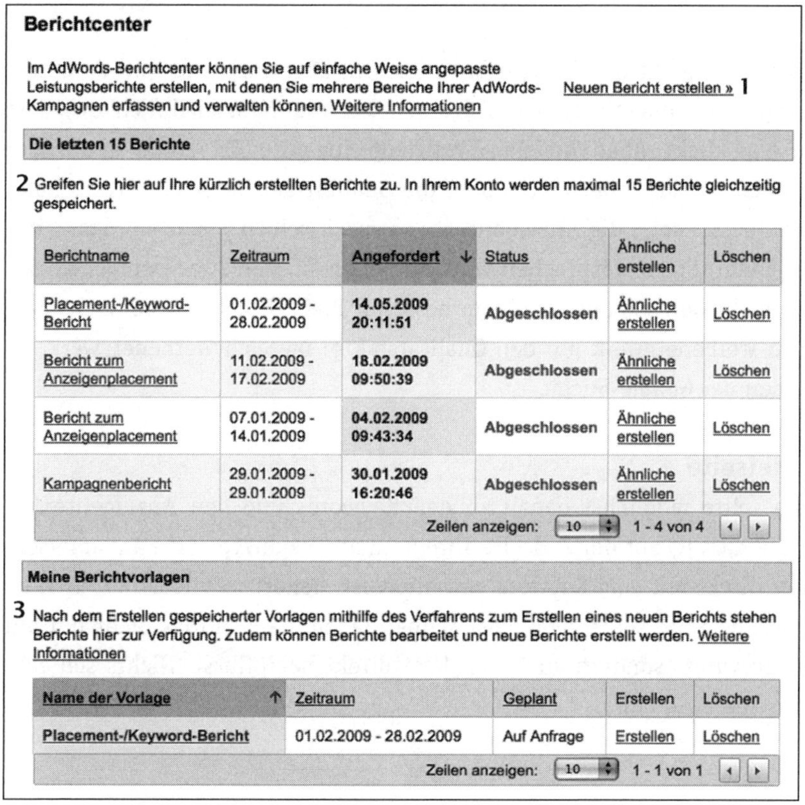

Abbildung 86: Der Qualitätsfaktor wird in der Übersicht angezeigt.

Profi-Tipp

Die Position, an der der Qualitätsfaktor angezeigt werden soll, kann per Drag & Drop angepasst werden. Klicken Sie dazu im Menü **Spalten anpassen** das Kästchen **Qualitätsfaktor** an, schieben Sie es an die gewünschte Position und speichern Sie es ab.

9.2 Wie erreicht man einen hohen Qualitätsfaktor?

Eigentlich ganz einfach: Man muss nur alle Bestandteile, aus denen sich der Qualitätsfaktor zusammensetzt, im Einzelnen möglichst gut erfüllen. Leider gibt Google zwar einige Hinweise, aus welchen Bestandteilen sich der Qualitätsfaktor zusammensetzt, aber über andere Bestandteile wird Stillschweigen bewahrt. Dennoch ist es relativ leicht, sich einen guten Qualitätsfaktor zu erarbeiten. Für den Qualitätsfaktor der Google-Suchseite und des Such-Werbenetzwerks sind folgende Faktoren entscheidend:

Die Klickrate

Natürlich können Sie diese nicht unmittelbar beeinflussen, aber auch hier gilt: Je besser Keywords und Anzeigentext übereinstimmen, desto höher die Wahrscheinlichkeit, dass jemand auf Ihre Anzeige klickt. Aber Vorsicht: Zwar freut eine gute CTR Google und bringt einen guten Qualitätsfaktor, sagt aber nichts über die Qualität der Besucher aus. Es kann also unter Umständen besser sein, die Anzeigentexte so spezifisch zu gestalten, dass wirklich nur die richtige Zielgruppe angesprochen wird. So bekommt man zwar weniger Klicks, aber wahrscheinlich mehr Conversions zu einem besseren Preis. Beachten Sie auch, dass die Klickrate im Such-Werbenetzwerk nur den Qualitätsfaktor im Such-Werbenetzwerk beeinflusst und nicht den der Google-Suche.

Die Qualität der Zielseite

Der Inhalt der Seite sollte möglichst genau zu den Keywords und den Anzeigentexten passen. Verzichten Sie darauf, auf der Zielseite Ihre gesamte Produktpalette anzupreisen. Das Produkt, welches direkt mit dem Keyword verknüpft ist, gehört möglichst als einziges auf die Landing Page. Die Seite sollte möglichst schnell laden, da sich dies nicht nur auf den Qualitätsfaktor auswirkt, sondern auch den User direkt beeinflusst. Nichts schreckt mehr ab als eine Site, die ewig lädt.

Historische Leistung

Das Alter einer Kampagne wirkt sich positiv auf den Qualitätsfaktor aus. Vermeiden Sie daher, nach nur zwei Wochen alles abzubrechen. Meist zeigt sich erst nach einer gewissen Anlaufzeit, wie sich eine Kampagne entwickelt. Damit einher geht das bisherige Kontoprotokoll, das heißt die Klickrate der Anzeigen und Keywords, die bisher in Ihrem Konto gemessen wurde.

Relevanz von Keywords und Anzeigentexten

Keywords und Anzeigentext müssen so gut wie nur möglich miteinander übereinstimmen. Auch sollten Keywords und Anzeigentext möglichst genau mit der Suchanfrage übereinstimmen. Dies erreichen Sie, indem Sie relativ viele Anzeigengruppen mit wenigen, dafür aber passenden Keywords einrichten. Die Anzeigentexte stimmen Sie dann jeweils auf die verschiedenen Anzeigengruppen ab. Da Keywords, die vom User gesucht wurden und im Anzeigentext vorkommen, fett gedruckt werden, lenkt dies auch die Aufmerksamkeit des Suchenden auf die Anzeige. Dies können Sie auch durch sogenannte Platzhalter sichern, die Sie anstelle eines festen Begriffs eingeben können (siehe Abschnitt *Dynamic Keyword Insertion*).

Andere Relevanzfaktoren

Über andere Relevanzfaktoren gibt Google keine direkte Auskunft. Es ist aber anzunehmen, dass für Google auch Faktoren eine Rolle spielen, die nicht nur dazu da sind, die Nutzerfreundlichkeit zu steigern. Es darf darüber spekuliert werden, ob und wie weit sich das Gesamtbudget und der CPC auf den Qualitätsfaktor auswirken. Auch wenn einzig und allein ein hoher CPC und ein großes Gesamtbudget keine Garantie für die vorderen Plätze sind, schaden sie bestimmt nicht. Seien Sie bei der Vergabe des CPC bitte realistisch. Spitzenpositionen für 0,05 Euro sind nur noch in seltenen Fällen möglich. Kalkulieren Sie genau durch, was Ihnen ein Klick wert ist.

Es gibt kleine Abweichungen bei der Berechnung, abhängig davon, ob der Qualitätsfaktor zur Anzeigenposition oder für das Gebot für die erste Seite berechnet wird. Wird der Qualitätsfaktor einer Keyword-bezogenen Anzeige berechnet, der die Anzeigenposition bestimmt, ist die Qualität der Zielseite unerheblich. Bei der Berechnung der Anzeigenposition im Such-Werbenetzwerk kommt die Klickrate der jeweiligen Suchseite zusätzlich zur Klickrate bei Google hinzu und wird bei der Berechnung des Qualitätsfaktors mit berücksichtigt. Soll das Gebot für die erste Seite berechnet werden, werden die dazugehörige Anzeige und die Suchanfrage beim Qualitätsfaktor nicht einbezogen.

Der Qualitätsfaktor für das Content-Werbenetzwerk wird dagegen von diesen Faktoren bestimmt:

Historische Leistung

Neben dem Kampagnenalter auch die Leistung der Anzeige auf dieser einen und thematisch verwandten Websites.

Relevanz von Keywords und Anzeigentexten

Hier gelten die gleichen Aspekte wie auch im Such-Werbenetzwerk und bei den Google-Suchseiten.

Qualität der Zielseite

Auch hier gelten die gleichen Aspekte wie im Such-Werbenetzwerk und bei der Google-Suche.

Andere Relevanzfaktoren

Lassen Sie sich jetzt nicht von den zugegebenermaßen recht verworrenen Ausnahmen bei der Berechnung des Qualitätsfaktors durcheinanderbringen. Diese wurden nur der Vollständigkeit halber erwähnt, sollten Sie aber nicht in der Anlegung Ihrer Kampagnenstruktur beirren. Fest steht: Je besser ihr Qualitätsfaktor ist, desto geringer ist der Preis, den Sie pro Keyword zahlen müssen, um auf der ersten Seite gelistet zu werden. Und dementsprechend höher ist wiederum Ihre Chance, auf den vorderen Plätzen werben zu können, ohne dass es Sie ein Vermögen kostet. Oftmals ist es nämlich so, dass für die Anzeigen auf den oberen Rängen ein geringerer CPC bezahlt wird als für die folgenden, da sie über einen besseren Qualitätsfaktor verfügen. Wenn Sie die vorangegangenen Faktoren berücksichtigen, sollte der Qualitätsfaktor im oberen Feld liegen und Ihnen den Weg zu einer erfolgreichen Kampagne ebnen.

Um zu überprüfen, welchen Qualitätsfaktor ein Keyword hat, fahren Sie mit dem Cursor über das Symbol, das vor der aktuellen Statusmeldung der einzelnen Keywords angezeigt wird. Hier erfahren Sie den genauen Wert des Qualitätsfaktors und sehen, ob das Keyword die Anzeigenschaltung auslöst (vgl. Abbildung 87). Über den Link **Anzeigendiagnose-Tool** gelangen Sie zum gleichnamigen Tool. Was genau es mit diesem Tool auf sich hat, entnehmen Sie dem Kapitel *Weitere Profi-Tools von Google nutzen*.

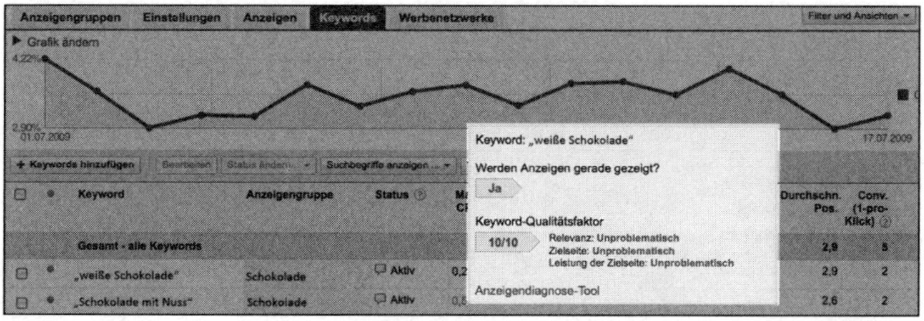

Abbildung 87: Detailinformationen zum Qualitätsfaktor

9.3 Anzeigenrang und Anzeigenposition

Wie Ihre Anzeige auf Seiten platziert wird, hängt vom Anzeigenrang ab. Die Anzeige mit dem höchsten Rang steht an oberster Position, während die anderen Anzeigen ihrem Rang entsprechend folgen. Die Anzeigenposition wird unmittelbar aus dem Anzeigenrang ermittelt. Entgegen der weit verbreiteten Meinung stehen nicht immer die Anzeigen an vorderster Stelle, für die am meisten geboten wird, sondern die mit einem sehr guten Qualitätsfaktor. Oft wird für die Anzeigen auf den vorderen Plätzen sogar ein geringerer Klickpreis bezahlt als für die danach folgenden. Abhängig davon, ob es sich um eine Keyword- oder Placement-bezogene Anzeige im Such- oder Content-Werbenetzwerk handelt, wird der Rang der Anzeige unterschiedlich ermittelt. Keyword-bezogenen Anzeigen auf Suchergebnisseiten wird abhängig von dem CPC-Gebot und dem Qualitätsfaktoren ein Rang zugewiesen. Auf Content-Sites wird der Rang aufgrund von Content-Geboten und Qualitätsfaktor bestimmt. Ist kein separates Content-Gebot festgelegt, ermittelt Google dieses basierend auf dem Mittelwert aller CPCs dieser Anzeigengruppe.

Bei Placement-bezogenen Anzeigen mit CPM-Preismodell wird der Anzeigenrang durch das Gebot und die Qualität der Zielseite bestimmt. Bei Placement-bezogenen Kampagnen mit CPC-Preismodell wird zusätzlich die Klickrate berücksichtigt. Bei Placement-bezogenen Kampagnen wird eine Anzeige als einzige geschaltet, wenn ihr Anzeigenrang höher ist als der aller konkurrierenden Anzeigen. Diese Anzeige muss sich den Anzeigenplatz nicht mit anderen Anzeigen teilen, sondern wird alleine eingeblendet (vgl. Abbildungen 88 und 89 auf der folgenden Seite). Hier ermittelt sich der Anzeigenrang durch das CPM-Gebot und den Qualitätsfaktor.

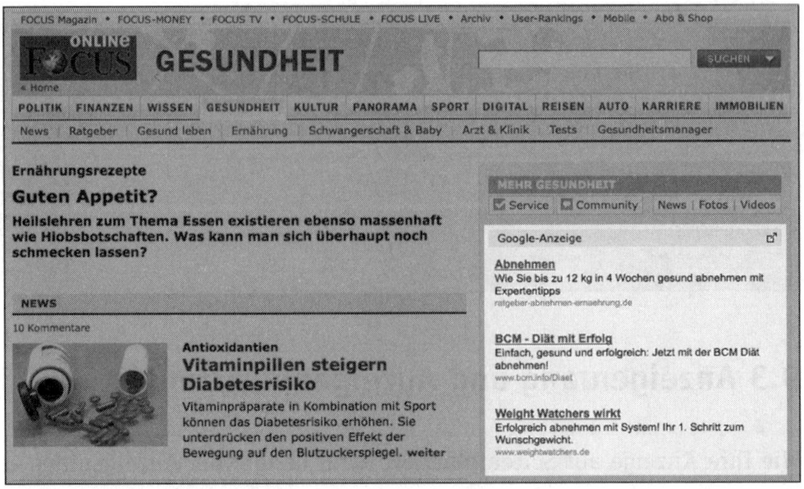

Abbildung 88: Keyword-bezogene Anzeigenschaltung *(www.focus.de)*

Abbildung 89: Placement-bezogene Anzeigenschaltung *(www.focus.de)*

Damit Kampagnen mit CPC-Preismodell mit denen vergleichbar sind, für die das CPM-Preismodell angewendet wird, errechnet das System für die CPC-Kampagnen einen Anzeigenrang, der auf Impressionen basiert. Mit folgender Formel kann der Anzeigenrang für ein Keyword berechnet werden:

Anzeigenrang = Qualitätsfaktor × maximaler CPC

Des Verständnisses wegen muss erwähnt werden, wie sich der tatsächliche CPC, also der tatsächliche Klickpreis, berechnet. Der tatsächliche CPC ist, wie wir wissen, der Betrag, der gezahlt werden muss, um eine Anzeigenposition beizubehalten. Zur Berechnung von diesem tatsächlichen CPC wird nun der Anzeigenrang des hinter einem Platzierten benötigt. Will man also den tatsächlichen CPC von Advertiser B berechnen, braucht man den Anzeigenrang von Advertiser C. Dieser Anzeigenrang wird ins Verhältnis zum Qualitätsfaktor des in diesem »Duell« Führenden gesetzt, das heißt zu Advertiser B, und um 0,01 Euro erhöht. Folgende Formel würde sich daraus ergeben:

$$\textit{Tatsächlicher CPC}_B = \textit{Anzeigenrang}_C \,/\, \textit{Qualitätsfaktor}_B + \textit{0,01 Euro}$$

Advertiser	Qualitätsfaktor	maximaler CPC	Anzeigenrang	Position	tatsächlicher CPC
A	o.k., 5	0,77 €	3,85	1	0,71 €
B	hoch, 8	0,44 €	3,52	2	0,44 €
C	o.k., 7	0,49 €	3,43	3	0,35 €
D	o.k., 4	0,59 €	2,36	4	0,51 €
E	o.k., 5	0,40 €	2,00	5	0,29 €

Sehen wir uns die oben abgebildete Tabelle an: Es fällt auf, dass Advertiser B trotz eines recht geringen maximalen CPC auf Position 2 steht. Dies liegt an seinem hohen Qualitätsfaktor. Könnte er seinen Qualitätsfaktor auf 9 erhöhen würde er für den gleichen maximalen CPC Advertiser A von der Spitzenposition verdrängen. Sein Anzeigenrang würde sich dann auf 3,96 erhöhen. Dieser Betrag ergibt sich aus dem Produkt des erhöhten Qualitätsfaktors und dem maximalen CPC. Advertiser A müsste, um seinen Platz zu verteidigen, ebenfalls den Qualitätsfaktor steigern oder seinen maximalen CPC erhöhen. Der höhere Qualitätsfaktor würde in unsere Formel eingesetzt für Advertiser A bedeuten: 0,77 Euro × 6 = 4,62. Genauso gut kann ermittelt werden, auf welchen Betrag der CPC angehoben werden müsste, um die Position zu halten. Stellen wir die Formel des tatsächlichen CPC um und setzen den Anzeigenrang von Advertiser B bei einem Qualitätsfaktor von 9 ein, also 3,96, ergibt sich diese Rechnung: 3,96 / 5 = 0,79 (+0,01). Advertiser A müsste seinen maximalen CPC auf 0,80 Euro beziehungsweise seinen Qualitätsfaktor auf 6 anheben, um sich die Spitzenposition zu sichern, da sein Anzeigenrang erst dann wieder vor dem von Advertiser B liegen würde. Advertiser C zahlt aufgrund seines besseren Qualitätsfaktors für Position 3 sogar deutlich weniger als Advertiser D für den nachfolgenden Platz. Und das, obwohl auch er einen niedrigeren maximalen CPC hat als Advertiser D. Es wird deutlich, dass ein ausgewogenes Verhältnis zwischen Qualitätsfaktor und maximalem CPC herrschen muss. Nur so bekommt man einen guten Anzeigenrang und kann auf den vorderen Plätzen werben.

Profi-Tipp

Ich gebe zu, dass die Berechnung von Anzeigenrang und tatsächlichem CPC recht verwirrend ist. Diese Werte sind real kaum zu berechnen, da einem die entsprechenden Werte der Konkurrenz nicht zu Verfügung stehen. Dieses Beispiel dient primär dazu, zu verstehen, wie Google die Anzeigenposition und den tatsächlichen CPC ermittelt.

Bedenken Sie, dass die oberste Position nicht unbedingt die beste ist. Die Aufmerksamkeit der User richtet sich besonders auf die Anzeigen, die oberhalb der organischen Suchergebnisse stehen. Das bringt aber nicht automatisch mehr Conversions mit sich. Anzeigen, die auf den ersten beiden Plätzen stehen, werden öfter angeklickt, aber eben nicht so bewusst gewählt wie Anzeigen auf den folgenden Plätzen. Sollten Sie aufgrund von Analysedaten herausgefunden haben, dass eine Anzeige auf einer bestimmten Position eine besonders hohe Conversion-Rate hat, können Sie sogenannte Positionsgebote aktivieren. Mithilfe dieser Gebote können Sie festlegen, an welcher Position eine Anzeige vorzugsweise geschaltet werden soll. Sie können Ihre Anzeige beispielsweise bevorzugt auf den Positionen 3 bis 6 schalten, wenn eine Analyse ergeben hat, dass Sie auf diesen Plätzen eine besonders gute Conversion-Rate erzielt haben. Die Positionen können jedoch nicht garantiert werden und sind nach wie vor von verschiedenen Faktoren abhängig. Um diese Funktion zu nutzen, gehen Sie auf die Registerkarte **Kampagnen** und hier wiederum auf den Tab **Einstellungen**. Unter der Überschrift Gebot und Budget finden Sie den Unterpunkt **Wunschposition, Schaltungsmethode (erweitert)**. Aktivieren Sie hier die **Positionsgebote**.

Daraufhin wird Ihnen in der Keyword-Tabelle (Tab **Keywords**) die Spalte **Wunschposition** angezeigt (vgl. Abbildung 91). Solange Sie noch keine separaten Gebote eingegeben haben, ist hier die Standardposition **Beliebig**. Um die gewünschte Position einzutragen, klicken Sie den Vermerk **Beliebig** an. Es öffnet sich ein Eingabefeld, in dem Sie definieren können, auf welchen Positionen die Anzeigen, deren Schaltung durch das entsprechende Keyword ausgelöst wird, stehen sollen.

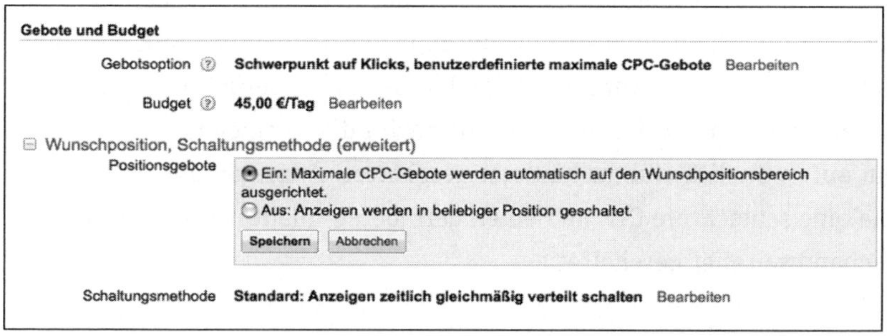

Abbildung 90: Aktivieren von Positionsgeboten

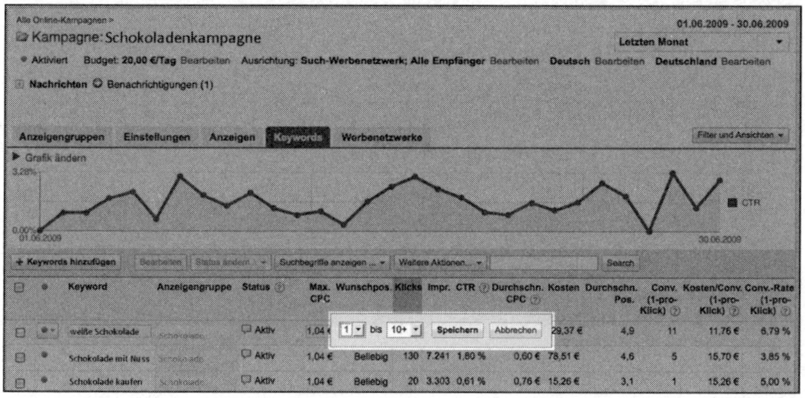

Abbildung 91: Die Spalte **Wunschposition**

Typischer Anfängerfehler

Viele AdWords-Neulinge versuchen mit aller Gewalt auf den Plätzen 1 oder 2 gelistet zu werden, auch wenn Sie dazu den Klickpreis stark erhöhen müssen. Positionsgebote scheinen für diesen Zweck genau das richtige Mittel zu sein. Bedenken Sie aber, dass die Position nicht garantiert werden kann. Bei einer Aktivierung der Positionsgebote geht dadurch auch die Zahl der Impressionen und Klicks stark zurück, da Ihre Anzeige dann eben auch nicht mehr an Position 3 oder 4 gezeigt wird. Durch solche Maßnahmen kann sich ganz schnell eine Umsatzeinbuße entwickeln. Positionsgebote sind nur sinnvoll, wenn ihnen Analysedaten zugrunde liegen. Analytics kann Ihnen genau anzeigen, an welcher Position Ihre Anzeigen die besten Ergebnisse bringt. Anhand dieser Auswertung sollten die Positionsgebote angepasst werden. Näheres erfahren Sie im Kapitel *Nutzerdaten mit Google Analytics auswerten*.

9.4 Anzeigenauslieferung

Google bietet zwei verschiedene Arten an, wie die Anzeigen geschaltet werden können: Leistungsunabhängig und Leistungsabhängig. Leistungsunabhängig bedeutet, dass konkurrierende Anzeigen innerhalb einer Anzeigengruppe gleichermaßen stark geschaltet werden. Die Leistung der einzelnen Anzeigen wird hierbei nicht berücksichtigt. Anders dagegen bei der leistungsabhängigen Auslieferung. Hier wird die Anzeige mit der besseren Klickrate und einem guten Qualitätsfaktor häufiger geschaltet. Anzeigen aus der gleichen Anzeigengruppe, die eine schlechtere CTR und einen geringeren Qualitätsfaktor aufweisen, werden dementsprechend seltener geschaltet.

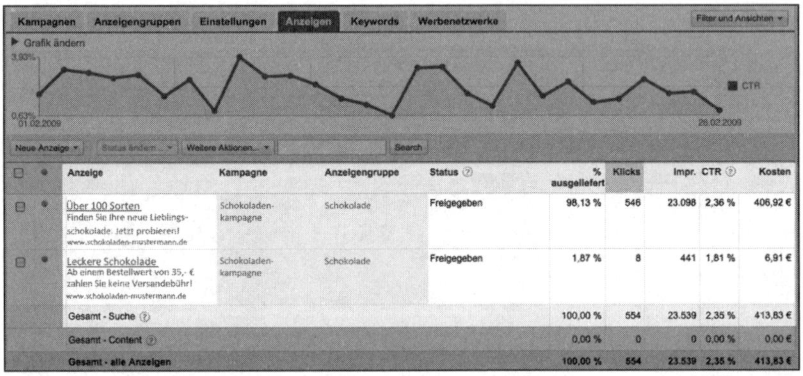

Abbildung 92: Beispiel für die leistungsabhängige Anzeigenauslieferung

In der vorangegangenen Abbildung 92 sieht man, welche Auswirkung die optimierte Anzeigenauslieferung hat. Die Anzeige mit der besseren CTR, hier die Anzeige »Über 100 Sorten« mit einer Klickrate von 2,36 Prozent, wird in 98,13 Prozent aller Fälle geschaltet. Die schwächere Anzeige »Leckere Schokolade« mit einer Klickrate von 1,81 Prozent wird dagegen nur mit einer Häufigkeit von 1,87 Prozent geschaltet. Das klingt erst einmal so, als wäre es ganz klar der bessere Weg, die optimierte Anzeigenauslieferung zu wählen. Beeinflusst eine gute CTR doch unmittelbar den Qualitätsfaktor und damit die Anzeigenposition und das Gebot der ersten Seite. Allerdings muss man wissen, dass eine gute Klickrate Google zwar freut, nicht zuletzt da sie aufgrund der Vielzahl von Klicks zur Einnahmesteigerung beiträgt, über die für Sie relevanten Werte sagt die reine CTR aber nichts aus. Sollen mit der Anzeigenschaltung nämlich nicht nur neue Besucher gewonnen, sondern der Gewinn gesteigert werden, ist der entscheidende Wert nicht die CTR, sondern die Conversion-Rate. Dazu erfahren Sie mehr im Kapitel *Optimieren Sie Ihre Kampagne mit AdWords Conversion Tracking*. Sehen wir uns trotzdem die Conversion-Rate der betreffenden Anzeigen an:

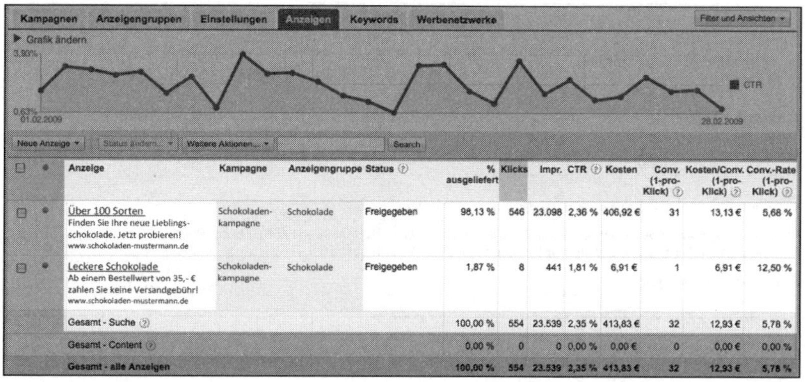

Anzeige	Kampagne	Anzeigengruppe	Status	% ausgeliefert	Klicks	Impr.	CTR	Kosten	Conv. (1-pro-Klick)	Kosten/Conv. (1-pro-Klick)	Conv.-Rate (1-pro-Klick)
Über 100 Sorten Finden Sie Ihre neue Lieblings-schokolade. Jetzt probieren! www.schokoladen-mustermann.de	Schokoladen-kampagne	Schokolade	Freigegeben	98,13 %	546	23.098	2,36 %	406,92 €	31	13,13 €	5,68 %
Leckere Schokolade Ab einem Bestellwert von 35,- € zahlen Sie keine Versandgebühr! www.schokoladen-mustermann.de	Schokoladen-kampagne	Schokolade	Freigegeben	1,87 %	8	441	1,81 %	6,91 €	1	6,91 €	12,50 %
Gesamt - Suche				100,00 %	554	23.539	2,35 %	413,83 €	32	12,93 €	5,78 %
Gesamt - Content				0,00 %	0	0	0,00 %	0,00 €	0	0,00 €	0,00 %
Gesamt - alle Anzeigen				100,00 %	554	23.539	2,35 %	413,83 €	32	12,93 €	5,78 %

Abbildung 93: Mögliche Folgen der leistungsabhängigen Anzeigenauslieferung

Die erste Anzeige weist eine bessere CTR auf und auf den ersten Blick scheint sie die erfolgreichere zu sein, da sie 31 Conversions eingebracht hat. Dagegen steht Anzeige zwei mit nur einer einzigen Conversion. Betrachtet man aber die Conversion-Rate und vor allem die Kosten, die pro Conversion entstanden sind, stellt sich die Sache ganz anders dar. Die Anzeige »Leckere Schokolade« hat mit 12,5 Prozent eine mehr als doppelt so hohe Conversion-Rate als die Anzeige »Mehr als 100 Sorten«. Diese erreicht gerade mal 5,68 Prozent. Ähnlich sieht es bei den Kosten-pro-Conversion aus. Bei der zweite Anzeige werden nur 6,91 Euro pro Conversion ausgegeben. Bei Anzeige 1 sind es 13,13 Euro. Es sieht also ganz danach aus, als wäre die Anzeige, die nur in 1,81 Prozent der Fälle geschaltet wird, die leistungsstärkere. Für Schokoladen-Mustermann empfiehlt es sich, beide Anzeigen noch einmal leistungsunabhängig zu schalten. Mit dieser Einstellung werden beide Anzeigen gleich häufig geschaltet und können so optimal miteinander verglichen werden. Die Anzeige mit der geringeren Leistung wird dann gelöscht. Die Anzeige mit der stärkeren Leistung kann daraufhin gegen eine weitere Anzeige antreten. Auf diese Art lässt sich der Erfolg einer Kampagne steigern. Um die Anzeigenverteilung anzupassen, wählen Sie die gewünschte Kampagne aus und gehen auf den Tab **Einstellungen**. Hier finden Sie unter den erweiterten Einstellungen den Eintrag Anzeigenschaltung (vgl. Abbildung 94). Voreingestellt ist die leistungsabhängige Anzeigenauslieferung (**Leistungsabhängige Anzeigenschaltung: Anzeigen mit höherer Leistung werden häufiger geschaltet**). Wählen Sie **Leistungsunabhängig: Alle Anzeigen möglichst im gleichen Verhältnis schalten**, wenn Ihre Anzeigen unabhängig von der CTR und Qualitätsfaktor gleichmäßig verteilt geschaltet werden sollen.

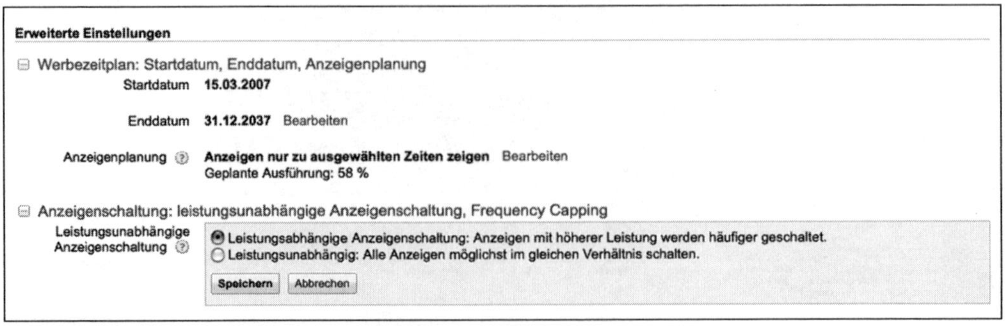

Abbildung 94: Anpassen der Anzeigenverteilung

Profi-Tipp

Um die bestmöglichen Ergebnisse zu erzielen, sollten Sie immer zwei verschiedene Anzeigenvarianten bei leistungsunabhängiger Anzeigenschaltung gegeneinander antreten lassen (siehe Abschnitt *A/B-Test*).

10. So gestalten Sie AdWords-Anzeigen

Das am häufigsten geschaltete Anzeigenformat bei Google AdWords ist die Textanzeige. Sie ist schnell erstellt und kann sowohl auf den Google Suchseiten, dem Such-Werbenetzwerk, als auch im Content-Werbenetzwerk geschaltet werden. In Zeiten in denen sich Internetnutzer von klassischen Werbebannern immer mehr gestört fühlen und die Banner Blindness um sich greift, wirkt die dezente Textanzeige dagegen fast bescheiden. Ohne buntes Geblinke, unbewegt und unaufdringlich platziert sie sich neben organischen Suchergebnissen oder passendem Content. Durch das den Seiten angepasste Layout wird sie von vielen Usern nicht einmal als Werbung wahrgenommen. Umso schwieriger gestaltet es sich dadurch aber auch, die Aufmerksamkeit des Nutzers auf die eigene Anzeige zu lenken, zum Klick zu animieren und als Kunden zu gewinnen.

Bedenken Sie immer, dass User nach über zwanzig Jahren Internet viel bewusster mit diesem Medium umgehen. Sie nutzen das Netz um in aller Ruhe nach passenden Angeboten zu suchen. Reine Lockangebote bringen nicht mehr die gewünschte Wirkung und werden schnell als »Fallen« erkannt. Nehmen Sie Abstand davon dem User einfach nur ein unwiderstehliches Angebot aufs Auge zu drücken, sondern überzeugen Sie ihn davon, dass er Ihr Angebot wirklich haben will. Ein überzeugter Kunde, wird Ihre Webseite eher wieder besuchen als einer, der nur von einem Lockangebot geködert wurde.

Die Anzeige ist das entscheidende Mittel um interessierte Nutzer auf Ihre Webseite zu lenken und diese für Ihr Produkt oder Ihre Dienstleistung zu interessieren. Der User weiß nicht, dass Ihre Webseite besser ist als die der Konkurrenz und dass Ihr Angebot unschlagbar ist. Das woran er Sie erst einmal misst, ist Ihre Anzeige. Das Erstellen von prägnanten, zum Ziel führenden Texten ist eine Kunst. Neben guten Kenntnissen über das beworbene Produkt und die Zielgruppe bedarf es eines gewissen sprachlichen Feingefühls. Erschwert wird das ganze dadurch, dass einem nur eine sehr begrenzte Zeichenzahl von 25 beziehungsweise 35 Zeichen zur Verfügung steht.

10.1 Der richtige Aufbau von Anzeigentexten

Was ist überhaupt die Aufgabe einer Textanzeige? Was soll mit ihr erreicht werden und was verspricht man sich von der Schaltung der Anzeige? Diese Fragen sind nicht leicht zu beantworten, da die Antworten darauf abhängig vom beworbenen Produkt beziehungsweise der Dienstleistung recht unterschiedlich ausfallen können.

Dennoch gibt es drei Ziele, die alle Anzeigen gemein haben. Eine Anzeige soll:

- Aufmerksamkeit erzielen
- Eine Erwartung wecken
- Eine Handlung auslösen

Unabhängig davon, welches Produkt Sie bewerben, um Kunden für sich zu gewinnen, müssen Sie mit Ihrer Anzeige die Aufmerksamkeit des Kunden gewinnen. Das stellen Sie sicher, indem Sie sich mit Ihrer Anzeige von denen der Mitbewerber abheben und sie dem User relevant erscheint. Wenn Sie es jetzt noch schaffen, eine Erwartung in dem potenziellen Kunden zu wecken, in dem Sie beispielsweise konkrete Angaben zu dem Produkt machen oder ein besonderes Angebot anpreisen, haben Sie den schwierigsten Teil geschafft. Der Kunde hat Ihre Anzeige wahrgenommen, sein Interesse wurde geweckt und mit hoher Wahrscheinlichkeit führt er auch den letzen Schritt aus, den Klick auf Ihre Anzeige. Werden seine Erwartungen auf der Landing Page erfüllt erfolgt die gewünschte Conversion. Aber wie baut man eine Anzeige so auf, dass sie alle diese Kriterien erfüllt? Sicher ist es nicht ganz einfach, gute und wirksame Anzeigentexte zu erstellen, aber mit ein wenig Erfahrung und etwas Hintergrundwissen, gelingt es Ihnen auf jeden Fall. Schauen wir uns dazu die einzelnen Bestandteile der Textanzeige genauer an:

Die Überschrift (maximal 25 Zeichen)

Die Überschrift ist sozusagen das Tor zum Erfolg. Die Überschrift ist das, was der User an Ihrer Anzeige als erstes wahrnimmt und wie sooft ist der erste Eindruck der entscheidende. Ist die Überschrift nicht gut und spricht den User nicht an, interessiert er sich auch nicht mehr für die »inneren Werte«, also den Anzeigentext. Der erste Eindruck, die Überschrift muss sitzen!

- Machen Sie dem User ein klares Angebot. Versuchen Sie sich in Ihren potenziellen Kunden hineinzuversetzen und berücksichtigen Sie dabei seine Wünsche. Das kann sowohl eine Ersparnis *»Jetzt 50% Preisnachlass.«*, als auch der Beweis für eine gute Leistung sein *»Testurteil: Sehr gut«*. Das hängt ganz von dem zu bewerbenden Produkt und der Zielgruppe ab.
- Sie können den User auch von Anfang an darauf vorbereiten, auf Ihrer Webseite die gewünschte Aktion, wie eine Anmeldung auszuführen. Nutzen Sie dazu klare Aufforderungen: *»Kaufen Sie ...«*, *»Melden Sie sich jetzt an.«* usw.

- Empfindet der User bereits die Überschrift als für sich bedeutsam, wird er Ihre Anzeige auch lesen. Versuchen Sie deshalb Keywords bereits in der Überschrift einzubauen. Diese werden bei Übereinstimmung mit der Suchanfrage fett dargestellt und suggerieren dem User so eine besonders hohe Relevanz. Nutzen Sie dafür die Dynamic Keyword Insertion.
- Teilen Sie dem User mit, warum er von Ihrem Produkt profitiert. Das zieht die Aufmerksamkeit des Users an, da ihm etwas Interessantes angeboten wird und liefert ihm bereits einen Anreiz, um später die gewünschte Aktion auszuführen. *»Sparen Sie Zeit & Geld.«, »Steigern Sie Ihren Umsatz«, »10 Jahre jünger aussehen.«* usw.
- Versuchen Sie rhetorische Fragen zu formulieren *»Sie wollen abnehmen?«, »Zu wenig Zeit?«, »Sie brauchen Urlaub?«*. Durch eine Fragestellung wird der User direkt angesprochen und schenkt der Anzeige erst einmal mehr Beachtung, da seine Neugier geweckt ist. Ihr Produkt oder Ihre Dienstleistung steht natürlich eindeutig im Zusammenhang mit dieser Frage und ist im besten Fall die Antwort darauf.
- Fragen liegen Ihnen nicht? Dann geben Sie dem User doch einfach die Antworten. *»So werden Sie erfolgreich«, »In 30 Tagen 5 kg weniger.«*. Dem User wird seine unausgesprochene Frage beantwortet und zeitgleich wird er zum Weiterlesen der Anzeige motiviert, da die ausführliche Antwort im Text beziehungsweise auf der Landing Page verborgen ist.
- Es kann, abhängig vom Produkt, durchaus sinnvoll sein aufmerksamkeitsträchtige Schlagworte wie zum Beispiel »Download«, »wunderbar«, »billig«, »günstig«, und andere klangvolle Adjektive in die Überschrift zu integrieren. Wenn Sie Ihr Produkt jedoch nicht im Discountbereich platzieren wollen, wäre ich damit allerdings vorsichtig. Solche Schlagworte lenken zwar die Aufmerksamkeit auf die Anzeige, selektiert die Zielgruppe aber eher ungenügend.
- Sie müssen sich nicht für eine Variante entscheiden. Testen Sie verschiedene Überschriften mit dem gleichen Anzeigeninhalt aus, um zu erfahren, welche Headline die Nutzer am meisten anspricht und vor allem den besten ROI aufweist.

Anzeigentext (jeweils maximal 35 Zeichen)

Der erste Schritt ist getan. Der User hat Ihre Anzeige wahrgenommen und die Headline gelesen. Wenn Sie die Kriterien zur Erstellung einer guten Überschrift berücksichtigt haben, ist der User überzeugt und widmet sich jetzt dem Anzeigentext. Der Haupttext der Anzeige sollte eine Erwartung in dem User wecken. Der Anzeigentext hebt die Vorzüge des Produktes hervor und verdeutlicht dem User, warum er ausgerechnet Ihr Produkt haben muss. Erwecken Sie in dem User einen Wunsch, den Sie erfüllen können!

- Beantworten Sie dem User unausgesprochene Fragen: Wozu braucht der User ausgerechnet Ihr Produkt? Was nützt es ihm? Was macht es so besonders?
- Selektieren Sie Ihre Zielgruppe indem Sie dem User die Lösung eines Problems anbieten. Auf diese Art stellen Sie sicher, dass Sie nur Leute ansprechen, die auch für Sie und Ihr Produkt oder Ihre Dienstleistung interessant sind. *»Erleichtern Sie Ihren Arbeitsalltag...«, »Gewinnen Sie neue Kunden, indem...«, »Gemeinsam planen wir Ihren Traumurlaub.«*
- Vermitteln Sie Sicherheit und stärken Sie das Vertrauen, indem Sie beispielsweise auf zufriedene Kunden verweisen. *»Über 10.000 zufriedene Kunden...«, »Zufriedenheitsgarantie.«, »Stiftung Warentest sagt „sehr gut"...«* usw. Beachten Sie, dass Sie bei Testurteilen, der Nutzung von Superlativen (bester, günstigster und andere) und ähnlichen Statements auf Ihrer Webseite einen Beweis dafür vorbringen müssen. Das können Aussagen von Kunden, Links zu Testseiten und andere sein.
- Geben Sie genaue Preise an. Der User weiß dann, mit welchen Kosten er zu rechnen hat. Ist das Angebot für ihn nach wie vor interessant, klickt er auf die Anzeige. Liegt Ihr Angebot dagegen über seinem Budget, wird er nicht auf Ihre Anzeige klicken und kostet Sie so kein Geld.
- Sagen Sie dem User genau, was er tun soll. Geben Sie ihm keine Alternativen. Motivieren Sie ihn durch kleine »Geschenke« die gewünschte Aktion genau jetzt auszuführen *»Melden Sie sich hier an.«, »Jetzt 10% sparen.«, »Heute bestellen und keine Versandkosten zahlen.«*. Beachten Sie das allgemeine Formulierungen wie *»Hier klicken.«* nicht zulässig sind.

Typischer Anfängerfehler

Denken Sie unbedingt daran: Egal, was Sie in der Anzeige versprechen und behaupten (Preisangaben, Verweise auf Testurteile, Superlative usw.), es muss auf der Landing Page oder genauer gesagt innerhalb von zwei Klicks gefunden und bewiesen werden. Andernfalls verstoßen Sie gegen die Richtlinien!

Profi-Tipp

Schauen Sie sich zuerst die Anzeigen Ihrer Mitbewerber an. Ihre Anzeige muss sich auf jeden Fall von diesen unterscheiden. Nichts ist schlimmer, als wenn der User auf drei oder noch mehr ähnlich klingenden Anzeigentexten blickt. Suchen Sie nach Alleinstellungsmerkmalen und halten Sie nicht auf Biegen und Brechen an einem bereits geschriebenen Anzeigentext fest.

Die Anzeige-URL

Die Anzeige-URL macht dem User kenntlich, auf welche Seite er nach Anklicken der Anzeige geleitet wird. Sie sollte, wenn möglich nicht zu kryptisch sein. Einen Verweis auf Unterseiten, brauchen Sie in der Anzeige-URL nicht anzulegen *(www.beispiel.com)*.

Die Ziel-URL

Die Ziel-URL ist für den User nicht zu sehen. Sie gibt an, auf welche Seite der User tatsächlich geleitet wird. Anzeige-URL und Ziel-URL müssen übereinstimmen, lediglich die Unterseite darf abweichen *(www.beispiel.de/page1/start)*.

10.2 Dynamic Keyword Insertion

Es wurde bereits erwähnt, dass Begriffe, die vom User gesucht werden und in genau dieser Form im Anzeigentext auftauchen fett markiert werden. Damit steigt die Chance die Aufmerksamkeit des Users auf die Anzeige zu lenken, da diese für ihn besonders relevant ist und hervorgehoben wird. Bei umfassenderen Keywordlisten ist es aber nur schwer möglich für jedes Keyword einen passenden Anzeigentext zu erstellen, damit dies gewährleistet ist. Das ist dank der Dynamic Keyword Insertion (DKI) auch gar nicht notwendig. So können Sie mithilfe von Platzhaltern, verschiedene Keywords an ein und derselben Stelle im Anzeigentext erscheinen lassen, ohne dafür verschiedene Anzeigentexte erstellen zu müssen. Ich mache es anhand eines Beispiels deutlich: Schokoladen-Mustermann erstellt in einer Anzeigengruppe eine einzige Anzeigenvariante. Obwohl es also nur einen Anzeigentext gibt, bekommen User verschiedene Anzeigen zu sehen. Abhängig davon, nach was für einen Begriff sie gesucht haben. Nutzer 1 gibt als Suchbegriff auf der Google-Suchseite »Schokolade« ein, Nutzer 2 »Pralinen«. Folgende Anzeigen bekommen Sie zu sehen:

Nutzer 1	Nutzer 2
Leckere **Schokolade** Schweizer **Schokolade**, Mozartkugeln & Pralinen finden Sie hier: www.schokoladen-mustermann.de	Leckere **Pralinen** Schweizer Schokolade, Mozartkugeln & **Pralinen** finden Sie hier: www.schokoladen-mustermann.de

Wie kommt es aber dazu? — Ganz einfach: Beide Begriffe sind Teil einer Keywordliste, also einer Anzeigengruppe, für die eine Anzeige mit einem Platzhalter erstellt wurde. Das bedeutet, dass egal nach welchem Keyword aus der besagten Anzeigengruppe gesucht wird, es immer den Platz im Anzeigentext einnimmt, an dem der Platzhalter steht. Sie können diesen Platzhalter an jeder beliebigen Stelle des Anzeigentextes und der Überschrift einfügen. Sie müssen jedoch einen Alternativtext eingeben, für den Fall, dass der Platzhalter zusammen mit dem restlichen Test über die vorgeschriebene Zeichenzahl hinausgeht. Natürlich können Sie auch mehrere Platzhalter einfügen. Auf diese Art kann das Keyword einmal in der Überschrift und einmal im Anzeigentext auftauchen, wie es in unseren vorangegangenen Beispielanzeigen der Fall ist. Nutzen Sie, je nach dem, welches Wort oder welche Worte Sie großschreiben möchten, folgende Formeln, um einen Platzhalter in Ihren Anzeigentext einzubauen:

{keyword:Alternativtext} = günstige preise
{Keyword:Alternativtext} = Günstige Preise
{KeyWord:Alternativtext} = Günstige Preise

Typischer Anfängerfehler

Achten Sie darauf, dass Ihre Texte sowohl mit Platzhaltern, als auch mit Alternativtext einen sinnvollen Zusammenhang ergeben. Zu oft sieht man Anzeigentexte, bei denen die Aussage recht fragwürdig ist und die bestimmt keine qualifizierten Klicks bekommen, auch wenn Sie oftmals sehr amüsant sind.

10.3 Tipps für gute Anzeigentexte

Es gibt einige Kriterien, bei denen es sich durchaus lohnt, sie beim Erstellen von Anzeigentexten zu berücksichtigen.

Überzeugung und Emotionen

Seien Sie von dem was Sie anbieten überzeugt und bringen Sie dies auch in Ihrer Anzeige zum Ausdruck. Eine emotional geschriebene Anzeige erreicht in den meisten Fällen mehr User als ein sachliche Aneinanderreihung von Fakten. Auch wenn Sie ein sehr technisch und nüchtern orientiertes Produkt oder eine Dienstleistung anbieten, muss Ihre Anzeige nicht wie ein rechtsgültiges Dokument aussehen. Über diese Fakten können Sie den User immer noch auf Ihrer Landing Page aufklären.

Persönliche Anrede

Scheuen Sie sich nicht davor, den User direkt und persönlich anzusprechen. Sie möchten nicht irgendwen als neuen Kunden gewinnen, sondern genau ihn! Besonders in der recht anonymen und unpersönlichen Welt des Internets wird dies gerne vergessen. Überwinden Sie diese Anonymität, und Sie werden viel leichter neue Kunden gewinnen. Letztendlich basiert auch der Klick auf die Anzeige nur auf einer emotionalen Entscheidung.

Übereinstimmung

Generell gilt: Je besser der Anzeigentext mit den eingegebenen Keywords harmoniert, desto höher ist die Wahrscheinlichkeit, dass der User die Anzeige für sich als interessant empfindet. Um dies sicherzustellen, legen Sie möglichst viele Anzeigengruppen mit wenigen, dafür aber passenden Keywords an. Zusätzlich können Sie auch die Dynamic Keywords Insertion nutzen. Achten Sie aber darauf, dass Ihre Anzeigentexte mit allen Keywords anstelle des Platzhalters Sinn ergeben.

Satzbau

Bitte formulieren Sie verständliche und ganze Sätze. Aufgrund der beschränkten Zeichenzahl neigen manche Advertiser dazu, alle Vorzüge Ihres Produkts und alle Informationen darüber und über ihr Unternehmen stichwortartig aufzulisten. Auf diese Weise bringt man zwar jede Menge Keywords im Anzeigentext unter, aber das Userinteresse wird nicht geweckt. Emotionale Regungen bleiben bei Stichwortlisten garantiert auf der Strecke.

Viele Anzeigenvarianten

Eine Anzeige ist nicht genug. Erstellen Sie viele verschiedene Anzeigen und lassen Sie jeweils zwei Anzeigen pro Anzeigengruppe für einen Zeitraum von etwa zwei Wochen gegeneinander antreten. Vergleichen Sie nach dieser Zeit die Leistung der Anzeigen und sortieren Sie die schlechter laufenden aus. Wenn Sie nach einiger Zeit die vermeintlich perfekte Anzeige gefunden haben, sollten Sie sich nicht ausruhen. Das Userverhalten befindet sich in einem ständigen Wandel, an dem Sie sich orientieren sollten.

Je nach Produkt kann der Anzeigentext auch an besondere Anlässe wie Weihnachten, Jahreszeiten oder auch die Marktsituation angepasst werden.

Einfach und klar

Nur nicht zu kompliziert. Der Anzeigentext sollte für den User leicht verständlich sein. Lustige Wortspiele sind hier nicht zu empfehlen, da Wortwitz nicht von jedem User verstanden und geschätzt wird. Bleiben Sie bei einfachen, klaren Formulierungen und verwirren Sie den User nicht. Er muss verstehen, was ihm die Anzeige verspricht und welchen persönlicher Nutzen er aus dem Angebot ziehen kann.

Anzeigen für unterschiedliche Zielgruppen

Erstellen Sie verschiedene Anzeigen für unterschiedliche Zielgruppen. Diese eignen sich besonders gut für die Schaltung im Content-Werbenetzwerk, da die Zielgruppe hier genauer ausgewählt werden kann als auf den Suchseiten. Stellen Sie sich vor, Sie verkaufen Reisen über das Internet. Die Anzeige für die Zielgruppe »Verheiratete Männer« könnte so aussehen:

> Hochzeitstag vergessen?
>
> Kein Problem! Überraschen Sie Ihre Frau mit einer Reise. Jetzt buchen.
>
> www.reise-mustermann.de

Die Anzeige für die Zielgruppe »Frau« dagegen so:

> Endlich Urlaub
>
> Unwiderstehliche Wellnessreisen nur für Frauen. Schon ab 190,- €.
>
> www.reise-mustermann.de

10.4 Gute und schlechte Anzeigen

Versuchen wir die gewonnenen Kenntnisse etwas praktischer anzuwenden. Sehen wir uns dazu drei verschiedene Beispiele für Textanzeigen an und analysieren sie anhand ihres Inhalts und der damit verbundenen Wirkung auf den User.

Anzeigenvariante 1

> www.schoko-mustermann.de
>
> Manufaktur, Onlineshop, Schokolade, pralinen. Jetzt auch online.
>
> www.schokoladen-mustermann.de

Was genau stimmt an dieser Anzeige nicht? Diese Frage lässt sich mit einem Wort beantworten: Alles.

- Die Überschrift wird nicht genutzt. Die URL des Unternehmens derart in den Vordergrund zu rücken macht absolut keinen Sinn, da das Interesse des Users an der Webadresse sehr gering sein dürfte und bestimmt keine Aufmerksamkeit erregt. Die Headline ist das Aushängeschild der Textanzeige, sie soll dem User das Gefühl geben, dass die Anzeige für ihn relevant ist. Leider sieht man Textanzeigen, bei denen in der Überschrift eine URL hinterlegt ist, noch viel zu häufig.
- Eine Erwartung beim User erweckt das bloße Aneinanderreihen von Schlagworten bestimmt nicht. Der User blickt ratlos auf die Anzeige und fragt sich, für was genau hier eigentlich geworben wird. Rechtschreib- und Tippfehler, wie das kleingeschriebene Wort »pralinen« sind ein absolutes No-Go. Die gewünschte Handlung, dass also auf die Anzeige geklickt und auf der Seite ein Kauf durchgeführt wird, erfolgt hier unter Garantie nicht.
- Diese Anzeige kostet den Advertiser nicht nur Geld, sondern wirkt sich aufgrund der geringen Relevanz auch noch negativ auf den Qualitätsfaktor aus. Kunden gewinnt man mit dieser Anzeige nicht.

Anzeigenvariante 2

Schokolade und mehr
Unsere Manufaktur bietet Ihnen eine große Auswahl an Schokolade.
www.schokoladen-mustermann.de

Anzeigenvariante 2 ist ganz klar eine Verbesserung:

- Die Überschrift passt thematisch zu den Keywords und dem Inhalt der Anzeige.
- Der Anzeigentext ist schlüssig, weist einen einwandfreien Satzbau auf und ist frei von Tipp- und Rechtschreibfehlern.
- Es wird eine gewisse Erwartung geweckt, nämlich eine reichhaltige Auswahl an Produkten vorzufinden. Diese Erwartung muss auf der verlinkten Seite unbedingt erfüllt werden!

Dennoch gibt es auch hier noch einige Kritikpunkte:

- Die Überschrift ist zwar thematisch passend, aber erregt nicht die Aufmerksamkeit des Users. Eine Überschrift dieser Form findet sich bei 80 Prozent der Mitbewerber ebenfalls. Warum sollte der User also ausgerechnet auf diese Anzeige reagieren?
- Das gleiche gilt für den Anzeigentext. Nett uns ansprechend, aber nicht dazu gemacht, um aus der Masse von Mitbewerbern hervorzustechen.

Anzeige 2 ist eine solide Textanzeige, die bestimmt einige neue Kunden bringt, auch wenn sie noch verbesserungsfähig ist.

Anzeigenvariante 3

Über 100 Sorten
Schokolade, auf Wunsch auch zuckerfrei. Heute keine Versandkosten!
www.schokoladen-mustermann.de(/zuckerfrei)

Anzeige 3 spricht für sich. Hier liegt eindeutig den besten Anzeigentext vor.

- Die Überschrift wirbt mit einem Alleinstellungsmerkmal, grenzt sich dadurch von den Mitbewerbern ab und weckt Aufmerksamkeit.
- Nicht nur der Anzeigentext, bereits die Überschrift weckt eine Erwartung.
- Zusätzliches Ansprechen einer bestimmten Zielgruppe (Diabetiker und Figurbewusste).
- Die Motivation, auf diese Anzeige zu klicken und bei diesem Anbieter zu kaufen, wird durch das Versprechen, keine Versandkosten zu berechnen, verstärkt.
- Die Anzeige verlinkt direkt auf den Shop, erspart dem User damit unnötige Navigation und senkt die Absprungrate.

Die Verlinkung auf eine Unterseite müssen Sie nicht in der Anzeige-URL kenntlich machen. Es reicht, wenn diese in der Ziel-URL hinterlegt ist. Die eingetragene Anzeige-URL von Anzeige 3 dient nur der Verdeutlichung.

10.5 Was Sie im Anzeigentext unbedingt vermeiden müssen

Google hat eine ganze Liste mit Richtlinien, die es bei der Erstellung von Anzeigentexten zu beachten gilt. Im folgenden Abschnitt werden die wichtigsten dieser Richtlinien kurz zusammengefasst. Sollte Google feststellen, dass eine Ihrer Anzeigen gegen die Richtlinien verstößt, werden Sie darüber informiert und Google unterbreitet Ihnen Vorschläge zur Verbesserung der Anzeige. Je nach Schwere des Verstoßes kann die Schaltung der Anzeige vorübergehend pausiert werden. Die kompletten Richtlinien, die nicht nur für Textanzeigen, sondern auch für alle anderen Anzeigenformate gültig sind, finden Sie unter folgendem Link: *https://adwords.google.com/support/aw/bin/static.py?hl=de&page=guidelines.cs*

Keine Rechtschreib- und Tippfehler

Natürlich unterläuft jedem von uns mal ein Fehler, aber denken Sie immer daran, dass die Anzeige Ihr Unternehmen präsentiert. Der Text ist das, was Sie an dieser Stelle von Ihren Mitbewerbern unterscheidet. Lesen Sie die Anzeige lieber einmal mehr Korrektur, bevor Sie eine fehlerhafte Anzeige online stellen. Tipp- und Rechtschreibfehler im Anzeigentext stärken nicht gerade die positive Nutzererfahrung!

Die Google-Richtlinien machen bei häufig falsch geschriebenen Wörtern und abweichenden Schreibweisen, die aber immer noch von der Mehrheit der Nutzer verstanden wird, eine Ausnahme. Wörter, die in einem Online-Wörterbuch enthalten sind, werden ebenfalls akzeptiert.

Verwenden Sie Satzzeichen nicht doppelt

In den AdWords-Richtlinien für Anzeigentexte ist ganz klar festgelegt, dass Satzzeichen nicht doppelt genutzt werden dürfen, um den Anzeigentext auffälliger zu gestalten. Das gilt besonders für Ausrufezeichen. Diese dürfen nicht in der Überschrift verwendet werden. Im Anzeigentext darf lediglich ein Ausrufezeichen genutzt werden.

Bedeutung von Buchstaben und Zahlen

Die Bedeutung von Buchstaben und Zahlen muss die ursprüngliche sein. Unzulässig wäre beispielsweise, anstatt des Wortes »Nacht«, »N8« oder anstelle des englischen Wortes »to«, die Zahl »2« zu schreiben.

Abstände zwischen Wörtern und Satzzeichen

Die Abstände müssen eingehalten werden. Achten Sie darauf, auch nach Punkten und Kommas Freizeichen zu setzen, da es sonst zu einer Ablehnung Ihrer Anzeige kommen kann.

Großschreibung

Google erlaubt es nicht, Großschreibung als reinen Eye Catcher zu verwenden. Verzichten Sie auf GRATIS, GÜNSTIG und Ähnliches. Sie haben aber die Möglichkeit, die ersten Buchstaben eines jeden Wortes mit einem Großbuchstaben zu beginnen.

Wiederholungen

Wiederholungen sollten ebenfalls nicht eingesetzt werden. Ein und dasselbe Wort drei Mal oder noch häufiger zu wiederholen, verstößt gegen die Richtlinien. Zudem sollte man den ohnehin stark beschränkten Anzeigentext informativ gestalten und nicht nur mit Wiederholungen füllen. Verzichten Sie also von Anfang an auf Textinhalte wie beispielsweise *»Billig, billig, billig«* und Ähnliche.

Handlungsanweisungen

Handlungsanweisungen sind erlaubt, wenn diese eindeutig mit Ihrem Produkt oder Ihrer Dienstleistung in Zusammenhang stehen. Eine erlaubte Handlungsanweisung ist zum Beispiel *»Melden Sie sich für unseren Newsletter an«*. Allgemeine Formulierungen wie *»Klicken Sie hier«* sind nicht zulässig.

Vergleichende Werbeaussagen

Wenn Sie damit werben, dass Sie besser als Ihre Mitbewerber sind, müssen Sie diese Aussage auf der Zielseite, also der Seite, auf die Ihre Anzeige verweist, beweisen. Dies können Sie beispielsweise verdeutlichen, indem Sie wie bei einem Superlativ auf ein Testurteil verweisen, oder auch durch eine Wettbewerbsanalyse, in der deutlich wird, warum Ihr Produkt oder Ihre Dienstleistung besser ist als das der Konkurrenz.

Angebote

Wenn Sie in Ihrer Anzeige auf Preise, Sonder- und Gratisangebote hinweisen, müssen diese Angebote innerhalb von zwei Klicks klar und deutlich angezeigt werden. Der User darf nicht erst danach suchen müssen!

Superlative

Superlative wie zum Beispiel »Beste« und »Günstigste« dürfen in Ihrer Anzeige nur dann enthalten sein, wenn diese Behauptung auf Ihrer Website durch eine dritte Partei bestätigt wird. Dies könnte beispielsweise ein Testurteil oder eine Auszeichnung sein, die Sie für Ihr Produkt oder Ihre Dienstleistung erhalten haben.

URL

Die Anzeige-URL muss mit der Ziel-URL übereinstimmen. Sie dürfen auf eine Unterseite verlinken, aber nicht auf eine völlig andere Site, auch wenn Ihnen diese gehört.

So wäre es richtig:
Anzeige-URL: www.schokoladen-mustermann.de
Ziel-URL: www.schokoladen-mustermann.de/pralinen

So dagegen nicht:
Anzeige-URL: www.schokoladen-mustermann.de
Ziel-URL: www.pralinenladen-mustermann.de

Unangemessene Ausdrücke

Eigentlich als Selbstverständlichkeit zu verstehen: Weder Anzeigentext noch Titel oder URL dürfen Ausdrücke enthalten, die von manchen Usern als beleidigend oder anstößig empfunden werden können.

Profi-Tipp

Ausnahmeregelungen gelten unter anderem, wenn Sie Produkte wie Alkohol, Tabak oder auch Medikamente bewerben wollen. Nähere Informationen zu diesen und anderen »Sonderfällen« finden Sie unter folgendem Link: *https://adwords.google.com/support/aw/bin/static.py?hl=de&page=guidelines.cs*

10.6 Der richtige Aufbau von Image- und Video-Anzeigen

Image- und Video-Anzeigen haben die gleichen Ziele wie auch die Textanzeige: Sie sollen die Aufmerksamkeit des Nutzers auf sich ziehen, eine Erwartung bei ihm erwecken und ihn so zu einer Handlung motivieren.

Das Prinzip ist das gleiche wie bei den Textanzeigen, aber es sollten noch einige weitere Aspekte berücksichtigst werden. Achten Sie bei der Erstellung einer Image-Anzeige besonders auf folgende Punkte:

- Wählen Sie ein aussagekräftiges Bild. Das Bild sollte nicht nur ein reiner Eye-Catcher sein, sondern auch das Produkt beziehungsweise die beworbene Dienstleistung repräsentieren.

- Nutzen Sie mehrere der Formate, die Ihnen bei Image-Anzeigen zur Verfügung stehen. Auf diese Weise stellen Sie sicher, dass Ihre Anzeige an verschiedenen Stellen einer Website platziert werden kann. Eine Image-Anzeige, die im kleineren Square-Format keinen Erfolg hat, kann als Skyskraper durchaus eine gute Klickrate aufweisen und Erfolg haben.
- Machen Sie deutlich, wofür genau Sie werben, um nicht unnötig viele unqualifizierte Klicks zu bekommen. Das Bild soll den User nicht ablenken, sondern eine möglichst klare Aussage haben.

Wie auch bei der Image-Anzeige gibt es auch bei Video-Anzeigen einige Punkte, die Sie zusätzlich beachten sollten:

- Legen Sie ein besonderes Augenmerk auf das Startbild, da dieses als erstes vom User wahrgenommen wird.
- Beziehen Sie sich auch hier auf das Wesentliche, das Ihr Produkt beziehungsweise Ihr Unternehmen auszeichnet.
- Durch das Erstellen verschiedener Startbilder erhöhen Sie Ihre Chance auf eine Anzeigenplatzierung.
- Besser ein kurzes und interessantes Video kreieren, das dem User Lust macht, mehr zu erfahren, als ein langes, zu informatives, das den User langweilt.
- Wichtige Informationen gehören an den Anfang des Videos, da sich der Nutzer das Video eventuell gar nicht bis zum Ende anschaut.
- Überladen Sie das Video nicht. Der Nutzer bekommt schließlich sowohl visuelle als auch akustische Informationen.

10.7 Erfolgsfaktor der Profis – Kenntnisse über die Zielgruppe

Unabhängig vom Anzeigentyp, den Sie erstellen, werden Ihnen die vorangegangenen Fakten am meisten helfen, wenn Sie Ihre Zielgruppe kennen. Sie müssen wissen, wer Ihre Kunden sind und welche Leistung diese sich von Ihnen und Ihrem Produkt versprechen. Der Vorteil in Kenntnissen über die Zielgruppe liegt ganz klar darin, dass diese gezielter angesprochen werden kann und Streuverluste auf diese Art minimiert werden. Zielgruppendefinitionen unterscheiden sich, abhängig davon, ob es sich um den B2B- oder B2C-Bereich handelt. Im B2C-Bereich orientiert man sich üblicherweise an den folgenden Kriterien, um die Zielgruppe zu identifizieren:

Demografische Merkmale

Das sind Aspekte wie Alter, Geschlecht, Wohnort, Familienstand und andere.

Sozioökonomische Merkmale

Das können der ausgeübte Beruf, das Bildungsniveau, das Einkommen und ähnliche sein.

Kaufverhalten

Unter dem Kaufverhalten fasst man Merkmale wie die Preissensibilität, Kaufreichweite oder auch Gewohnheiten zusammen.

Psychografische Merkmale

Psychografische Merkmale spiegeln menschliche Eigenschaften wider. Das können beispielsweise eine Meinung, Einstellung oder Interessen gegenüber bestimmten Themen sein. Diese Merkmale sind weitaus schwieriger zu bestimmen, da sie nicht so eindeutig zu bestimmen sind wie es beispielsweise bei demografischen Merkmalen der Fall ist.

Im B2B-Bereich nutzt man zur Zielgruppenidentifikation überwiegend diese Kriterien:

Organisatorische Merkmale

Das sind Faktoren wie die Unternehmensgröße, Branchen, Standorte und andere.

Ökonomische Merkmale

Hier kann es sich beispielsweise um die Liquidität und die Finanzsituation handeln.

Weitere Merkmale

Auch hier ist das Kaufverhalten ein Merkmal, das zur Identifikation der Zielgruppe beitragen kann. Weiterhin wird der Entscheidungsträger der Unternehmen anhand verschiedener Aspekte, zum Beispiel Innovationsfreudigkeit, definiert.

Natürlich erwartet niemand von Ihnen, dass Sie Ihre Zielgruppe anhand aller der oben aufgeführten Merkmale identifizieren. Nicht umsonst gibt es Marktforschungsunternehmen und Werbeagenturen, die sich zu großen Teilen nur mit dieser Thematik beschäftigen. Die eindeutige Identifikation von Zielgruppen ist nichts, was sich mal eben zwischendurch erledigen lässt. Dennoch haben auch Sie Möglichkeiten, Ihre Zielgruppe genauer zu definieren und besser kennenzulernen. Schauen Sie sich dazu am besten Ihre Bestandskunden an und versuchen Sie Gemeinsamkeiten zu entdecken:

- Aus welcher Branche kommen Ihre Kunden?
- In welcher Position sind diese tätig (Selbstständige, leitende Angestellte usw.) ?
- Wie ist der Altersdurchschnitt?
- Haben Sie vermehrt weibliche oder männliche Kunden?
- Kommen Ihre Kunden aus bestimmten Regionen?
- Gibt es Erkenntnisse zum Bildungs- oder Einkommensstand?

Wenn Sie nach der Analyse Ihrer Kunden auch nur einige dieser Fragen beantworten können, sind Sie Ihrer Zielgruppe schon einen ganzen Schritt näher gekommen. Dementsprechend gezielter können Sie werben und diese ansprechen.

Profi-Tipp

Erstellen Sie doch einmal einen kleinen Fragebogen, in dem Sie sich erkundigen, warum sich der Kunde ausgerechnet für Ihr Produkt entschieden hat, was er daran gut findet und ähnliches. Das verschafft Ihnen neue Erkenntnisse über Ihre Kunden und hilft neue Kunden gezielter anzusprechen. Verschaffen Sie Kunden einen Anreiz, Ihre Fragen zu beantworten. Das kann beispielsweise einen Monat kostenloser Support, 20 Prozent Preisnachlass auf die nächste Bestellung oder ähnliches sein.

11. Heute unverzichtbar – Ihre Landing Page

11.1 Was ist eine Landing Page?

Als Landing Pages bezeichnet man Seiten, auf die User über ein bestimmtes Werbemittel geleitet werden. In unserem Fall kommen die Besucher über Google AdWords. Im Gegensatz zu einer normalen Website, die eine Vielzahl von Informationen bereithält, konzentriert sich der Content einer Landing Page meist auf ein einzelnes Produkt oder eine Dienstleistung, welche im Fokus der Aufmerksamkeit des Nutzers liegt. Genauso wichtig wie der Content der Landing Page ist ein entsprechendes Response-Element. Dies kann je nach Art des Produktes oder der Dienstleistung ein weiterführender Link, ein Anfrage- oder Registrationsformular oder auch ein Rückruf-Button sein.

Für verschiedene Zielgruppen sollten unterschiedliche Landing Pages erstellt werden, da sich das Verhalten verschiedener Zielgruppen oft grundlegend unterscheidet. Um diese Gruppen zielgerichtet anzusprechen, ist es wichtig, Kampagnen und Anzeigengruppen passend zu gliedern. User, die den Suchbegriff »Schokolade im Internet kaufen« eingeben, haben wahrscheinlich weniger genaue Vorstellungen, welche Schokolade genau sie kaufen werden. Diese User sollten also auf eine Übersichtsseite geleitet werden. Nutzer, die dagegen nach »Alpenmilch Schokolade« suchen, wissen bereits, was sie wollen. Sie sollten demnach auf eine Site kommen, auf der sie genau das Produkt angezeigt bekommen, nach dem sie gesucht haben, nämlich Alpenmilch-Schokolade. Jeder Klick, den der User unnötig durchführen muss, um das gesuchte Produkt zu finden, erhöht das Absprungrisiko enorm und kann Sie eine Vielzahl an möglichen Conversions kosten. Denken Sie auch bei der Gestaltung daran, Ihre Zielgruppe zu berücksichtigen. Jugendliche fühlen sich von einem anderen Design und einer anderen Sprache angesprochen als ältere User.

Genauso sollten auch unterschiedliche Werbeträger auf verschiedene Landing Pages verweisen. Dadurch ist es einfacher, die durch die Werbebotschaft geweckten Erwartungen des Users zu erfüllen und die Nutzererfahrung positiv zu beeinflussen. Wird in einer Image-Anzeige mit einem Bild von Montélimar-Nougat geworben, suggeriert dies dem interessierten User, dass er diese Nougatsorte auf der Seite, auf die er geleitet wird, auch tatsächlich erwerben kann. Es empfiehlt sich, diesen User direkt auf eine entsprechende Landing Page zu verweisen. Ein anderer User hat vielleicht auf eine Video-Anzeige geklickt, in der das besondere Verfahren der Pralinenherstellung von Schokoladen-Mustermann angepriesen wird. Dieser Nutzer sollte nicht auf eine reine Verkaufsseite geleitet werden, sondern auf eine Landing Page, auf der er sowohl genauere Informationen über die Produktion als auch einen weiterführenden Link zum Shop findet.

Landing Pages fördern aber nicht nur die Usability, das heißt die Nutzerfreundlichkeit, und haben einen großen Einfluss auf die Conversion-Rate, sondern wirken sich auch unmittelbar auf den Qualitätsfaktor aus. Und dieser ist, wie Sie bereits wissen, entscheidend für die Anzeigenposition. Je besser eine Landing Page mit den Keywords harmoniert, die auf sie verweisen, desto besser ist auch der Qualitätsfaktor. Abhängig von der Branche, der Anzahl der beworbenen Produkte und der Keywords muss individuell bewertet werden, ob und wie viele unterschiedliche Landing Pages erstellt werden müssen. Bei einem traditionellen Onlineshop kann es schon ausreichend sein, die verschiedenen Keywords über die Option **Bearbeiten** auf entsprechende Unterseiten zu verlinken. So sollte bei unserem Beispiel-Shop von Schokoladen-Mustermann das Keyword »weiße Schokolade« auf eine entsprechende Unterseite des Shops verlinken, auf der eben diese angeboten wird. Gleiches gilt dementsprechend für jedes andere Keyword auch. Anders sieht es dagegen bei komplexeren Produkten und Dienstleistungen aus. Für ein Unternehmen beispielsweise, welches individuell auf den Kunden zugeschnittene Software vertreibt, empfiehlt es sich nicht, nur auf die eigene Website zu verlinken, besser ist es, eine beziehungsweise mehrere separate Landing Pages einzurichten. Je nachdem, über welches Keyword der Kunde nun kommt, wird er auf eine eigens für diesen Zweck erstellte Landing Page geführt. Auf dieser findet er nur Informationen über das Produkt, welches ihn interessiert, und nicht über die gesamte Produktpalette des Unternehmens. Denkbar wären an dieser Stelle auch ein Kontaktformular, weitere Informationen, die zum Download bereitgestellt werden, und Ähnliches.

Machen Sie sich, bevor Sie eine Landing Page gestalten oder gestalten lassen, Gedanken darüber, was das Ziel dieser Landing Page ist und was Sie damit erreichen wollen. Einige typische Ziele, die mit einer Landing Page erreicht werden sollen, sind folgende:

Das Sammeln von User Daten

Das heißt, Sie wollen Leads generieren, indem Sie die User Kontaktformulare oder Ähnliches ausfüllen lassen.

Newsletteranmeldung

User sollen sich für Ihren Newsletter anmelden.

Steigern der Download-Rate

Die Besucher der Seite sollen verstärkt Downloads durchführen. Diese können sowohl kostenpflichtig sein als auch umsonst, wenn sie beispielsweise nähere Informationen zu einem von Ihnen vertriebenen Produkt oder einer Dienstleistung enthalten.

Steigerung der Verkaufszahlen

Die Besucher der Landing Page sollen das hier beworbene Produkt beziehungsweise die Dienstleistung käuflich erwerben.

Eine Kombination aus mehreren Zielen

Es ist natürlich auch möglich, Ziele miteinander zu kombinieren und diese auf einer Landing Page zusammenzufassen. Ein Kunde, der ein Produkt erwirbt, kann sich auch gleichzeitig für den Newsletter anmelden. Denken Sie aber daran, die Einfachheit dabei zu erhalten, und bringen Sie den User nicht durcheinander.

11.2 Richtiges Erstellen einer Landing Page

Nachdem Sie nun wissen, worum es sich bei einer Landing Page überhaupt handelt und welch großen Einfluss diese auf Ihre AdWords-Kampagnen und Ihre Conversion-Rate hat, wollen Sie sich wahrscheinlich gleich daran machen, eine für Ihr Produkt passende Landing Page zu erstellen. Beachten Sie dabei unbedingt die folgenden Aspekte, die für eine gute Landing Page ausgesprochen wichtig sind:

- Halten Sie die Navigation so einfach wie möglich. Lassen Sie den User genau das tun, was Sie von ihm wollen, und geben Sie ihm nicht zu viele andere Möglichkeiten. Dazu gehört auch, dass Sie dem Kunden unnötige Klicks ersparen.
- Gut sind klare Handlungsanweisungen wie *»Melden Sie sich jetzt an, um …«, »Kaufen Sie heute … und sparen Sie 20 Prozent«*. Machen Sie dem Kunden klar, warum er unbedingt hier und jetzt diese bestimmte Aktion durchführen muss.
- Geben Sie dem Nutzer ein gutes Gefühl, indem Sie die Keywords, unter denen Sie gefunden werden, auch auf der Landing Page erwähnen. Dies suggeriert dem User, dass er sich auf einer für ihn relevanten Seite befindet, und wirkt sich zudem positiv auf den Qualitätsfaktor aus.
- Geben Sie kurze und relevante Informationen. Die Besucher von Websites überfliegen den Text und lesen ihn nicht Wort für Wort durch. Machen Sie also nicht den Fehler, die User mit Texten zu erschlagen.
- Auf eine Landing Page gehören fast ausschließlich Informationen über Produkte und Dienstleistungen, die im Werbemittel auch beworben wurden.

- Zur Entscheidungsfindung brauchen Besucher nur wenige Sekunden. Achten Sie also darauf, dass die prägnantesten Merkmale der Information, des Produktes oder der Dienstleistung innerhalb dieser Zeit erkennbar sind, da der Besucher die Site sonst wieder verlässt.
- Achten Sie darauf, dass die Landing Page möglichst schnell lädt. So verlieren Sie keine potenziellen Kunden durch lange Wartezeiten und zusätzlich wird der Qualitätsfaktor gestärkt.
- Das Design der Landing Page sollte mit dem Design Ihrer eigentlichen Website weitgehend übereinstimmen. Das stärkt den Wiedererkennungswert und setzt die Seite in direkte Verbindung zu Ihrem Unternehmen.
- Stärken Sie das Vertrauen des Users in Ihr Unternehmen. Dies können sie erreichen, indem Sie eine kurze Darstellung Ihres Unternehmens über einen Link wie »Über uns«, zur Verfügung stellen. Denkbar ist auch ein Link auf die Hauptseite Ihres Unternehmens oder zum Impressum. Dieser sollte in einem separaten Fenster aufgehen.
- Haben Sie Auszeichnungen, Gütesiegel, Zertifizierungen und Ähnliches? Dann weisen Sie darauf auch auf Ihrer Landing Page hin.
- Als verkaufsfördernd können sich auch Statements zufriedener Kunden, sogenannte Testimonials, erweisen.
- Soll der User private Daten eingeben, machen Sie ihm klar, dass er nichts zu befürchten hat, da hier mit die größte Hemmschwelle liegen kann. Sagen Sie offen, was mit den Daten geschieht: *»Ihre Daten werden nicht an Dritte weitergegeben. Weitere Informationen über unsere Datenschutzrichtlinien finden Sie hier.«* Verlinken Sie an dieser Stelle zur Seite mit Ihren Datenschutzrichtlinien. Wenn Sie sensible Daten wie Kontoverbindungen und Ähnliches abfragen, verwenden Sie unbedingt eine sichere SSL-Verschlüsselung und teilen Sie dies dem Kunden auch mit.
- Testen Sie, wenn Sie die Möglichkeit haben, verschiedene Landing Pages. Allein die Farbe eines Bestell-Buttons oder winzige Änderungen in der Formulierung des Textes können die Conversion-Rate stark beeinflussen siehe Abschnitt *A/B-Tests*).
- Erstellen Sie verschiedene Landing Pages für unterschiedliche Zielgruppen. Privatkunden sollten auf eine andere Seite geschickt werden als Geschäftskunden, ihre jugendliche Zielgruppe sprechen Sie anders an als Menschen mittleren Alters. Achten Sie aber auch bei unterschiedlich gestalteten Landing Pages darauf, sich nicht zu sehr von Ihrem eigentlichen Corporate Design zu entfernen. Sonst bleibt der Wiedererkennungswert auf der Strecke.

11.3 Richtlinien für Ihre Website

Google legt nicht nur Wert darauf, dass die Anzeigen bestimmten Richtlinien entsprechen, sondern auch die Website, auf die mit der Anzeige verwiesen wird, muss einige Standardrichtlinien einhalten. Die wichtigsten Richtlinien werden im folgenden Abschnitt kurz wiedergegeben.

Ziel-URL

Die Ziel-URL muss auf eine funktionierende Seite verweisen. Die Seite darf sich auch nicht im Aufbau befinden. Starten Sie Ihre AdWords-Kampagne nicht, wenn Ihr Internetauftritt beziehungsweise Ihre Landing Page noch nicht vollständig vorliegt. Das ärgert nicht nur den Nutzer, der auf die Anzeige geklickt hat und auf eine nicht funktionstüchtige Site verwiesen wird, sondern auch Sie, da Sie trotzdem für den entstandenen Klick aufkommen müssen. Weiterhin darf außer einem Browser kein zusätzliches Hilfsmittel nötig sein, um die Zielseite anzuzeigen. Das heißt, es muss sich um eine HTML-Seite handeln, die Zielseite darf beispielsweise nicht im PDF-Format vorliegen.

Zurück

Die Browser-Schaltfläche **Zurück** muss funktionieren und den User nach dem Besuch Ihrer Website über einen oder zwei Klicks zurück auf die Ausgangsseite bringen, auf der der Nutzer auf Ihre Anzeige klickte.

Pop-ups

Beim Besuchen und Verlassen Ihrer Website darf dem Nutzer kein Pop-up angezeigt werden.

12. Waren Sie erfolgreich? – Das Berichtcenter gibt Antworten

In Ihrem Konto finden Sie die Registerkarte **Berichterstellung** mit dem Unterpunkt **Berichte.** Über diesen Punkt kommen Sie auf eine Seite, auf der Sie die verschiedensten Berichte rund um Ihre Kampagne erstellen können. Diese oder zumindest einige dieser Berichte sollten regelmäßig erstellt werden, um die Kampagnen besser optimieren zu können.

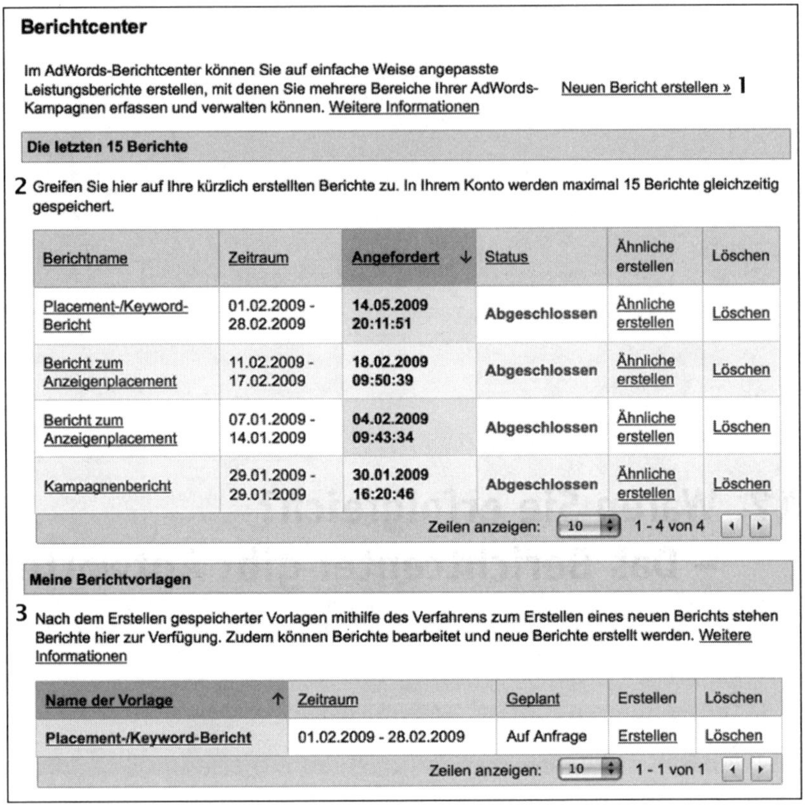

Abbildung 95: Das Berichtcenter

In Ihrem Berichtcenter werden Ihnen die letzten 15 Berichte angezeigt, die Sie erstellt haben. Neben dem Namen des Berichts sehen Sie auch das Erstellungsdatum und den Zeitraum, den der Bericht umfasst (vgl. Abbildung 95, Punkt 2). Neue Berichte können erstellt werden, indem Sie entweder neben den alten Berichten auf **Ähnliche erstellen** gehen, oder im oberen Bereich **Neuen Bericht erstellen** (Abbildung 95, Punkt 1) wählen. Unterhalb der letzten 15 Berichte sehen Sie, welche Vorlagen Sie erstellt haben, das heißt, welche Berichtstypen regelmäßig erstellt werden (Punkt 3). Um einen Bericht anzusehen, klicken Sie einfach auf den Namen des entsprechenden Berichts, und er wird Ihnen in einem neuen Fenster angezeigt. Wenn Sie auf der Seite mit dem Bericht auf **Bericht ex-**

portieren gehen, können Sie den Bericht in verschiedenen Formaten herunterladen. Zur Verfügung stehen die Dateiformate .csv für Excel, .csv, .tsv, .xml und das Google-Tabellen-Programm. Wenn Sie einen Bericht erstellen wollen, gehen Sie wie beschrieben auf den Link **Neuen Bericht erstellen**. Auf der Seite, auf die Sie geleitet werden, können Sie auswählen, welchen Berichtstyp Sie erstellen wollen (vgl. Abbildung 96). Es gibt eine Vielzahl verschiedener Berichtstypen. Diese Berichte können zeitlich angepasst werden und auch die zu ermittelnden Werte können nach Wunsch angeglichen werden.

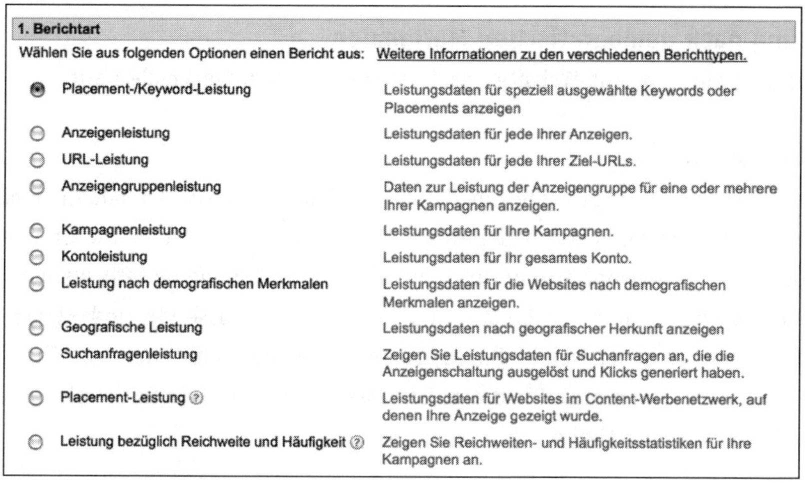

Abbildung 96: Auswahl der möglichen Berichtstypen

Folgende Berichte können erstellt werden:

Bericht zur Keyword/Placement-Leistung

Dieser Bericht zeigt Ihnen Leistungsdaten wie CPC, Conversion-Rate usw. für alle Keywords beziehungsweise Placements. Dieser Bericht sollte regelmäßig erstellt werden, da über die **Erweiterten Einstellungen** sonst nicht sichtbare, aber enorm wichtige Daten wie Transaktionswerte im Bericht mit angezeigt werden.

Bericht zur Anzeigenleistung

Hier bekommen Sie Informationen, welche Leistung Ihre Anzeigen bringen.

Bericht zur URL-Leistung

Wenn Sie wissen wollen, ob einige Ihrer Ziel-URLs besser laufen als andere, erstellen Sie diesen Bericht. Dies kann unter anderem bei einem laufenden A/B-Test sinnvoll sein.

Bericht zur Anzeigengruppenleistung

Lassen Sie sich die Leistung Ihrer Anzeigengruppen aufzeigen.

Bericht zur Kampagnenleistung

Erstellen Sie Leistungsdaten für eine oder mehrere Kampagnen.

Bericht zur Kontoleistung

Erstellen Sie einen Bericht, der die Leistung Ihres gesamten Kontos widerspiegelt.

Bericht zur Leistung nach demografischen Merkmalen

Zeigt Ihnen die Leistung von Content-Websites nach demografischen Merkmalen auf.

Bericht Suchanfragenleistung

Hier sehen Sie Daten für Suchanfragen, die die Anzeigenschaltung ausgelöst haben. Das heißt, Sie sehen auch die Keywords, nach denen tatsächlich gesucht wurde. Dieser Bericht sollte insbesondere zur Keywordoptimierung und Keywordrecherche erstellt werden. Wichtig sind hier die Keywords mit der Einstellung »weitgehend passend« und »Wortgruppe«. Finden Sie im Bericht passende Suchanfragen, die Sie noch nicht in Ihrer Keywordliste hinterlegt haben, ergänzen Sie diese. Unpassende dagegen fügen Sie als ausschließende Keywords hinzu (vgl. Abbildung 103).

Bericht zur geografischen Leistung

Lassen Sie sich Leistungsdaten in Bezug auf Ihre geografische Ausrichtung anzeigen.

Nachdem Sie die Art des Berichts ausgewählt haben, können Sie die Zeiteinheit wählen (Zusammenfassung, täglich, Jahresstatistik und andere) und den Berichtszeitraum festlegen (vgl. Abbildung 97). Der Bericht kann für alle oder nur für ausgewählte Kampagnen erstellt werden.

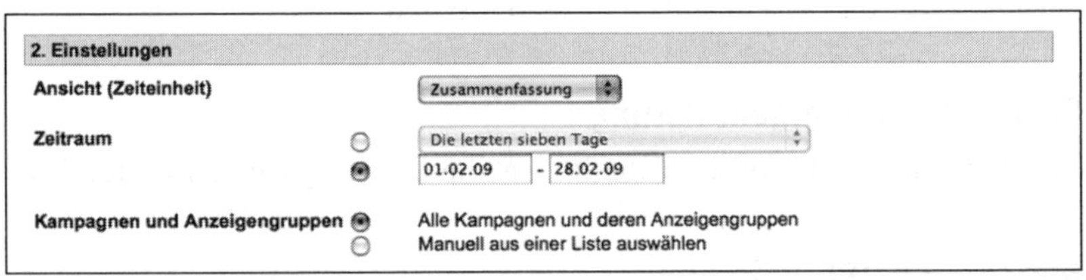

Abbildung 97: Anpassen des im Bericht enthaltenen Zeitraums

Wenn Sie gezielt einen Bericht erstellen wollen, der nur bestimmte Informationen enthalten soll, gehen Sie auf **Spalten hinzufügen oder entfernen**. Über dieses Feld können Sie gezielt jeden Punkt auswählen, den Ihr Bericht enthalten soll (vgl. Abbildung 98). Diese Auswahlmöglichkeiten unterscheiden sich je nach Berichtstyp. Sind Conversion Tracking oder Video-Anzeigen aktiv, kommen weitere Auswahlmöglichkeiten hinzu.

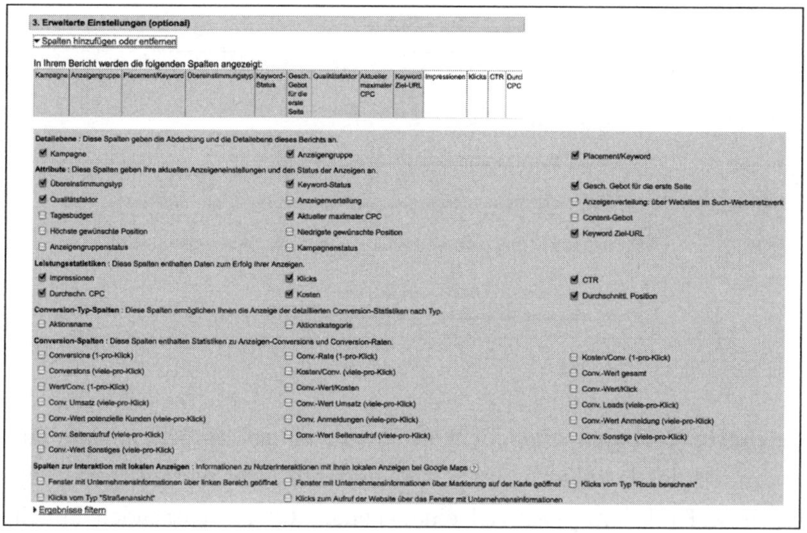

Abbildung 98: Anpassen der im Bericht enthaltenen Informationen

Genauso können Sie die Ergebnisse auch filtern. Dazu gehen Sie auf **Ergebnisse filtern** (vgl. Abbildung 99) und geben die Kriterien ein, nach denen die Ergebnisse gefiltert werden sollen. Beispielsweise können Sie sich so genau die Keywords anzeigen lassen, deren durchschnittlicher CPC größer oder kleiner ist als ein von Ihnen festgelegter Betrag und ähnliches. Über den Link **Weitere Einschränkungen hinzufügen** können Sie die Ergebnisse immer genauer werden lassen, indem Sie weitere Filteroptionen einstellen.

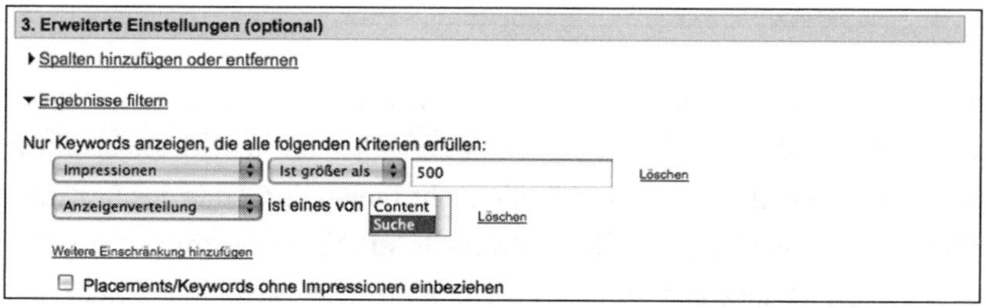

Abbildung 99: Filtern der angezeigten Ergebnisse eines Berichts

Um Berichte zu planen, geben Sie dem Bericht einen Namen und wählen aus, wann genau dieser Bericht immer erstellt werden soll. Dies kann täglich, wöchentlich oder monatlich sein (vgl. Abbildung 100). Möchten Sie den Bericht regelmäßig per E-Mail zugestellt bekommen, geben Sie Ihre E-Mail-Adresse in das entsprechende Feld ein und wählen aus, in welchem Format Ihnen der Bericht übermittelt werden soll. Um den Bericht dann letztendlich zu erstellen, klicken Sie einfach auf **Bericht erstellen**.

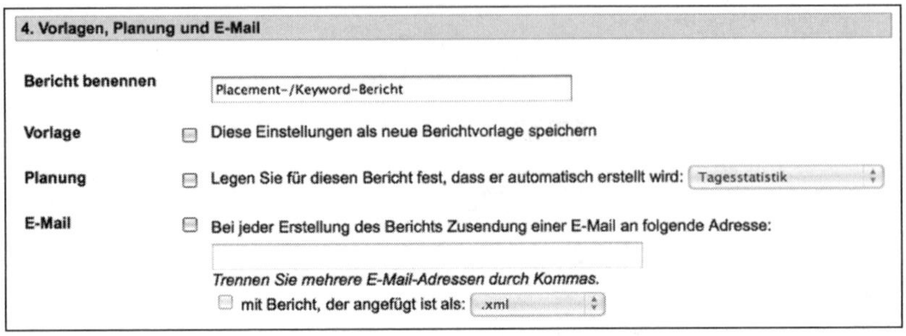

Abbildung 100: Planen von Berichten

Die Funktion **Gespeicherte Vorlagen** ermöglicht es Ihnen, einmal vorgenommene Einstellungen zu speichern. Da das Erstellen individueller Berichte recht zeitaufwendig sein kann, erspart Ihnen diese Funktion, jedes Mal einen neuen, für Sie passenden Bericht zu erstellen. Um einen Bericht als Vorlage zu speichern, erstellen Sie wie vorangegangen erklärt einen Bericht und aktivieren unter Punkt 4 die Option **Vorlage**. Daraufhin wird dieser Bericht als Vorlage gespeichert und im Berichtcenter unter **Meine Berichtvorlagen** angezeigt.

Profi-Tipp

Berichte helfen Ihnen dabei, Ihre Kampagnen zu optimieren, und geben einen detaillierten Überblick über die Kampagnenleistung. Zusammen mit Conversion Tracking bilden Sie die Basis jeder Optimierung.

Berichte unterscheiden sich sowohl in ihrem Aufbau als auch in ihrem Inhalt, abhängig davon, welcher Berichtstyp erstellt wurde. Dennoch gibt es eine gemeinsame Grundstruktur (siehe auch Abbildungen 101 und 103): An erster Stelle steht immer der Name des Berichts. Über den kleinen Pfeil hinter dem Vermerk **Berichtdetails einblenden** können zusätzliche Informationen über den Bericht abgerufen werden: Wann und für welchen Zeitraum wurde der Bericht erstellt, welche Kampagnen umfasst er und Ähnliches (vgl. Abbildung

101, Punkt 1). Direkt darunter befinden sich Links, um den Bericht in verschiedenen Formaten zu exportieren (Abbildung 101, Punkt 2). Je nach Berichtstyp werden die vorliegenden Daten als Grafik dargestellt. Es kann eingestellt werden, welche Werte genau grafisch dargestellt werden sollen, beispielsweise Klicks, Impressionen oder Kosten (Punkt 3). Unterhalb befindet sich eine Zusammenfassung der gemessenen Werte. Daran schließt sich eine tabellarische Übersicht an, in der alle Werte für sich aufgelistet werden.

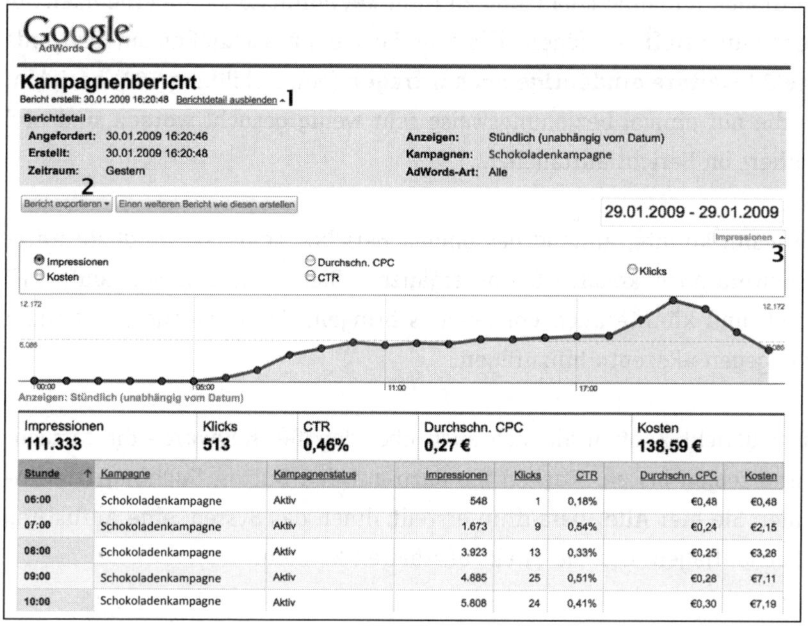

Abbildung 101: Beispiel für einen Kampagnenbericht

BERICHT:	Kampagnenbericht						
KONTO:	Schokoladen-Mustermann						
ZEITRAUM:	Gestern						
KAMPAGNEN:	Schokoladenkampagne						
ADWORDS-TYP:	Alle						
Stunde	Kampagne	Kampagnenstatus	Impressionen	Klicks	CTR	Durchschn. CPC	Kosten
6	Schokoladenkampagne	Aktiv	548	1	0,18%	0,48	0,48
7	Schokoladenkampagne	Aktiv	1673	9	0,54%	0,24	2,15
8	Schokoladenkampagne	Aktiv	3923	13	0,33%	0,25	3,28
9	Schokoladenkampagne	Aktiv	4885	25	0,51%	0,28	7,11
10	Schokoladenkampagne	Aktiv	5808	24	0,41%	0,3	7,19
11	Schokoladenkampagne	Aktiv	5436	20	0,37%	0,3	5,96
12	Schokoladenkampagne	Aktiv	5715	23	0,40%	0,28	6,46
13	Schokoladenkampagne	Aktiv	5635	28	0,50%	0,28	7,84
14	Schokoladenkampagne	Aktiv	6344	34	0,54%	0,28	9,57
15	Schokoladenkampagne	Aktiv	6350	32	0,50%	0,28	8,82
16	Schokoladenkampagne	Aktiv	6591	33	0,50%	0,24	8,03
17	Schokoladenkampagne	Aktiv	6842	49	0,72%	0,29	14,05
18	Schokoladenkampagne	Aktiv	6906	39	0,56%	0,26	10,07
19	Schokoladenkampagne	Aktiv	9228	44	0,48%	0,25	10,86
20	Schokoladenkampagne	Aktiv	12172	37	0,30%	0,24	8,92
21	Schokoladenkampagne	Aktiv	10911	42	0,38%	0,29	12,25
22	Schokoladenkampagne	Aktiv	7511	42	0,56%	0,26	11,06
23	Schokoladenkampagne	Aktiv	4855	18	0,37%	0,25	4,49
Summen und Gesamtdurchschnittswerte:			111333	513	0,46%	0,27	138,59

Abbildung 102: Der gleiche Bericht wie in Abbildung 101 als Excel-Datei

Abbildung 103 auf der nebenstehenden Seite zeigt einen Suchanfragebericht. Da dieser Bericht ausgesprochen wichtig ist, erwähne ich ihn noch einmal besonders. Mithilfe dieses Berichts können Sie sehen, nach welchen Keywords die User tatsächlich gesucht haben, als Ihre Anzeige eingeblendet wurde. Im Bericht sehen Sie, um welchen Übereinstimmungstyp es sich handelt. Interessant sind die Optionen **Wortgruppe** und **Weitgehend passend**. **Exakt** erübrigt sich, da die Suchanfragen in diesen Fällen mit den Keyword übereinstimmen müssen. Bei **Wortgruppe** und **Weitgehend Passend** dagegen ist ein gewisser Spielraum. Stellen diese Suchanfragen nun eine Ergänzung zu Ihrer Keywordliste dar, übernehmen Sie diese. Sind sie dagegen unzutreffend, fügen Sie sie der Liste der ausschließenden Keywords hinzu. Vermerke wie **22 weitere eindeutige Suchanfragen** (vgl. Abbildung 103) beziehen sich auf Keywords, die nur einmal beziehungsweise sehr wenig gesucht worden sind und deshalb nicht detailliert im Bericht auftauchen.

Schokoladen-Mustermann könnte, anhand des obigen Berichts, seine Keywordliste unter anderem um das Keyword »Schokoladen Shop« ergänzen. Dies weist eine sehr gute CTR auf, passt thematisch und könnte auch Conversions bringen. Zur Liste ausschließender Keywords sollte er dagegen »Rezept« hinzufügen.

Alternativ zu diesem Bericht können Sie sich auch über den Tab **Keywords** die tatsächlichen Suchbegriffe anzeigen lassen. Klicken Sie dazu auf den Button **Suchbegriffe anzeigen** ... und wählen Sie hier **Alle**. Daraufhin erstellt Ihnen das System eine Auflistung mit den erfolgten Suchanfragen, den Sie direkt bearbeiten können.

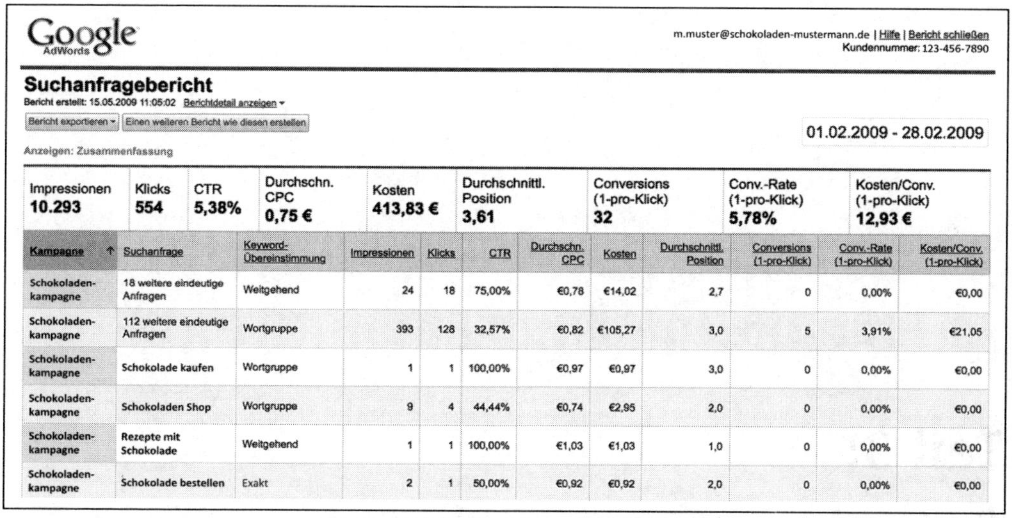

Google AdWords

m.muster@schokoladen-mustermann.de | Hilfe | Bericht schließen
Kundennummer: 123-456-7890

Suchanfragebericht

Bericht erstellt: 15.05.2009 11:05:02 Berichtdetail anzeigen

Bericht exportieren | Einen weiteren Bericht wie diesen erstellen

01.02.2009 - 28.02.2009

Anzeigen: Zusammenfassung

Impressionen	Klicks	CTR	Durchschn. CPC	Kosten	Durchschnittl. Position	Conversions (1-pro-Klick)	Conv.-Rate (1-pro-Klick)	Kosten/Conv. (1-pro-Klick)
10.293	**554**	**5,38%**	**0,75 €**	**413,83 €**	**3,61**	**32**	**5,78%**	**12,93 €**

Kampagne	Suchanfrage	Keyword-Übereinstimmung	Impressionen	Klicks	CTR	Durchschn. CPC	Kosten	Durchschnittl. Position	Conversions (1-pro-Klick)	Conv.-Rate (1-pro-Klick)	Kosten/Conv. (1-pro-Klick)
Schokoladen-kampagne	18 weitere eindeutige Anfragen	Weitgehend	24	18	75,00%	€0,78	€14,02	2,7	0	0,00%	€0,00
Schokoladen-kampagne	112 weitere eindeutige Anfragen	Wortgruppe	393	128	32,57%	€0,82	€105,27	3,0	5	3,91%	€21,05
Schokoladen-kampagne	Schokolade kaufen	Wortgruppe	1	1	100,00%	€0,97	€0,97	3,0	0	0,00%	€0,00
Schokoladen-kampagne	Schokoladen Shop	Wortgruppe	9	4	44,44%	€0,74	€2,95	2,0	0	0,00%	€0,00
Schokoladen-kampagne	Rezepte mit Schokolade	Weitgehend	1	1	100,00%	€1,03	€1,03	1,0	0	0,00%	€0,00
Schokoladen-kampagne	Schokolade bestellen	Exakt	2	1	50,00%	€0,92	€0,92	2,0	0	0,00%	€0,00

Abbildung 103: Beispiel für einen Suchanfrage-Bericht

Teil 3: Optimierungsmaßnahmen

13. Optimieren Sie Ihre Kampagne mit AdWords Conversion Tracking

13.1 Was ist Conversion Tracking und wie funktioniert es?

Als Conversion Tracking bezeichnet man Anwendungen, die einem helfen bestimmte Aktionen, die User auf einer Website durchführen sollen, zu zählen, mit weiteren Daten in Verbindung zu setzen und auszuwerten. Mit Conversion Tracking lässt sich erfassen, ob Sie überhaupt die richtige Zielgruppe ansprechen, wie viele gewünschte Aktionen, also Conversions, die User auf Ihrer Seite durchführen, was Sie diese kosten und, damit ganz entscheidend verbunden: Ob sich diese Kampagne für Sie lohnt und ob Sie mit ihr Gewinn machen.

Um die gewünschte Conversion nun zählen zu können, ist es wichtig, dass es neben der eigentlichen Landing Page noch eine weitere Seite gibt. Auf diese Seite muss der User unmittelbar nach der getätigten Conversion weitergeleitet werden. Diese Seite darf sonst nicht erreichbar sein, sondern soll eben nur nach erfolgter Conversion zu sehen sein. Denkbar wäre beispielsweise eine klassische Danke-Seite (*»Vielen Dank für Ihren Einkauf/Ihre Anmeldung...«* und Ähnliches). Auf eben dieser Seite wird dann ein spezieller Tracking-Code eingebaut, der es dem Tool ermöglicht, die vorangegangene Conversion zu zählen. Um die Conversion der Kampagne zuordnen zu können, wird in dem Moment, in dem der User auf die AdWords-Anzeige klickt, ein sogenanntes Cookie gesetzt. Dieses Cookie ermöglicht es dem Tracking-Tool die Conversion dementsprechend zuzuordnen. Das Cookie hält bis zu 30 Tage. Sollte ein User also über eine AdWords-Anzeige auf Ihre Seite aufmerksam gemacht worden sein, die tatsächliche Conversion aber erst einige Zeit später auslösen, diesmal ohne über AdWords zu kommen, schreibt das Tool die Conversion korrekterweise trotzdem AdWords zu. Gleiches gilt, wenn der User innerhalb dieser 30 Tage mehrere Conversions bei Ihnen tätigt. Kauft er zwei Mal innerhalb dieser Zeit bei Ihnen ein, werden auch zwei Conversions erfasst.

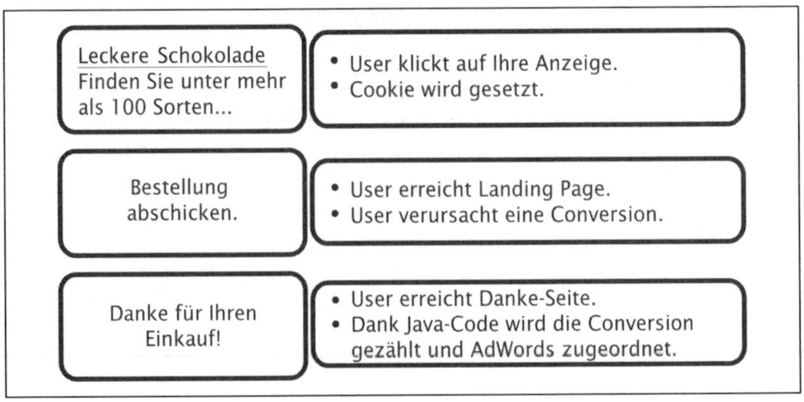

Abbildung 104: Der Prozess des Conversion Trackings

Bei neueren Content-Management-Systemen, die nicht mehr mit physischen Seiten arbeiten, finden sich andere Lösungen, um Conversions mithilfe von Java-Skripten zu tracken. Dazu stellen sowohl Google als auch andere Anbieter Hilfen zu Verfügung.

Profi-Tipps

Um zu erkennen, ob eine AdWords-Kampagne tatsächlich den gewünschten Erfolg bringt, empfiehlt es sich, Conversion Tracking einzurichten. So sehen Sie direkt die genaue Zahl an Conversions und auch, über welche Kampagne, welches Keyword und welchen Anzeigentext diese generiert wurden.

Google bietet hilfreiche Informationen als Google AdWords-Leitfaden zum Conversion Tracking. Diesen Leitfaden finden Sie unter: *http://adwords.google.com/support/aw/bin/answer.py?hl=de&answer=115794*

13.2 AdWords Conversion Tracking

Um den Erfolg einer Kampagne und die damit einhergehende Rendite zu messen, sind Analyse-Tools unverzichtbar. Neben Analytics und zahlreichen kostenpflichtigen Tools, die es hierzu auf dem Markt gibt, können Sie zusätzlich direkt in Ihrem AdWords-Konto das Conversion Tracking aktivieren. Um das Conversion Tracking in Ihre Website einzubauen, brauchen Sie Zugriff auf den HTML-Code Ihrer Website. Ziehen Sie, falls das nicht der Fall ist, Ihren Administrator oder Webmaster zurate. Beachten Sie, dass AdWords Conversion Tracking nur Conversions zählt, die User verursacht haben, die über eine AdWords-Anzeige kamen. Alle anderen Conversions, die von Usern generiert wurden, die nicht über AdWords kamen, werden auch nicht getrackt! Es können bis zu 30 Aktionen getrackt werden. Pro Besucher kann aber nur eine erfolgte Conversion gezählt werden. Löst ein User unmittelbar hintereinander mehrere Conversions aus, wird nur die erste als solche gezählt, die anderen werden als Transaktionen gewertet. Folgende Conversion-Typen können mit Conversion Tracking erfasst werden:

Kauf/Verkauf

Zeichnen Sie Käufe und Verkäufe auf, um den Return-On-Investment genau bestimmen zu können.

Anfrage

Zeichnen Sie auf, wie viele Nutzer beispielsweise weitere Informationen zu einem Ihrer Produkte anfordern.

Anmeldung

Mit diesem Typ können Sie zum Beispiel Anmeldungen für Ihren Newsletter zählen.

Ansicht einer Schlüsselseite, also Seitenzugriff

Werten Sie aus, wie viele User eine bestimmte Seite, beispielsweise die Seite mit Ihren Kontaktdaten, aufgerufen haben.

Sonstiges

Tracken Sie andere Aktionen, die spezifisch für Ihre Seite sind.

Um verschiedene Conversion-Typen zu tracken, braucht jede Conversion eine eigene Seite, auf die nur diese eine Conversion verlinkt und auf der der Tracking-Code eingebaut sein muss. Das heißt, für jeden Conversion-Typ muss ein eigener Tracking-Code erzeugt werden. Tracken Sie Verkäufe und Anmeldungen zu Ihrem Newsletter, müssen Sie zwei verschiedene Seiten haben, auf die nach erfolgter Conversion verlinkt wird. Das könnte ein Mal die Seite *»Danke für Ihren Einkauf«* und das andere Mal die Seite *»Danke dass Sie sich für unseren Newsletter angemeldet haben«* sein. Diese Seiten müssen nicht aufwendig designt werden und brauchen auch keinen besonderen Content, da sie eigentlich nur dazu da sind, den Tracking-Code unterzubringen. Um dem User aber ein angenehmes Gefühl zu vermitteln und ihn darin zu bestärken, dass er gut daran getan hat, die Conversion auszulösen, ist es natürlich immer gut, sich an dieser Stelle nochmals dafür zu bedanken.

13.3 Einrichten von AdWords Conversion Tracking

Gehen Sie auf die Registerkarte **Berichterstellung** und wählen Sie **Conversions**. Um eine neue Conversion einzurichten, klicken Sie auf der Conversion Tracking-Seite auf den Button **Neue Conversion** (vgl. Abbildung 105) an. Auf dieser Seite finden Sie später auch eine praktische Übersicht über Ihre aktuellen Conversions.

Geben Sie als erstes einen Namen für die Conversions ein (vgl. Abbildung 106), zum Beispiel »Produktkauf« oder »Anmeldung Newsletter«. Legen Sie danach den Tracking-Zweck fest, das heißt um welche Art von Conversion es sich handelt. Wie bereits erwähnt stehen die Möglichkeiten Kauf/Verkauf, Anfrage, Anmeldung, Ansicht einer Schlüsselseite und Sonstige zu Verfügung. Speichern Sie die Eingaben. und Sie werden automatisch zum nächsten Schritt weitergeleitet.

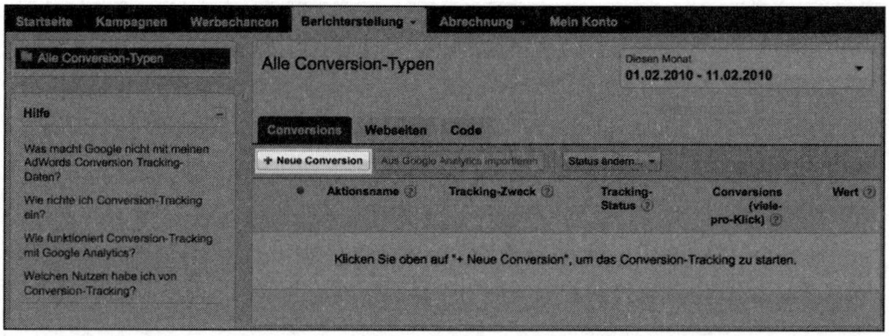

Abbildung 105: Beginnen Sie mit dem Erstellen einer Aktion im Conversion Tracking

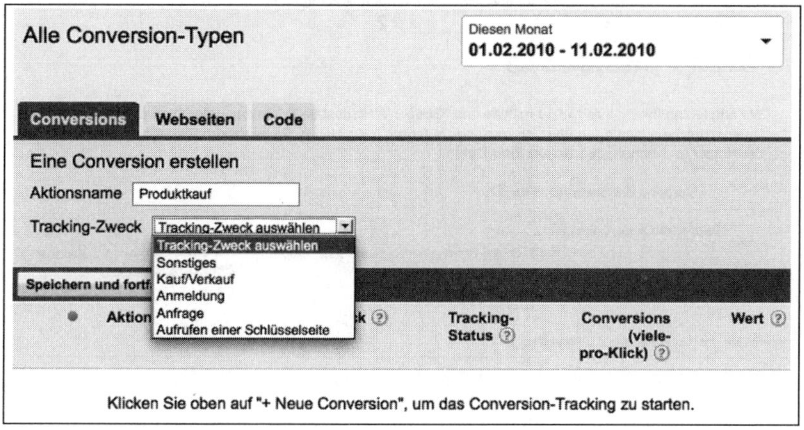

Abbildung 106: Festlegen des Conversion-Typs

Damit der Code korrekt formatiert werden kann, geben Sie noch an, um welche Sicherheitsstufe, also http:// oder https://, es sich dabei handelt (Abbildung 107, Punkt 1). Wenn Sie einen Wert für eine Conversion festlegen können, haben Sie die Möglichkeit, diesen einzugeben (Abbildung 107, Punkt 2). Google empfiehlt Kunden, die AdWords Conversion Tracking nutzen, Ihre Kunden davon in Kenntnis setzen. Deshalb sollten Sie, wenn Sie es nutzen, dem User nach einer erfolgten Conversion den Text »Google-Website-Statistiken« anzuzeigen. Legen Sie dazu fest, in welcher Sprache die Seite verfasst sein soll. Da Sie zwischen verschiedenen Textformaten wählen können und diese auch farblich genau auf Ihre Seite abstimmen können, muss dieser kurze Informationstext von Besuchern nicht als störend empfunden werden (Punkt 3). User, die nicht über eine AdWords-Anzeige kamen und eine Conversion ausgelöst haben, bekommen diesen Text verständlicherweise nicht zu sehen, da ihre Conversion von Google AdWords Conversion Tracking auch nicht erfasst wird. Wenn Sie alle erforderlichen Felder ausgefüllt haben, speichern Sie Ihr neu angelegtes Ziel über den entsprechenden Button ab.

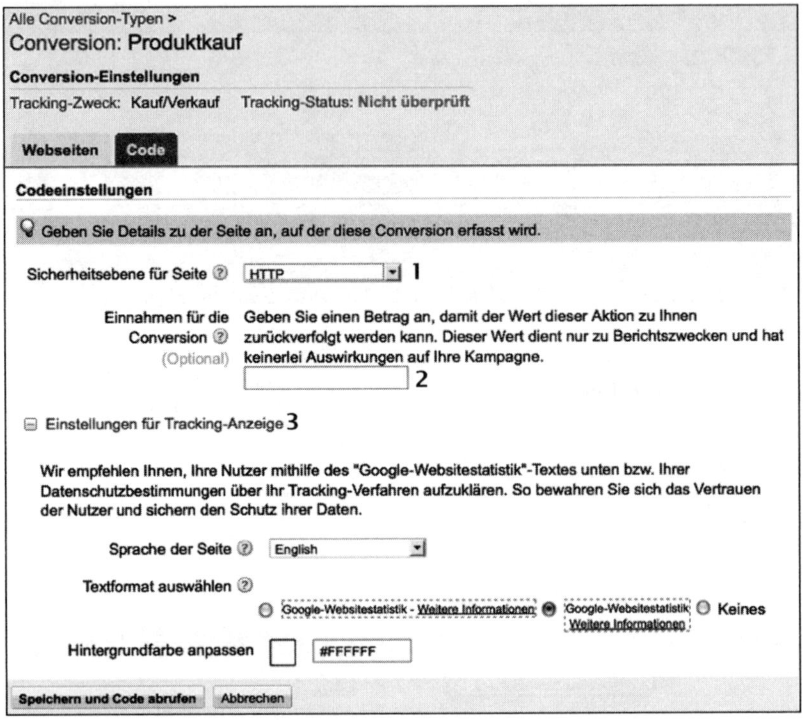

Abbildung 107: Erstellen einer Aktion im Conversion Tracking

Typischer Anfängerfehler

Sie sind dazu verpflichtet, die Besucher Ihrer Website darüber zu informieren, dass Sie Conversion Tracking nutzen. Wenn Sie sich entscheiden, den Text über die Nutzung von Conversion Tracking nicht einzublenden, müssen Sie die User an anderer Stelle darüber informieren!

Im Anschluss daran wird Ihnen ein Code-Snippet (Fragment) angezeigt, den Sie im HTML-Code Ihrer Website an besten zwischen den beiden Tags <body> und </body> einfügen. Möchten Sie den Code nicht selbst einbauen, haben Sie die Möglichkeit, ihn direkt aus dem Konto beispielsweise an Ihren Webmaster zu schicken. Klicken Sie dazu auf den Link **Conversion-Tracking-Code an jemand anderen senden**. Das System generiert automatisch eine E-Mail, in der der Code hinterlegt ist. Sie müssen nur noch die Empfängeradresse eingeben.

Um festzustellen, ob der Code richtig eingebaut ist und funktioniert, warten Sie einfach, bis eine Conversion erfolgt ist. Diese können Sie auch selbst auslösen, indem Sie erst auf eine Ihrer Anzeigen klicken und dann die als Conversion festgelegte Aktion durchführen. Allerdings müssen Sie dann für den erfolgten Klick auf Ihre Anzeige zahlen. Die Conversion sollte Ihnen innerhalb der nächsten 24 Stunden in der Spalte Conversions angezeigt werden.

Profi-Tipp

An und für sich ist das Implementieren des Tracking-Codes in die Website recht einfach. Sollten beim Einbinden dennoch Probleme auftreten, bietet Google einen Leitfaden zum Einrichten von Conversion Tracking an: *https://adwords.google.com/support/aw/bin/answer.py?hl=de&answer=115794*

13.4 Tracken einer dynamischen Variablen

Es kann sein, dass Sie den Conversions keinen eindeutigen Wert zuordnen können. Bei Kunden von Onlineshops beispielsweise variiert der Wert je nach Inhalt des Warenkorbs. In diesem Fall muss der Wert der Conversion als dynamische Variable angegeben werden. Diese Variable geben Sie in das Feld **Umsatz Ihrer Aktion** ein. Dies könnte bei ASP- und PHP-Sites beispielsweise <%=totalValue%> oder <?echo$totalValue?> und Ähnliches sein. Wenn Sie sich nicht sicher sind, welche dynamische Variable zu verwenden ist, da diese auch nicht im normalen HTML-Code der Seite zu finden ist, wenden Sie sich an Ihren Webmaster oder Ihren Administrator. Platzieren Sie anschließend den Conversion Tracking-Code auf einer Seite, die die Gesamtkosten der Einkäufe des jeweiligen Nutzers zusammenfasst.

13.5 Auswerten der Daten

Um eine gute Rendite zu erzielen und den Überblick über die Conversions zu behalten, empfiehlt es sich, neben den Informationen, die man auf der Anzeigengruppenebene über die Conversions erhält, auch benutzerdefinierte Berichte zu erstellen. Um einen neuen Bericht zu erstellen, gehen Sie in das Berichtecenter und legen einen neuen, benutzerdefinierten Bericht an. Damit die Conversion Tracking-Daten im Bericht berücksichtigt werden, gehen Sie auf den Link **Spalten hinzufügen oder entfernen**. Aktivieren Sie hier die entsprechenden Felder für das Conversion Tracking (vgl. Abbildung 98). In dem daraufhin erstellten Bericht werden Ihnen nun die ausgewählten Tracking Daten wie Kosten-pro-Conversion, Conversion-Rate und weitere angezeigt. Für die Optimierung Ihrer Kampagne ist es wichtig, dass Sie die tatsächlichen Conversions- und Transaktionsdaten genau auswerten, da auch Keywords, die auf den ersten Blick gut laufen, unter Umständen nicht die gewünschte Rendite bringen.

Beachten Sie bei der Auswertung der Berichte, dass neben den wichtigen Aspekten von Conversion-Rate und Kosten-pro-Conversion auch die statistischen Transaktionsdaten und deren Kosten entscheidend sein können. Die Akquisition von Stammkunden, die regelmäßig für Einnahmen sorgen, hat in den meisten Fällen einen höheren Wert als eine Conversion, die nur einmalig einen Gewinn bringt. Um die Rendite zu errechnen, gibt es die Größe ROI, Return-On-Investment Diese Größe gibt an, wie viel man für seine Investition »zurückbekommt«. Allerdings werden hier nicht nur die Ausgaben für Werbekosten berücksichtigt, sondern eben die »Investition« als Ganzes. Da wir uns in diesem Buch dem Thema Google AdWords widmen, beschränken wir die Werte, die unseren ROI beeinflussen, nur auf die Werbekosten, die wir in AdWords investiert haben. Treffend kann man auch von Return on Ad Spend (ROAS) sprechen. Sowohl ROI als auch ROAS werden in Prozent ausgedrückt. Die Formel zur Berechnung des ROAS lautet:

(Wert aller Conversions – Kampagnenkosten) / Kampagnenkosten × 100

Solange der Wert im positiven Bereich ist, wird ein Gewinn verzeichnet. Ob dieser Gewinn ausreichend ist, um auch andere Kosten wie Arbeitszeit, Materialkosten und ähnliche zu decken, müssen Sie von Fall zu Fall selbst errechnen. Sehen wir uns die Beispieltabelle aus der Kampagne von Schokoladen-Mustermann an:

Keyword	Klicks	Kosten (€)	Conv.	Conv.-Rate (%)	Kosten pro Conv.	Wert aller Conv. (€)	Gewinn (€)	ROAS
Schokolade	1099	340,69	27	2,46	12,62	458,73	118,04	34,65
Schokolade kaufen	622	267,46	21	3,38	12,74	395,22	127,76	47,77
Schokolade online kaufen	223	93,66	11	4,93	8,51	176,11	82,45	88,03
Geschenidee für Oma	159	60,42	3	1,89	20,14	64,35	3,93	6,50
Durchschnitt/Summe	**2103**	**762,23**	**62**	**2,95**	**12,29**	**1108,40**	**346,17**	**45,42**

Die Kampagne läuft gut und kann durchschnittlich einen positiven ROAS von 45,42 Prozent verbuchen. Insgesamt wurden 762,23 Euro ausgegeben und die Conversions, in diesem Fall Verkäufe, haben einen Wert von 1108,40 Euro. Zieht man von diesem Wert nun die AdWords-Kosten ab, erhält man den entstandenen Gewinn. Diesen wiederum teilt man nochmals durch die Werbekosten (eben jene 762,23 Euro), und es ergibt sich mit 100 multipliziert der ROAS in Höhe von 45,42 Prozent.

Sieht man sich die Keywords an, bemerkt man, dass sich der ROAS auch hier im positiven Bereich aufhält. Unklar ist allerdings, ob sich das Keyword »Geschenkidee für Oma« wirklich bezahlt macht. Auf den ersten Blick scheint es einen Gewinn zu generieren. Allerdings wurden bei der Ermittlung des ROAS zusätzliche Kosten, die Schokoladen-Mustermann entstanden sind, nicht berücksichtigt. Es liegt also an Ihnen, möglichst präzise zu ermitteln, welchen Wert eine Conversion wirklich für Sie hat, um so den ROAS beziehungsweise ROI möglichst genau berechnen zu können. Damit Sie anhand der Conversion Tracking-Daten Ihre Kampagnenleistung ablesen und verbessern können, ist es wichtig, dass Sie den Wert einer Conversion kennen. Nur so lässt sich präzise sagen, ob sich mit einer Kampagne beziehungsweise einzelnen Keywords wirklich Gewinne erzielen lassen. Schließlich ist die Maximierung des Gewinns Ihr oberstes Ziel!

Profi-Tipp

Sowohl ROAS als auch ROI lassen sich nutzen, um die Effizienz einzelner Keywords zu messen. Auf diese Weise können schlecht laufende Keywords aussortiert werden und besonders gute können entsprechend gefördert werden.

13.6 A/B-Tests

Es gibt verschiedene Arten von A/B-Tests, die man innerhalb einer Kampagne durchführen kann. A/B-Tests dienen immer dazu, aus verschiedenen Varianten, dass können Varianten von Anzeigen und Landing Pages sein, die Version zu finden, die am erfolgreichsten ist. Um den Erfolg in Höhe von Conversion-Rate und Kosten-pro-Conversion zu ermitteln, ist ein Tracking-Tool unabdingbar. Gehen wir die verschiedenen Möglichkeiten eines A/B-Tests der Reihe nach durch:

13.6.1 Anzeigenvarianten A/B-Test

Wir wissen, dass verschiedene Anzeigentexte sich in der Wirkung auf den User stark unterscheiden können. Kleinste Veränderungen können sowohl die CTR als auch die Conversion-Rate stark beeinflussen. Um verschiedene Anzeigenvarianten auf ihre Effektivität hin zu testen, legen Sie innerhalb einer Anzeigengruppe einen A/B-Test an. Das heißt, Sie lassen immer zwei Anzeigen gegeneinander antreten. Der »Sieger« darf bleiben und gegen eine neue Variante antreten, der »Verlierer« wird gelöscht. Um diesen Anzeigen-A/B-Test durchzuführen, muss die Anzeigenauslieferung auf leistungsunabhängig eingestellt sein. Dies legen Sie innerhalb der Kampagneneinstellungen fest. Berücksichtigen Sie bei der Auswertung der Ergebnisse alle für Sie wichtigen Faktoren. Wollen Sie primär den Traffic auf Ihrer Seite steigern, ist die CTR eine wichtige Größe. Wollen Sie dagegen den ROI erhöhen, sind Werte wie Kosten-pro-Conversion und Conversion-Rate entscheidend. Auch hier sollte der ROI ermittelt werden. Dass ein A/B-Test mit verschiedenen Anzeigenvarianten die Optimierung erleichtert und die Gewinnmaximierung beeinflusst, sehen wir uns am Beispiel von Schokoladen-Mustermann an:

Kampagnen | Anzeigengruppen | Einstellungen | Anzeigen | Keywords | Werbenetzwerke | Filter und Ansichten

Neue Anzeige | Status ändern... | Weitere Aktionen... | Search

Anzeige	Kampagne	Anzeigengruppe	Status	% ausgeliefert	Klicks	Impr.	CTR	Kosten	Conv. (1-pro-Klick)	Kosten/Conv. (1-pro-Klick)	Conv.-Rate (1-pro-Klick)
Über 100 Sorten Finden Sie Ihre neue Lieblings-schokolade. Jetzt probieren! www.schokoladen-mustermann.de	Schoko-kampagne	Schokolade	Freigegeben	51,1 %	224	12.346	1,81 %	€ 125,44	15	€ 8,36	6,7 %
100 leckere Schokoladen Ab einem Bestellwert von 30,-€ gibt es 100g Mozartkugeln gratis dazu. www.schokoladen-mustermann.de	Schoko-kampagne	Schokolade	Freigegeben	48,9 %	156	11.815	1,32 %	€ 84,24	8	€ 10,53	5,13 %
Gesamt - Suche				100 %	380	24.161	1,57 %	€ 209,68	23	€ 9,12	6,05 %
Gesamt - Content				0	0	0	0	0	0	0	0
Gesamt - alle Anzeigen				100 %	380	24.161	1,57 %	€ 209,68	23	€ 9,12	6,05 %

Abbildung 108: Beispiel für einen Anzeigenvarianten-A/B-Test

Er hat zwei verschiedene Anzeigen gegeneinander antreten lassen und will nun die Ergebnisse auswerten. Anzeige 1 »Über 100 Sorten« scheint auf den ersten Blick die leistungsstärkere zu sein. Sie weist sowohl eine bessere CTR als auch eine höhere Conversion-Rate und damit verbunden geringere Kosten pro Conversion auf. Geht man davon aus, dass der Wert der Conversions bei beiden Anzeigen gleich ist, wäre das auch ganz klar der Fall. Bei einem Onlineshop ist das aber selten so einfach zu sagen, da Kunden unterschiedliche Produkte kaufen und so der Wert des Warenkorbs immer ein anderer ist. Eine genaue Analyse hat ergeben, dass Verkäufe, die auf Anzeige 1 zurückzuführen sind, für Schokoladen-Mustermann einen durchschnittlichen Wert von 12,38 Euro haben. Die Verkäufe, die über Anzeige 2 »100 leckere Schokoladen« generiert wurden, liegen mit durchschnittlich 18,02 Euro deutlich höher. Das liegt unter anderem an der Wirkung der Anzeigentexte. Ist der bei Anzeige 2 der Anreiz, etwas mehr auszugeben, doch deutlich höher, da dem Kunden ab einem bestimmten Einkaufswert eine »Belohnung« zugesagt wird. Was bedeutet das nun konkret für die Anzeigenleistung? – Um diese unmittelbar miteinander vergleichen zu können, muss berechnet werden, was 1.000 Impressionen durchschnittlich bei jeder der beiden Anzeigen wert sind. Dieser Gewinn pro 1.000 Impressionen wird wie folgt berechnet:

(Gewinn – Werbekosten) / (Anzahl der Impressionen) × 1.000 Impressionen

Wenden wir diese Formel auf die beiden Anzeigenvarianten von Schokoladen-Mustermann an, kommen wir zu folgenden Werten: Anzeige 1 hat pro 1.000 Impressionen einen Wert von 4,88 Euro, denn (185,70 – 125,44) / (12.346) × 1.000 Impressionen = 4,88 Euro.

Anzeige 2 bringt es trotz niedrigerer Conversion-Rate und höherer Kosten pro Conversion auf 5,07 Euro pro 1.000 Impressionen. Dies ergibt sich, denn (144,16 – 84,24) / (11.815) × 1.000 Impressionen = 5,07 Euro.

Damit ist Anzeige 2 klar die leistungsstärkere. Damit hat Schokoladen-Mustermann den »Sieger« ermittelt und kann Anzeige 1 gegen eine möglicherweise ertragreichere, neue Anzeige austauschen, die ebenfalls gegen Anzeige 2 antritt.

13.6.2 Landing Page-A/B-Test

Dass eine gute Landing Page sich entscheidend auf die Conversions auswirkt, wurde bereits im Kapitel *Landing Pages* geklärt. Wie genau kann man verschiedene Landing Pages auf ihre Effektivität hinsichtlich der Conversion-Leistung vergleichen? Innerhalb Ihres AdWords-Kontos gibt es zwei verschiedene Methoden, diesen Vergleich vorzunehmen. Sie können entweder zwei identische Anzeigen erstellen oder Sie legen mithilfe des Website-Optimierungstools einen A/B-Test an.

13.6.3 Erstellen identischer Anzeigen

Erstellen Sie zwei Landing Pages. Diese sollten sich in einem einzelnen Element, beispielsweise der Headline, dem Response-Element, dem Aufbau der Navigation und Ähnlichem, oder in ihrer Gesamtheit voneinander unterscheiden. So können Sie auch testen, welche Auswirkung die komplette Änderung des Layouts und des Designs haben kann. Verändern Sie nicht mehrere Attribute, da sonst nicht mehr ermittelt werden kann, welche Veränderung genau zu der Steigerung beziehungsweise Senkung der Conversions geführt hat. Richten Sie als nächstes innerhalb einer Anzeigengruppe zwei vollkommen identische Anzeigen ein. Eine verlinken Sie auf Landing Page 1, die andere auf Landing Page 2. Damit beide Anzeigen gleichermaßen stark geschaltet werden, muss die leistungsunabhängige

Anzeigenauslieferung eingestellt sein. Beobachten Sie die Leistung der beiden Anzeigen und damit die Leistung der Landing Pages über einen gewissen Zeitraum. Die Landing Page, über die die meisten Conversions generiert werden, gewinnt.

Profi-Tipp

Dieses Verfahren eignet sich besonders gut für kleinere Seiten, die nicht allzu viele Seitenaufrufe erhalten.

13.6.4 A/B-Test mit dem Website-Optimierungstool

Seit einer Weile bietet Google innerhalb des AdWords-Accounts ein Tool an, das A/B-Tests unterstützt: Das Website-Optimierungstool. Dieses Tool funktioniert nur in Zusammenarbeit mit Google Analytics. Sollten Sie noch keinen Analytics Account haben, wird dieser beim Einrichten dieses Tools mit angelegt. Richten Sie gegebenenfalls das Tool ein und gehen Sie auf der Hauptseite des Website-Optimierungstools (Registerkarte **Berichterstellung**) auf den Link **Neuen Test erstellen**. Wählen Sie hier **A/B-Test – das einfache Verfahren zum Starten eines Tests**. Sie werden auf eine Seite geleitet, wo Sie alle notwendigen Informationen bezüglich des A/B-Tests eingeben müssen: Den Namen des Tests (vgl. Abbildung 109, Punkt 1) und die URLs der zu vergleichenden Seiten (Abbildung 109, Punkt 2). Sie können bis zu 127 Seiten testen. Ergänzen Sie über den Link **Weitere Seitenvariation hinzufügen** bei Bedarf weitere URLs. Dann geben Sie noch die URL der Conversion-Seite ein, also die Seite, auf die der User nach der erfolgten Conversion geleitet wird (Punkt 3). Das kann beispielsweise die »Danke-Seite« sein.

Da der Einbau des daraufhin erstellen JavaScript-Codes ein wenig komplexer ist, bietet Ihnen Google die Möglichkeit an, das Tracking-Script selbst einzubauen, oder Sie können das Script per E-Mail direkt an die dafür zuständige Person, zum Beispiel an Ihren Webmaster schicken lassen (vgl. Abbildung 109). Nachdem das Tracking-Script an den verschiedenen Stellen implementiert wurde, überprüfen Sie den Status über den entsprechenden Button. Ist alles richtig eingebaut, bekommen Sie eine Vorschau angezeigt. Geben Sie im Anschluss daran den Prozentsatz der Zugriffszahlen an, für den der Test angewendet werden soll. Aktivieren Sie den Test, indem Sie auf den **Start**-Button klicken. Ab sofort finden Sie beim Website-Optimierungstool Berichte zu Ihrem laufenden Test. Abhängig von den Zugriffszahlen und der Anzahl an Seitenvarianten kann der Zeitpunkt, ab dem schlüssige Ergebnisse vorliegen, variieren.

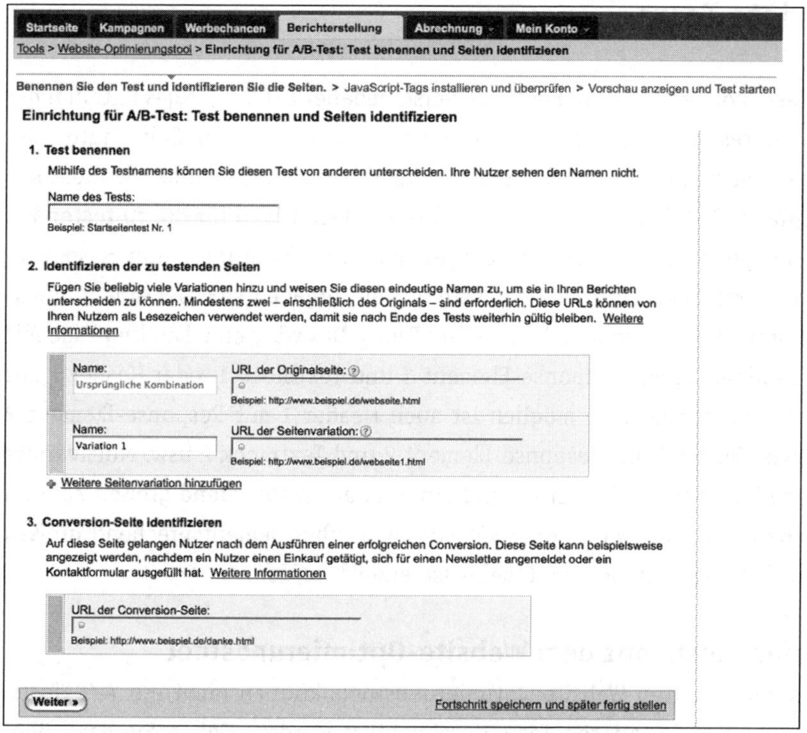

Abbildung 109: Einrichten eines A/B-Tests mit dem Website-Optimierungstool

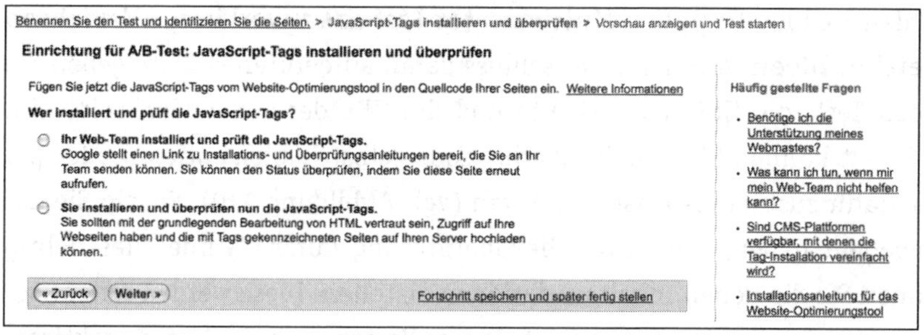

Abbildung 110: Code selbst einbauen oder per E-Mail aus dem Konto verschicken

Profi-Tipp

Mehr Informationen zum Website-Optimierungstool und dem Einbau dieses Tools finden Sie unter den beiden folgenden Links: *http://adwords.google.com/support/bin/topic.py?hl=de&ctx=gwoawfe-%2Fsiteopt%2Fab_install_code&topic=10808* und *http://www.google.com/support/websiteoptimizer/bin/answer.py?hl=de&answer=61149#ab*.

13.7 Multivariate Tests

Mit multivariaten Tests können mehrere Elemente verschiedener Landing Pages miteinander verglichen werden. Getestet wird nicht nur, ob einzelne Elemente der Seite gute oder schlechte Leistung erzielen, sondern auch, wie sie in Kombination miteinander wirken. Das Prinzip ist recht einfach: Erstellen Sie eine oder mehrere Alternativen für die zu testenden Elemente. Wollen Sie beispielsweise die Leistungen von vier Headlines, drei Response-Elementen und zwei Textblöcken miteinander vergleichen, ergeben sich bei einem multivariaten Test insgesamt 24 unterschiedliche Landing Pages. Das wäre eine Landing Page mit dem Header 1 in Kombination mit Response-Element 1 und Textblock 1, oder Header 1 mit Response-Element 1 und Textblock 2, möglich ist auch Header 1 mit Response-Element 2 und Textblock 1 sowie Header 1 mit Response-Element 2 und Textblock 2 usw. Multivariate Tests mit vielen Kombinationsmöglichkeiten und einer daraus resultierend großen Zahl an Landing Pages machen nur Sinn, wenn eine Website auch über dementsprechend großen Traffic verfügt. Erst dann können genaue Ergebnisse erzielt werden.

13.7.1 Multivariate Tests mit dem Website-Optimierungstool

Mithilfe des bereits vorgestellten Website-Optimierungstools können nicht nur A/B-Tests, sondern auch eben diese multivariaten Tests durchgeführt werden. Gehen Sie dazu über die Registerkarte **Berichterstellung** zum **Website-Optimierungstool**. Erstellen Sie einen neuen Test und wählen Sie hier die Option **Multivariater Test das zuverlässige Verfahren zum Testen zahlreicher Ideen**. Auf der im Anschluss daran aufgerufenen Seite geben Sie einen Namen für den Test, die URL der Testseite und die URL der Conversion-Seite ein. Wie auch beim A/B-Test können Sie den JavaScript-Code selbst implementieren oder per E-Mail direkt an die dafür zuständige Person schicken (vgl. Abbildung 110). Sobald Sie das Tracking-Script eingebaut haben, führen Sie die Überprüfung durch. Wurde alles richtig implementiert, können Sie die neuen Inhaltsvariationen erstellen. Diese werden erneut geprüft und Sie bekommen eine Vorschau angezeigt. Dieses Vorschau-Tool ist sehr praktisch, da es einem jede mögliche Kombination, die aus den angezeigten Variationen hervorgeht, anzeigt. Wenn Sie die Vorschau abgeschlossen haben, kehren Sie auf die eigentliche Seite zurück und geben hier den Prozentsatz der Zugriffe an, für den der Test durchgeführt werden soll. Jetzt müssen Sie den Test nur noch über den **Start**-Button aktivieren.

Ab sofort bekommen Sie über die Seite **Website-Optimierungstool** Berichte zu Ihrem laufenden Test angezeigt. Es gibt hier zwei Arten von Berichten: Den Seitenbereichsbericht und den Kombinationsbericht. Ab welchem Zeitpunkt die Berichte aussagekräftige Daten liefern, hängt von der Zugriffszahl und den Kombinationsmöglichkeiten ab.

Profi-Tipp

Eine Installationsanleitung für multivariate Tests finden Sie unter dem folgendem Link: *http://www.google.com/support/websiteoptimizer/bin/answer.py?hl=de&answer=61149#1*.

14. Nutzerdaten mit Google Analytics auswerten

Kommen wir endlich zu einem Analyse-Tool. Um es noch einmal zu sagen: Eine Kampagne ohne ein Analysetool optimieren zu wollen, ist reines Glücksspiel. Sie müssen wissen, woher Ihre Kunden kommen, welche Keywords den meisten Umsatz bringen, zu welchen Zeiten Ihre Kunden am aktivsten sind usw. Google Analytics ist ein Analyse-Tool, das gerade für Einsteiger gut geeignet ist. Der Einbau ist vielen Fällen relativ unkompliziert und es kann direkt mit Ihrem AdWords-Account verknüpft werden. Zudem entstehen Ihnen keine zusätzlichen Kosten, da es von Google kostenlos zur Verfügung gestellt wird. Dennoch gibt es einige Gründe, die nicht unbedingt für Analytics sprechen:

- Ohnehin weiß Google sehr viel über Ihre Website. Bauen Sie zusätzlich Analytics ein, weiß Google so gut wie alles.
- Sollte Ihnen die Erfassung der Daten durch Dritte aus verschiedensten Gründen nicht erlaubt sein, können Sie Google Analytics nicht nutzen.
- Sie haben keine Garantie, ob, wie lange und in welchen Ausmaßen Sie Analytics nutzen können. Theoretisch könnte Google morgen beschließen, Analytics einzustellen. Dieser Fall ist zwar unwahrscheinlich, aber nicht ausgeschlossen. Auch alle bisher getrackten Daten wären dann nicht mehr zugänglich.
- Die Daten werden mit einer 24-stündigen Zeitverzögerung ausgeliefert. Eine up to date-Optimierung ist Ihnen nicht möglich.
- Auch technisch gibt es natürlich einige Defizite, sodass Analytics mit den meisten kostenpflichtigen Tools nicht mithalten kann. Wobei aber erwähnt werden muss, dass Analytics ständig weiterentwickelt wird und oft neue Funktionen dazukommen. So können mit Analytics nur AdWords, aber keine anderen Kosten getrackt werden. Den ROAS anderer Kampagnen müssen Sie selbst errechnen.
- Gerade unter Einbeziehung der aktuellen Datenschutz-Diskussionen gerät Google Analytics immer mehr in die Kritik. Sogar ein generelles Verbot von Analytics kann nicht ausgeschlossen werden. Es gibt noch zahlreiche weitere Einschränkungen, die an dieser Stelle nicht alle aufgelistet werden können.

Dennoch ist Analytics gerade für Einsteiger eine sinnvolle Lösung. Wenn Sie also noch neu auf dem Gebiet sind oder nicht Tausende von Euro für ein unabhängiges Analyse-Tool ausgeben möchten, sind Sie mit Analytics gut beraten. Damit Sie erfolgreiche Geschäfte abschließen können und vor allem damit Sie effizient werben können, bietet Ihnen Google Analytics eine Vielzahl nützlicher Informationen über das Userverhalten. Erfahren Sie beispielsweise Folgendes:

- Über welche Quellen gelangen die Nutzer überhaupt auf Ihre Website? Kommen die meisten über **Google**, **Yahoo!** oder über Empfehlungsseiten wie **Qype** *(www.qype.com)*?
- Welche Aktionen führen die User auf Ihrer Seite durch? Wer lädt sich wann welche Informationen herunter? Gibt es ein Muster, nach dem sich Ihre Kunden auf Ihrer Site bewegen?
- Unter welchen Keywords haben die User Sie gefunden?
- Auf welchen Seiten springen die meisten Nutzer ab? Welche Seiten sind am beliebtesten?
- Haben Sie verstärkten Zugriff aus bestimmten Ländern oder Städten usw.?

Weiterhin können Sie mit Analytics ganz einfach E-Commerce-Daten wie Umsatz, Conversion-Rate, Conversions und Ähnliches protokollieren. Da sich dieses Buch hauptsächlich auf AdWords konzentriert, halte ich den Teil über Analytics recht knapp und gehe nicht detailliert auf das Einrichten verschiedener Anwendungen ein, da wir sonst zu weit vom eigentlichen Thema abweichen.

14.1 Einrichten von Google Analytics

Um Analytics einzurichten, gehen Sie in Ihrem AdWords-Konto auf den Tab **Berichterstellung** und dort auf den Punkt **Google Analytics**. Erstellen Sie sich einen Zugang, indem Sie **Erstellen Sie mir ein kostenloses Google Analytics-Konto** wählen. Sollten Sie bereits über ein Analytics-Konto verfügen, es aber nicht direkt in Ihrem Konto angelegt haben, müssen Sie das Analytics- mit Ihrem AdWords-Konto verknüpfen. Dazu gehen Sie innerhalb des AdWords-Kontos auf die Analyticsseite und wählen **Ich habe bereits ein Analytics-Konto. Verknüpfen sie es bitte mit diesem Adwords-Konto.** Wählen Sie daraufhin Ihr Konto aus dem Dropdown aus.

Im nächsten Schritt geben Sie die URL der zu trackenden Seite und einen Namen ein. Aktivieren Sie unbedingt die beiden Möglichkeiten **Automatische Tag-Kennzeichnung der Ziel-URL** und **Kostendaten übernehmen** durch Anklicken der Kontrollkästchen. Dadurch werden Ihre Keywords und allgemeinen Konto-Daten aus dem AdWords-Konto anonym und automatisch übertragen und können so in den Analytics-Berichten berücksichtigt werden. Dies geschieht mithilfe von Parametern, die dem Klick auf eine Ihrer Anzeigen zugeordnet werden. Das Parameter, das bei der automatischen Tag-Kennzeichnung verwendet wird, heißt »gclid«. Klickt ein Nutzer auf eine Anzeige und wird auf Ihre Website geleitet, wird dieses Parameter in der URL der Zielseite angezeigt. Dieser Nutzer bekommt dann beispielsweise nicht die URL *www.schokoladen-mustermann.de* angezeigt, sondern: *www.schokoladen-mustermann.de/?gclid=123abc.*

Profi-Tipps

Beachten Sie, dass einige Webseiten die von Analytics verwendeten URL-Parameter nicht akzeptieren. In diesem Fall wird auf diesen Websites eine Fehlerseite angezeigt. Dies können Sie ganz einfach überprüfen, indem Sie selbst auf eine Ihrer Anzeigen klicken. Sollten Sie hier also eine Fehlerseite sehen, deaktivieren Sie die automatische Tag-Kennzeichnung und konfigurieren Ihre Website so um, dass Sie die Parameter erlaubt. Ist das nicht möglich, muss jedem Keyword für sich das entsprechende Parameter zugeordnet werden. Ziehen Sie notfalls Ihren Webmaster zu Hilfe.

Eine detaillierte Schritt-für-Schritt-Anleitung finden Sie auf der folgenden Seite: *http://www.google.com/support/googleanalytics/bin/topic.py?hl=de&topic=10976*

Nachdem Sie die AGBs bestätigt haben, wählen Sie **Neues Konto erstellen**. Wie auch beim Einrichten von AdWords Conversion Tracking wird Ihnen ein Code-Snippet erstellt und angezeigt, den Sie in den Code Ihrer Website einbinden müssen. Wie dieser Code aussehen kann, sehen Sie im untenstehenden Beispiel. Im besten Fall besteht Ihre Seite aus HTML. Dann bauen Sie den Code zwischen <body> und </body> ein, wenn möglich direkt vor </body>. Durch das Einbauen an letzter Stelle werden Verzögerungen beim Laden der Website verhindert.

Beispiel für den Analytics Tracking-Code:

```
<script type="text/javascript">
var gaJsHost = (("https:" == document.location.protocol) ?
"https://ssl." : "http://www.");
document.write(unescape("%3Cscript src='" + gaJsHost +
"google-analytics.com/ga.js'
type='text/javascript'%3E%3C/script%3E"));
</script>
<script type="text/javascript">
var pageTracker = gat. _ getTracker("UA-MMMMMMM-MM");
pageTracker. _ trackPageview();
</script>
```

Platzieren Sie den Code auf jeder Seite Ihres Internetauftrittes, da das System die notwendigen Daten sonst nicht tracken kann. Bei Content Management-Systemen ist es ausreichend, den Code einmalig im Template einzubauen. Wenn Ihre Website komplexer aufgebaut ist, schauen Sie sich bitte die Google Analytics-Installationsanleitung unter folgendem Link an und bauen Sie den Code den Anleitungen entsprechend ein: *http://www.google.de/support/googleanalytics*.

Klicken Sie auf den **Weiter**-Button und Sie werden zu der Analytics-Seite innerhalb Ihres Accounts weitergeleitet. Sollte Ihr Konto dort nicht angezeigt werden, fügen Sie Ihren AdWords-Nutzernamen Ihrem Analytics-Konto als Administrator hinzu. Dem Nutzernamen, den Sie verwenden, müssen für beide Konten Administratorrechte zugewiesen sein, da Sie sonst nicht berechtigt sind, eine Verknüpfung durchzuführen. Innerhalb Ihres AdWords-Kontos finden Sie diese Einstellungen über der Registerkarte **Mein Konto** unter **Kontozugriff**. Im Analytics-Konto gehen Sie dazu auf den Link **Nutzermanager** (vgl. Abbildung 111, Punkt 5).

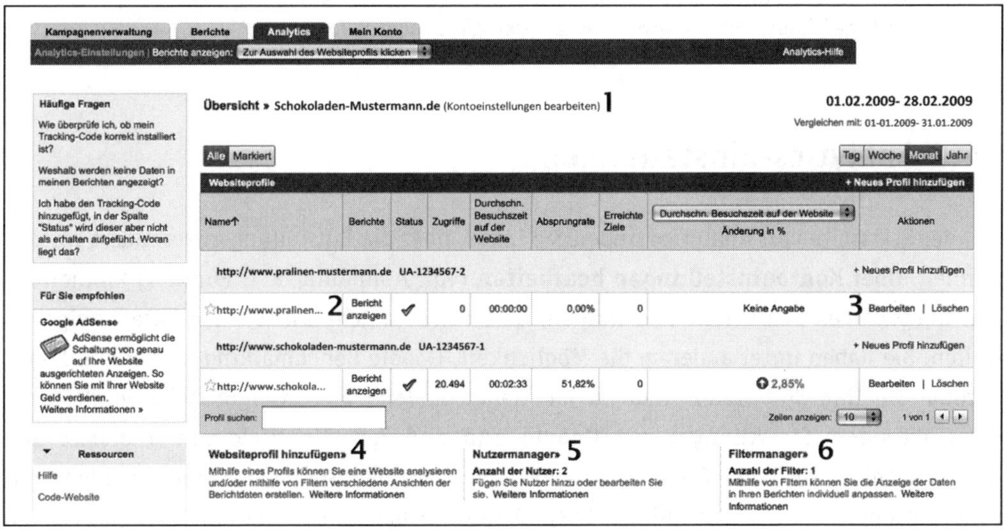

Abbildung 111: Startseite im Analytics-Konto

Um zu überprüfen, ob der Code richtig eingebaut wurde und Daten erfasst, rufen Sie nach dem Einbau des Codes auf Ihrer Website die Analytics-Seite auf. Hier finden Sie einen Hinweiskasten, der Sie dazu auffordert, den Code zu überprüfen. Gehen Sie auf den Button **Status prüfen**. Das System prüft nun, ob der Tracking-Code richtig implementiert wurde.

Nach spätestens 24 Stunden sollten Sie dann die ersten Ergebnisse in Ihrem Analytics-Konto angezeigt bekommen.

Wenn Sie mehrere Websites betreiben und diese gerne mit Analytics versehen möchten, müssen Sie nicht für jede Site ein neues Konto erstellen. Unter der Option **Websiteprofil hinzufügen** (Abbildung 111, Punkt 4) auf der Analytics-Hauptseite können Sie weitere Seiten angeben, für die Ihnen dann jeweils ein weiteres Code-Snippet erzeugt wird. Diesen bauen Sie wie bereits erwähnt zwischen die <body>-Tags der entsprechenden Seite ein, und die Daten können erfasst werden. Innerhalb eines Kontos können Sie bis zu 50 Profile anlegen. Welche Berichte zu welcher Website angezeigt werden soll, können Sie entweder auf der Übersichtsseite (Punkt 2) oder innerhalb der Berichtsebene über das Dropdown **Berichte** anzeigen.

Profi-Tipp

Weisen Sie Besucher Ihrer Website unbedingt darauf hin, dass Sie Google Analytics nutzen. Einen passenden Informationstext finden Sie bei den Analytics-Nutzungsbedingungen unter Punkt 8.1 Datenschutz (*http://www.google.ru/intl/de/analytics/tos.html*).

14.2 Analytics-Einstellungen

Auf der Startseite von Analytics finden Sie Links, über die Einstellungen verändert werden können. Über **Kontoeinstellungen bearbeiten** (vgl. Abbildung 111, Punkt 1) können Sie den Kontonamen bearbeiten und wählen, ob und für welche Dienste Sie Daten freigeben wollen. Sie haben unter anderem die Möglichkeit, Google Benchmarking zu nutzen. Damit können Sie Ihre Statistiken anonym mit denen anderer aus Ihrer Branche vergleichen. Dazu aktivieren Sie **Anonym mit Google und anderen**. Um Ziele von Analytics und dem AdWords Conversion Tracking zu verknüpfen, wählen Sie auch eine der beiden Freigabe-Optionen aus (vgl. Abbildung 112). Daraufhin bekommen Sie auf Ihrer Conversion Tracking-Seite in Ihrem AdWords-Account eine Meldung angezeigt, über die Sie die Verknüpfung einrichten können (vgl. Abbildung 113).

Über den Link **Löschen** können Sie Ihren Account löschen (vgl. Abbildung 111, Punkt 3). Damit haben Sie auch keinen Zugriff mehr auf bisher erstellte Berichte und erfasste Daten. Um die Profilinformationen zu bearbeiten, gehen Sie auf den Link **Bearbeiten** hinter dem Profil. Auf der folgenden Seite können Sie hinter den Haupteinstellungen erneut auf einen

Bearbeiten-Link gehen. Auf der aufgerufenen Seite (vgl. Abbildung 114 auf der folgenden Seite) können Sie die Informationen des Profils bearbeiten. Besonders wichtig sind hier die E-Commerce-Einstellungen. Nur wenn in den Profilinformationen hinterlegt ist, dass es sich um eine E-Commerce-Seite handelt, stehen E-Commerce-Berichte zu Verfügung.

Über **Websiteprofil hinzufügen** können Sie weitere Websites festlegen, die Sie mit Analytics auswerten wollen (vgl. Abbildung 111, Punkt 4). Der Link **Nutzermanager** (Abbildung 111, Punkt 5) führt Sie zu einer Seite, auf der Sie weitere Nutzer für das Konto hinzufügen, löschen oder bearbeiten können. Wählen Sie, ob Sie den Nutzern vollen Zugriff, also Administratorrechte gewähren, oder ob ihnen nur die Berichte angezeigt werden, sie aber keine Änderungen vornehmen dürfen.

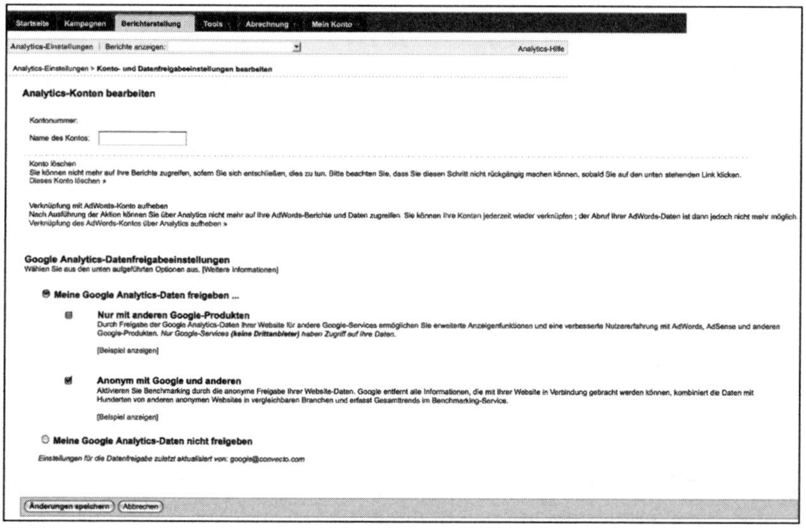

Abbildung 112: Bearbeiten von Konto- und Datenfreigabeeinstellungen

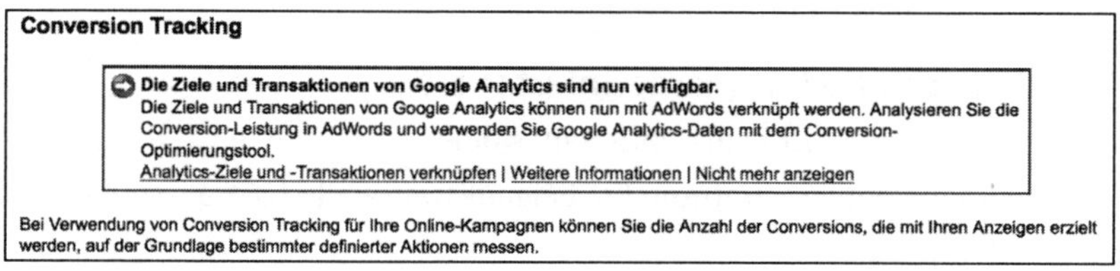

Abbildung 113: Conversion Tracking mit Analytics verknüpfen

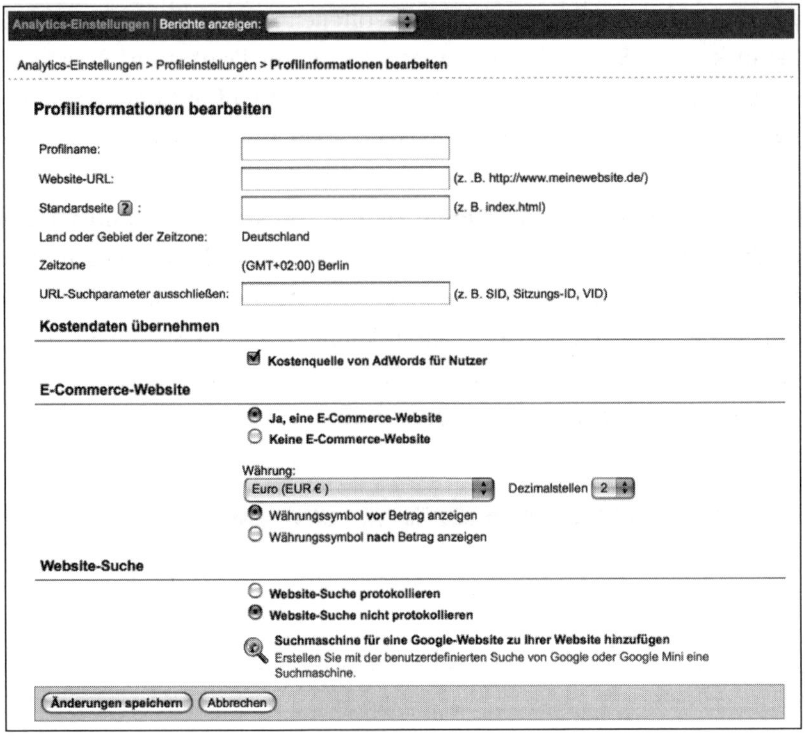

Abbildung 114: Bearbeiten der Profilinformationen

14.3 Anlegen eines Filters

Über den Link **Filtermanager** (vgl. Abbildung 111, Punkt 6) können Sie verschiedene vor- oder benutzerdefinierte Filter anlegen, die es Ihnen beispielsweise ermöglichen, bestimmte Nutzer für die Datenerfassung auszuschließen und Ähnliches. Folgende Filter können Sie so erstellen:

Besucher einer Domain ausschließen (vordefinierter Filter)

Nutzen Sie diesen Filter, wenn Sie User ausschließen wollen, die über eine bestimmte Domain oder einen Provider kommen. So könnten Sie beispielsweise alle User ausschließen, die über T-Online oder AOL kommen.

Besucher von einer IP-Adresse ausschließen (vordefinierter Filter)

Wenn Sie bestimmte IP-Adressen ausschließen wollen, ist dieser Filter der richtige. Sie können entweder einzelne IP-Adressen oder einen Bereich eingeben.

Datenverkehr zu einem Unterverzeichnis einschließen (vordefinierter Filter)
Diesen Filter sollten Sie nutzen, wenn Sie Berichte nur für ein bestimmtes Unterverzeichnis, aber nicht für eine ganze Site erstellen wollen. Zum Beispiel *www.schokoladen-mustermann.de/pralinen*.

Neben den vordefinierten Filtern gibt es noch die benutzerdefinierten Filter. Über diese können sie anhand eines vorher erstellten Musters, das beispielsweise Besucher mit bestimmten Browsern, aus geografischen Regionen betrifft, aus- beziehungsweise einschließen. Um diese Filter einzurichten, ist eine mehr als gute Kenntnis von sogenannten Regular Expressions notwendig. Wenn Sie diese Filter unbedingt nutzen wollen, Regular Expressions aber nicht beherrschen, ziehen Sie am besten einen Programmierer zurate. Zwar spielen die Regular Expressions auch beim Erstellen der vordefinierten Filter eine Rolle, sind aber hier recht einfach anzuwenden. Wollen Sie zum Beispiel einen Filter für IP-Adressen erstellen, geben Sie einen Namen für den Filter ein, wählen bei der Filterart **Alle Besucher von einer IP-Adresse ausschließen** und geben die IP ein. Beim Eingeben der IP kommen nun diese Regular Expressions zum Einsatz. Sie geben die IP nämlich nicht wie sonst einfach mit 12.345.678. an, sondern müssen vor jeden Punkt ein \ einfügen, also 12\.345\.678\. Dies ist notwendig, da der Punkt, der in der IP steht, innerhalb der Regular Expressions eine eigene Bedeutung hat. Er steht normalerweise für eine Übereinstimmung mit jedem einzelnen Zeichen. Da dies bei einer IP-Adresse aber nicht der Fall ist, müssen Sie diese Bedeutung aufheben. Und dies tun Sie, indem Sie vor jeden Punkt ein \ setzen, da dieses innerhalb der Regular Expression bedeutet, dass die Bedeutung der vorangegangenen Platzhalter, also in unserem Fall des Punktes, aufgehoben wird. Um sich über die gängigsten Platzhalter zu informieren, verweist Google direkt neben dem Feld **Filterart**, das Sie beim Erstellen eines Filters ausfüllen müssen, über den Link **Welche Arten von Sonderzeichen können verwendet werden** auf eine Seite, auf der die gängigsten Platzhalter mit ihrer Bedeutung dargestellt werden (siehe Abbildung 115 auf der folgenden Seite).

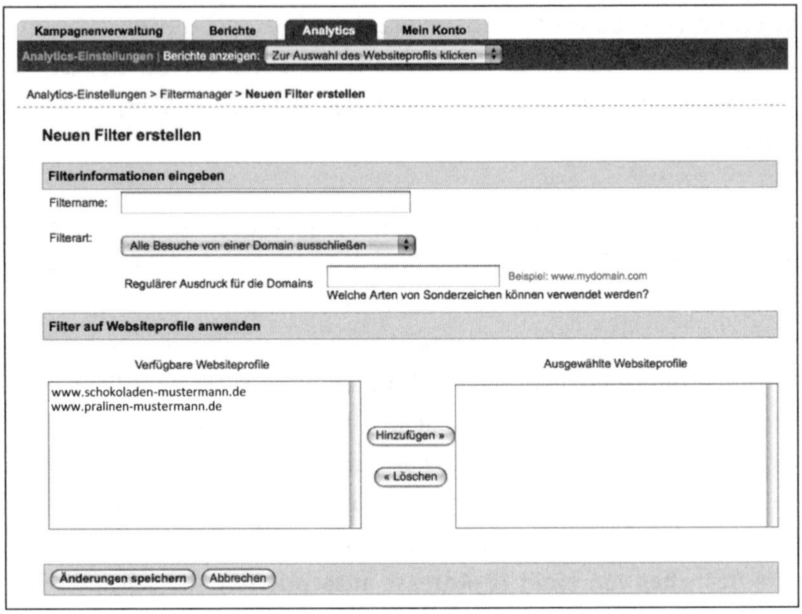

Abbildung 115:
Filter erstellen

14.4 Einrichten von Zielen und Trichtern

Unter einem Ziel versteht man bei Analytics das Erreichen einer Website, die der User zu sehen bekommt, nachdem er eine bestimmte Aktion durchgeführt hat. Gezählt wird auch hier die erfolgte Conversion, also eine vorher definierte Aktion, die der User auf der Seite durchführen soll.

Ein Trichter, auch Funnel genannt, entspricht einer Reihe von Seiten, die aufgerufen werden müssen, bevor es zur eigentlichen Conversion kommt. Mit solch einem Trichter kann ermittelt werden, mit welcher Effizienz User auf einer Website zum Ziel geleitet werden und an welcher Stelle die User abspringen. Denkbar wären hier verschiedene Seiten, die während eines Bestellvorgangs aufgerufen werden müssen (Dateneingabe, Auswahl der Versandoption, Zahlungswunsch usw.).

Um Ziele und Trichter anzulegen, klicken Sie auf der Seite **Analytics-Einstellungen** auf den Link **Bearbeiten** hinter dem entsprechenden Websiteprofil. Sie werden auf eine Seite geleitet, auf der Sie Ihre Profileinstellungen bearbeiten können (vgl. Abbildung 116). Unter **Ziele** können Sie bis zu zwanzig Ziele mit zugehörigen Trichtern einrichten und bearbeiten.

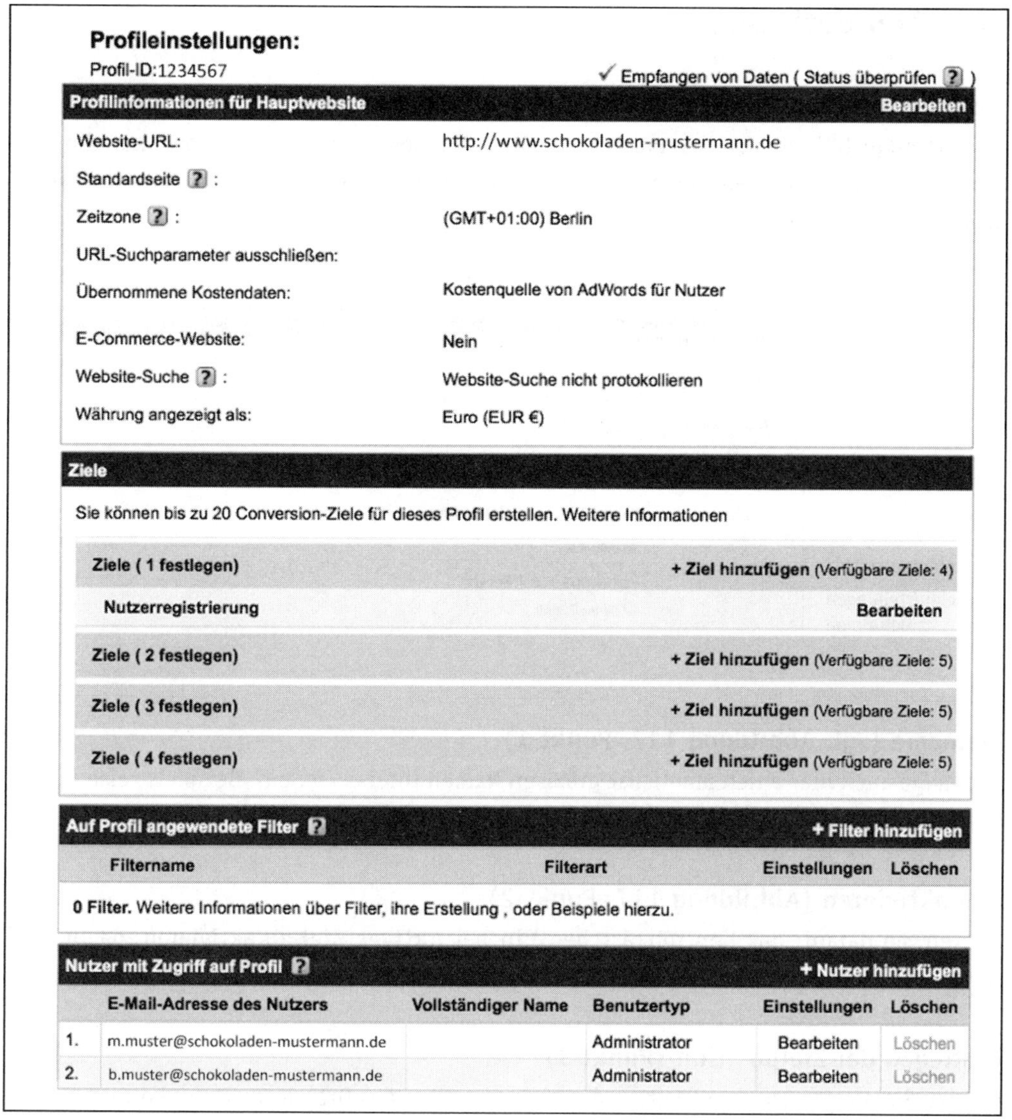

Abbildung 116: Ziele und Trichter in Analytics anlegen

14.5 Ziel definieren

Um ein Ziel festzulegen, gehen Sie wie im vorangegangenen Teil beschrieben in die Analytics-Einstellungen. Hier müssen je nach Art des Ziels verschiedene Einstellungen vorgenommen werden. Führen Sie die folgenden Schritte aus, um ein Ziel im Analytics-Account einzurichten.

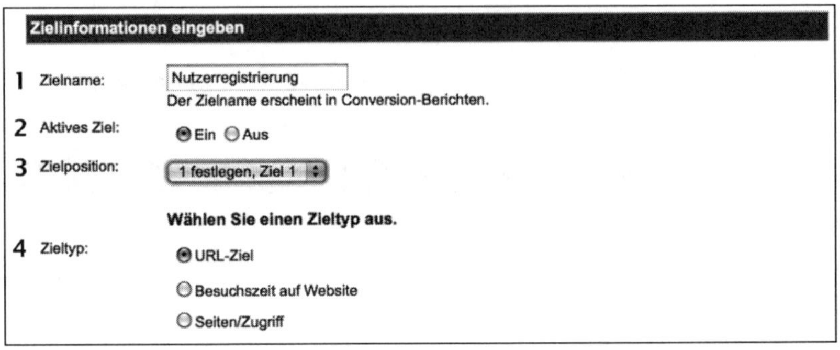

Abbildung 117: Zieleinstellungen definieren

Zielname (vgl. Abbildung 117, Punkt 1)

Geben Sie auch hier einen möglichst präzisen Namen für das Ziel ein. Beispielsweise *Danke-Bestellung, Anmeldung-Newsletter* und Ähnliches.

Ziel aktivieren (Abbildung 117, Punkt 2)

Achten Sie darauf, das Kontrollkästchen **Ein** bei **Aktives Ziel** zu aktivieren, da Ihr Ziel sonst zwar angelegt ist, ihm aber keine Daten zugeordnet werden.

Festlegen der Zielposition (Punkt 3)

Wählen Sie die gewünschte Position des Ziels aus. Über das Dropdown-Menü können Sie die Position des Ziels festlegen, die es innerhalb der Berichtsfunktion **Ziele** einnehmen soll.

Wahl des Zieltyps (Punkt 4)

Der Zieltyp kann entweder eine URL, die Besuchszeit auf der Website oder es können die aufgerufenen Seiten pro Besuch sein. Wählen Sie Ziel-URL, wenn das Ziel dem Aufrufen einer bestimmten URL entspricht. Das kann beispielsweise das Aufrufen einer Danke-Seite sein, die nach einem erfolgten Verkauf erreicht wird. **Besuchszeit auf der Website** sollten Sie wählen, wenn Sie die Website-Aktivitäten der User in bestimmten Abschnitten Ihrer Website ermitteln wollen. Auch **Seiten/Zugriff** hilft Ihnen, Einblicke in die Aktivitäten von Usern auf Ihrer Website zu erhalten. Mit **Seiten/Zugriff** lässt sich die Intensität des Besuchs genau auswerten.

Wenn Sie beim Zieltyp **Ziel-URL** gewählt haben, müssen Sie zusätzlich den Übereinstimmungstyp festlegen und eine Ziel-URL festlegen.

Festlegen des Übereinstimmungstyps (vgl. Abbildung 118, Punkt 1)

Hier stehen Ihnen drei Übereinstimmungstypen zur Verfügung: **Übereinstimmung mit Head**, **Übereinstimmung mit regulärem Ausdruck** und **Genau passendes Keyword** (das hat nichts mit der Keywordoption zu tun, es trägt nur die gleiche Bezeichnung).

Wählen Sie **Genau passendes Keyword,** wenn folgendes zutrifft: Die als Ihr Ziel beziehungsweise Trichter eingegebene URL muss mit den in den Berichten angezeigten URLs übereinstimmen. Es dürfen keine dynamisch generierten Kennungen oder Parameter vorhanden sein. Die Zielseite kann die Danke-Seite sein, die nach erfolgter Bestellung aufgerufen wird: *www.schokoladen-mustermann.de/thankyou.html.* Bei einer Teilübereinstimmung könnte man auch (unter Berücksichtigung der Regular Expressions) *^/thankyou\.html* als Ziel-URL eingeben.

Übereinstimmung mit Head wählen Sie, wenn Ihre Website dynamisch generierte Inhalte enthält. Das wäre beispielsweise der Fall, wenn jedem User eine ID zugeordnet wird. Es werden keine individuellen Werte eingegeben. Sehen wir uns ein Beispiel an: Die richtige Bezeichnung für die Ziel-URL von Schokoladen-Mustermann wäre nicht *www.schokoladen-mustermann.de/checkout.cgi?page=1&id=1234567* sondern lediglich */checkout.cgi?page=1.*

Übereinstimmung mit regulärem Ausdruck nutzen Sie, wenn die Stamm- beziehungsweise Endungsparameter von Nutzer zu Nutzer variieren. Hier müssen die Regular Expressions berücksichtigt werden. Das Festlegen von Übereinstimmungstyp und Ziel-URL kann unter Umständen recht schwierig sein. Lesen Sie sich die Informationen, die Google dazu gibt, sorgfältig durch.

Ziel-URL (Abbildung 118, Punkt 2)

Die Ziel-URL entspricht der Conversion-Seite. Das können eine Danke-Seite, der Aufruf einer bestimmten Seite innerhalb Ihres Internetauftritts und andere sein. Eine Ausnahme ist es, wenn es sich bei der Zielseite um einen Download (zum Beispiel ein PDF) handelt. Da Download-Links nicht zu einer Seite Ihrer Website führen, muss der Link dementsprechend gekennzeichnet werden.

Zielwert (ebd. 3)
Geben Sie hier den Wert der Conversion ein.

Wenn Sie **Groß-/Kleinschreibung beachten** aktiviert haben, muss die zuvor eingegebene Ziel-URL auch diesbezüglich den besuchten URLs entsprechen (Punkt 4).

Abschließend sichern Sie das angelegte Ziel über den Button **Änderungen speichern**.

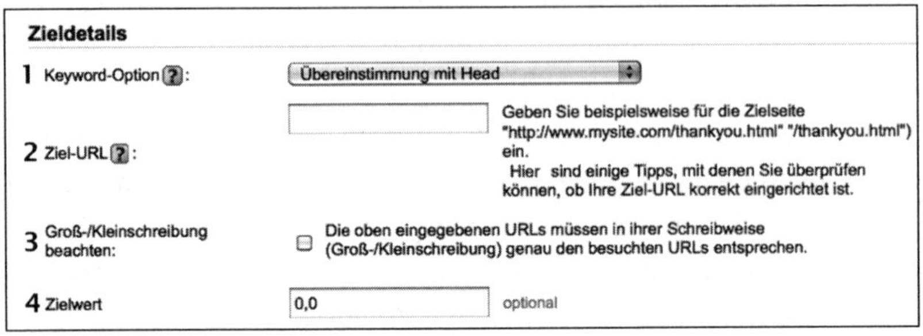

Abbildung 118: Übereinstimmungstyp und Ziel-URL festlegen

Wurde beim Zieltyp **Besuchszeit auf der Website oder Seiten/Zugriff** gewählt, können Sie zusätzlich Bedingungen wählen, die entweder größer oder kleiner als die Besuchszeit sind, die die User erreichen sollen (vgl. Abbildung 119). Sie können auch die Zahl der Seiten eingeben, die der User aufrufen soll (vgl. Abbildung 120).

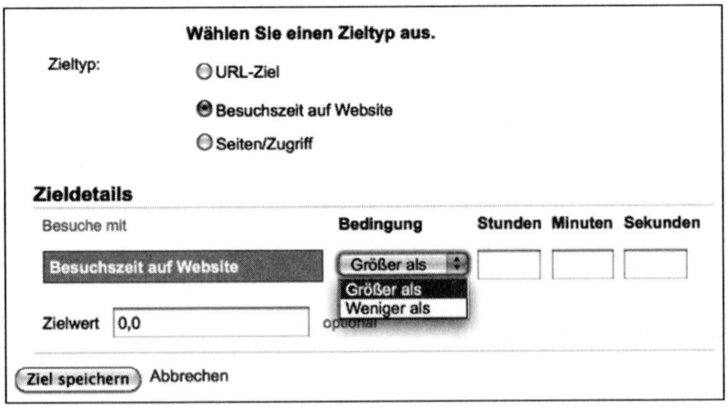

Abbildung 119: Zieldetails für den Zieltyp **Besuchszeit** auf Website festlegen

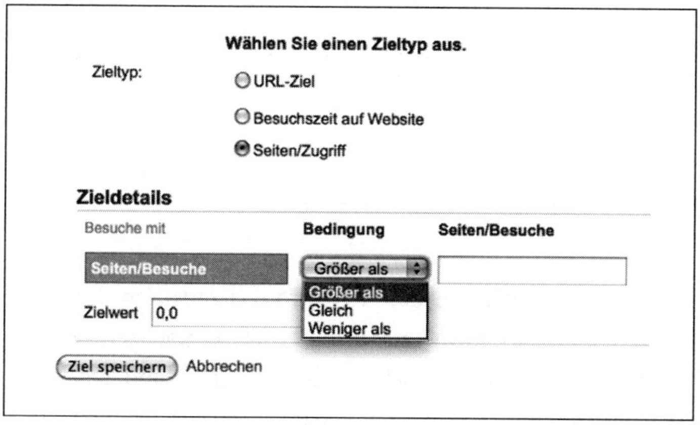

Abbildung 120:
Zieldetails für den Zieltyp **Seiten/Zugriff** festlegen

Sollten Sie sowohl mit Analytics als auch mit dem AdWords Conversion Tracking ein oder mehrere gleiche Ziele tracken, kann es bei den Ergebnissen zu Abweichungen kommen. Conversion Tracking ordnet Conversions auch dann noch AdWords zu, wenn zwischen Anklicken der Anzeige und erfolgter Conversion ein Zeitraum von bis zu 30 Tagen liegt. Das gilt auch, wenn der User bei dem Besuch, bei dem er die Conversion getätigt hat, über eine andere Quelle und nicht direkt über AdWords kam. Anders bei Google Analytics: Hier wird die Conversion nur dann AdWords zugeordnet, wenn der User unmittelbar im Anschluss daran die Conversion ausgelöst hat. Kommt der User beim nächsten Besuch aber über eine andere Quelle, wird der von AdWords gesetzte Cookie überschrieben und die Conversion wird einer anderen Quelle zugeschrieben. Dadurch ist es oft der Fall, dass die Zahl der Conversions bei AdWords Conversion Tracking höher ist als die Zahl, die Analytics AdWords zuordnet. Es ist also sinnvoll, Conversion Tracking zusätzlich zu Analytics einzurichten. Die hier ermittelten Werte stehen unmittelbar mit AdWords in Verbindung, wodurch sich auch der ROAS der AdWords-Kampagne genauer bestimmen lässt.

14.6 Trichter definieren

Ein Trichter ist, wie bereits erwähnt, eine Aneinanderreihung von Seiten, die aufgerufen werden müssen, bevor es zur Conversion kommt. Diese Seiten geben Sie in der Reihenfolge, in der sie durchlaufen werden, in die entsprechenden Felder ein und benennen sie. Es können bis zu zehn Schritte festgelegt werden. Geben Sie dazu die URL ohne die vorangehende Domain ein. Also anstatt *www.schokoladen-mustermann.de/schritt1.html* lediglich */schritt1.html*. Um einen Trichter anzulegen, gehen Sie auf die Seite mit den Zieleinstellungen und klicken hier auf **Ja, für dieses Ziel einen Trichter erstellen**.

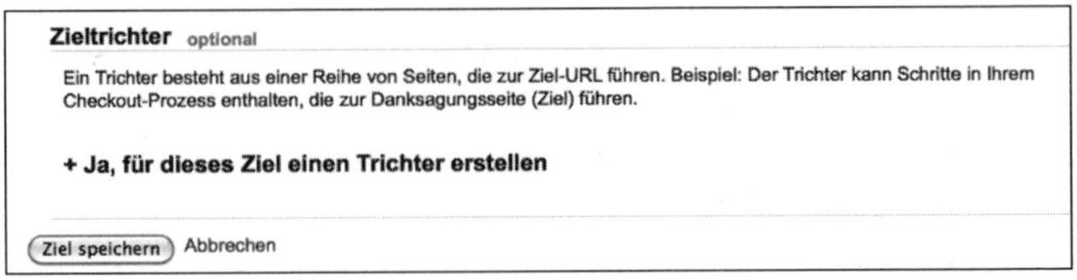

Abbildung 121:
Über diesen Link kann ein Trichterprozess angelegt werden.

Aktivieren Sie das Kontrollkästchen **Erforderlicher Schritt**, wird das Aufrufen der Seite, die Sie bei Schritt 1 eingegeben haben, als zwingend erforderlich betrachtet, um die Conversion zu zählen. Das heißt, User, die diesen Schritt überspringen und erst nach dem zweiten oder dritten Schritt einsteigen und eine Conversion auslösen, werden nicht erfasst. Dies wirkt sich natürlich nur auf die Darstellung der Conversions in eben diesem Trichterprozess aus (Sehen Sie sich dazu den Bericht **Trichter-Visualisierung** in den Analytics-Berichten an, vgl. Abbildung 132).

In anderen Berichten werden diese Conversions ungeachtet dessen normal gewertet und dargestellt. User dagegen, die eine Conversion verursachen und dabei Schritt 1 ausführen, aber vielleicht einen der folgenden Schritte überspringen, werden trotzdem erfasst. Sollen auch die User erfasst werden, die erst bei einem der späteren Schritte einsteigen, markieren Sie das Feld **Erforderlicher Schritt** also nicht. Um den Trichter fertig einzurichten, gehen Sie auch hier auf den Button **Änderungen speichern**.

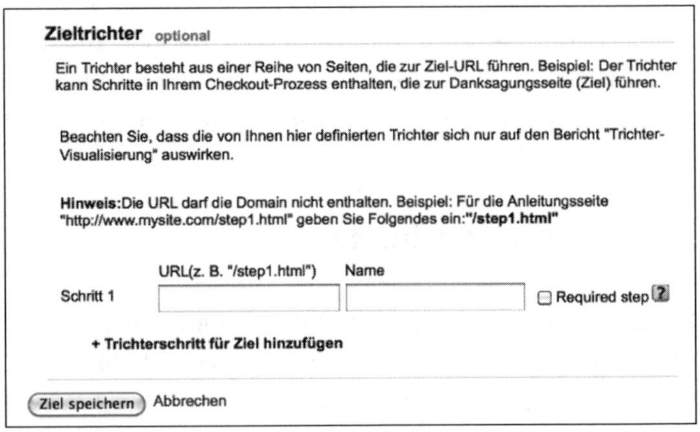

Abbildung 122:
Trichterprozess definieren

Profi-Tipp

Wie auch beim eigentlichen Einrichten von Analytics gibt es auch bei der Erstellung von Zielen und Trichtern zahlreiche Sonderfälle, auf die hier nicht eingegangen werden kann. Hilfe finden Sie unter: https://www.google.com/support/googleanalytics.

14.7 Berichtsfunktionen

Jeder Berichtstyp kann zeitlich angepasst werden. Welchen Zeitraum die Berichte erfassen sollen, passen Sie über die entsprechende Auswahl an. Hier haben Sie zudem die Möglichkeit, unterschiedliche Zeiträume miteinander zu vergleichen. Wählen Sie dazu einfach **Mit den bisherigen Daten vergleichen** und geben Sie die zu vergleichenden Zeiträume ein (vgl. Abbildung 123, Punkt 4). Über **Erweiterte Segmente** kann ausgewählt werden, welche Daten genau in den Berichten angezeigt werden sollen, und diese werden entsprechend herausgefiltert (Abbildung 123, Punkt 3). Es können bis zu vier Segmente kombiniert werden. Zum Beispiel »Neue Besucher« und »Bezahlte Zugriffe«. Die Grafiken können angepasst nach Tag, Woche oder Monat dargestellt werden (Punkt 5).

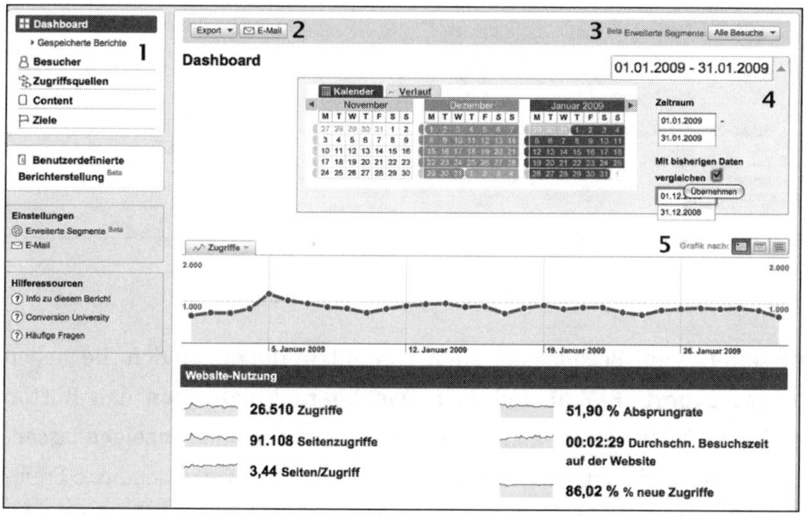

Abbildung 123: Die Übersichtsseite **Dashboard** im Google Analytics-Konto

Welcher Bericht dargestellt werden soll, wählen Sie bei den Berichtarten aus (Punkt 1). Es stehen detaillierte Berichte in den Kategorien Besucher, Zugriffsquellen, Content, Ziele und E-Commerce zur Verfügung. Was genau die einzelnen Berichte für Informationen enthalten, wird im nächsten Abschnitt erklärt. Wie andere Berichte können auch die Analytics-Berichte exportiert werden. Als Dateiformate stehen XML und PDF zur Auswahl (Punkt 2). Über das E-Mail-Symbol, das über jedem Bericht angezeigt wird, können Berichte per E- Mail verschickt werden (Punkt 2).

Auch eine regelmäßige Berichterstattung, beispielsweise monatlich, kann so automatisiert werden. Gehen Sie dazu innerhalb der E-Mail-Einstellungen auf den Tab **Planen** und nehmen Sie die gewünschten Einstellungen vor.

Abbildung 124: Planen von automatisierten Berichten

Auf einigen Berichtsseiten, zum Beispiel bei allen Content Optionen, finden Sie neben den bekannten Buttons **Export**, **E-Mail** und **Zum Dashboard hinzufügen** den Button **Visualisieren.** Über diesen Button können Sie sich Bewegungsdiagramme anzeigen lassen. Diese Bewegungsdiagramme, auch Motion Charts genannt, können an verschiedenste Ereignisse angepasst werde. Die Einstellung der X- und Y-Achse (vgl. Abbildung 125, Punkt 1), Farbe und Größe (Abbildung 125, Punkte 3 und 4) verändert man durch Anklicken dieser. Es wird ein Auswahlmenü geöffnet, in dem die angezeigten Werte ausgewählt werden können. Um die Wiedergabe des Bewegungsdiagramms zu starten, muss der **Play**-Button angeklickt werden (Punkt 2).

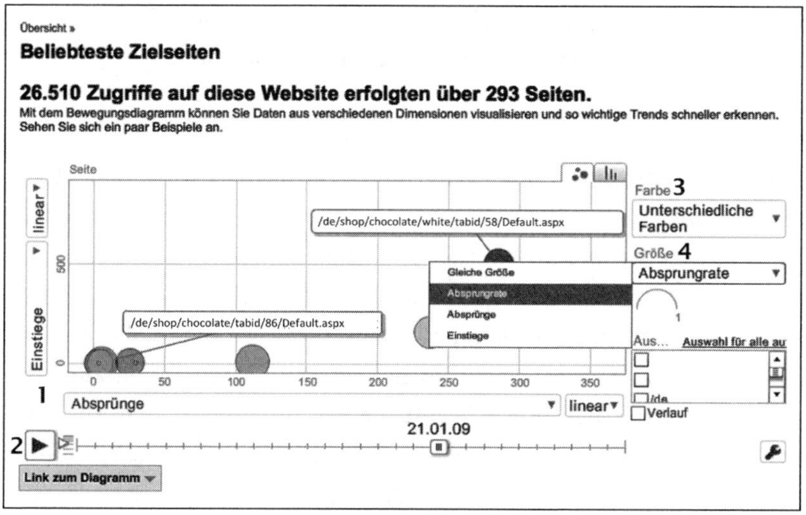

Abbildung 125: Beispiel für die bewegten »Motion Charts«

Profi-Tipp

Detailinformationen zu den Bewegungsdiagrammen finden Sie auf der folgenden Seite: *https://www.google.com/support/googleanalytics/bin/topic.py?topic=16275*

14.8 Aufbau der Analytics-Berichte

Google Analytics bietet Ihnen viele verschiedene Berichte über das Verhalten Ihrer Besucher. Gerade wenn Sie sich zum ersten Mal mit dem Thema Websiteanalyse beschäftigen, werden Sie überrascht sein, wie viele Detailinformationen Sie über Ihre Besucher bekommen und wie das Wissen, das Sie daraus ziehen können, Ihre Kampagnen zum Positiven hin beeinflussen kann. Hier eine kurze Übersicht über die einzelnen Unterpunkte Ihres Analytics-Kontos:

Dashboard

Das **Dashboard** gibt Ihnen einen Überblick über alle Unterbereiche (vgl. Abbildung 123). In der Standardeinstellung sehen Sie im oberen Teil einen grafischen Verlauf zur Besucherzahl, darunter eine Zusammenfassung über Besucherzahl, Seitenaufrufe, Dauer des Besuchs und weiteres. Außerdem sehen Sie ein Kartenoverlay über die geographische Ausrichtung der Besucher und eine Übersicht über die Zugriffsquellen. Um Berichte vom Overlay zu entfernen, klicken Sie auf das kleine x, das Sie in der oberen rechten Ecke einer jeden

Übersicht finden. Wollen Sie Berichte zum Dashboard hinzufügen, wählen Sie im oberen Seitenteil des jeweiligen Berichts die Option **Zum Dashboard hinzufügen**.

Besucher

Wenn Sie **Benchmarking** aktiviert haben, finden Sie unter dem gleichnamigen Bericht Vergleichswerte zu anderen Unternehmen Ihrer Branche. Aus der Kategorienliste können Sie Websites nach Branche auswählen, beispielsweise »Telekommunikation« oder »Computer und Elektronik«. Ihre Daten werden dann anonym mit Websites gleicher Größe und dem gewählten Themengebiet verglichen. Anhand verschiedener Grafiken sehen Sie, wie Ihre Website im Vergleich zu anderen abschneidet. Verglichen werden die Werte von **Zugriffszahlen**, **Absprungrate**, **Seitenzugriffe**, **Besuchszeit**, **Seiten pro Zugriff** und **Neue Besucher**. Das **Kartenoverlay** zeigt Ihnen anhand einer Länder- und Gebietskarte sowie zugehöriger Auswertung, aus welchen Regionen und Gebieten die Besucher Ihrer Website kamen. Die Option **neu und wiederkehrend** schlüsselt auf, wie viel Prozent Ihrer Besucher neu und wie viel davon wiederkehrende Besucher waren. Noch detailliertere Informationen dazu finden Sie unter **Besuchertreue**. In **Besuchertrend** sehen Sie wichtige Zusatzinformationen über Ihre Besucher. Man unterscheidet **Besuche** und **Absolut eindeutige Besuche**. Unter Besuche werden alle Besuche erfasst, auch wenn ein User innerhalb von 30 Minuten die Seite mehrere Male besucht. Absolut eindeutige Besuche erfasst dies dagegen nur als einmaligen Besuch. Unter **Durchschnittliche Anzahl an Seitenzugriffen** erfahren Sie, wie viele Unterseiten Besucher innerhalb Ihrer Website im Durchschnitt aufgerufen haben.

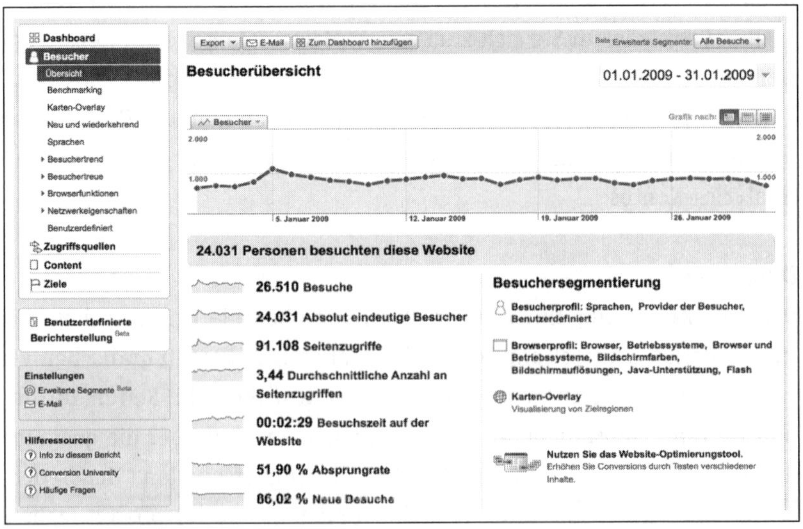

Abbildung 126:
Die Seite **Besucher** im Analytics-Konto

Ebenfalls sehr wichtige Werte finden Sie unter **Verweildauer** und **Absprungrate**. Die Verweildauer gibt Ihnen Auskunft darüber, wie lange sich Besucher durchschnittlich auf Ihrer Website aufgehalten haben. Ein sehr wichtiger Wert, um zu erfahren, ob das Angebot Ihrer Seite beim User auch auf Interesse stößt. Genauso verhält es sich mit der Absprungrate. Die Absprungrate gibt an, wie viele der Besucher Ihre Seite aufgerufen, aber sozusagen unmittelbar danach wieder verlassen haben. Ist Ihre Absprungrate sehr hoch, spricht das dafür, dass die Besucher nicht das auf der Seite vorgefunden haben, was sie erwartet haben.

Zugriffsquellen

Auf diesen Seiten sehen Sie, über welche Quellen wie viele der Besucher gekommen sind. Unter **Direkte Zugriffe** sehen Sie, wie viele der User die Webseite direkt aufgerufen haben. **Verweisende Websites** gibt Auskunft, welche Webseiten auf Ihre Seite verlinken und Ihnen dadurch Besucher einbringen. Unter **Suchmaschinen** sehen Sie, welche Suchmaschine Ihnen die meisten Besucher gebracht hat. Es kann angepasst werden, ob alle Besucher angezeigt werden sollen, oder nur die, die über bezahlte beziehungsweise unbezahlte Ergebnisse gekommen sind. Hinter den Namen der Suchmaschinen stehen die Abkürzungen »Direct/None«, »Organic« oder »Referral«. Diese Vermerke geben Auskunft darüber, ob die User beispielsweise über organische Suchergebnisse gekommen sind, ob sie die URL direkt eingegeben haben usw. Der Vermerk »direct/none« gibt an, dass User die URL direkt eingegeben haben, »organic« bedeutet, dass es sich um organische Suchergebnisse handelt, »referral« bezieht sich auf verweisende Websites und »CPC« bezeichnet Cost-per-Click-Kampagnen.

Abbildung 127: Die Seite **Zugriffsquellen** im Analytics-Konto

Über das Dropdown **Dimension**, das auf jeder Seite der Zugriffsquellen angezeigt wird, kann eingestellt werden, auf welche »Dimension« sich die Anzeige beziehen soll. Zur Wahl stehen unter anderem **Besuchertyp**, **Zielseite**, **Land/Gebiet** und weitere.

Besonders interessant ist die Option **AdWords.** Hier werden die Zugriffe, die über Google AdWords generiert wurden, analysiert. Unter **AdWords-Kampagnen** findet man abhängig davon, ob man sich auf der Seite **Website-Nutzung**, **Ziel-Conversion**, **Klicks** oder **E-Commerce** befindet, die zugehörigen Daten.

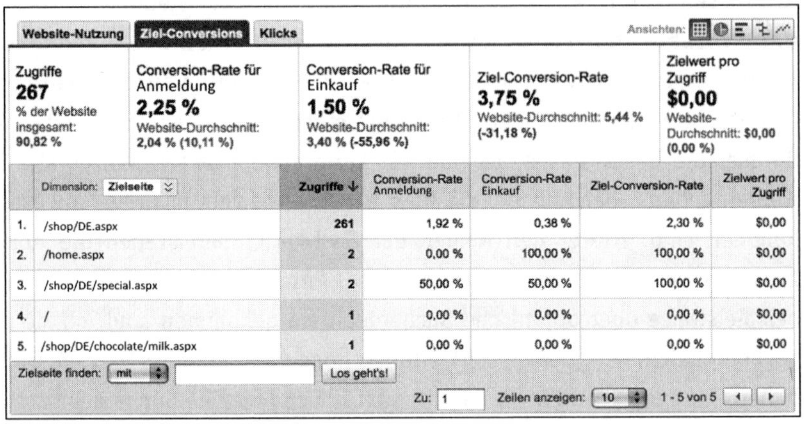

Abbildung 128: Auswertung der Zielseiten im Analytics-Konto

Beachten Sie, dass die Option **E-Commerce** nur eingeblendet wird, wenn beim Einrichten des Profils angegeben wurde, dass E-Commerce-Daten erfasst werden sollen. Hier findet man die übernommen Werte aus dem AdWords-Konto sowie den ROI und den Umsatz pro Klick. Über das Dropdown **Dimension** kann die Auswertung auch auf Keywords, Kampagne und Anzeigeninhalt hin angepasst werden.

Ausgesprochen wichtig ist auch **Keyword-Positionen**. Mithilfe dieser Daten sehen Sie genau, an welcher Position welches Keyword die beste Leistung bringt. Die Leistungsdaten können nach verschiedenen Faktoren wie Conversions Rate, Zugriffe und Ähnlichen sortiert werden. Gibt es Positionen, an denen Ihre Keywords besonders gute Ergebnisse erbringen, sollten Sie dazu passende Positionsgebote anlegen. Wie genau Sie diese Positionsgebote einrichten, finden Sie im Abschnitt *Anzeigenrang und Anzeigenposition*.

In der folgenden Abbildung 129 sieht man die Auswertung der **Keyword-Positionen** von Schokoladen-Mustermann. Das ausgewählte Keyword »Schokolade bestellen« hat auf den vorderen, teureren Plätzen eine wesentlich schlechtere Conversion-Rate, als auf den Plätzen 4 bis 6. Schokoladen-Mustermann sollte die mit diesem Keyword verbundenen Anzeigen, mithilfe der Positionsgebote bevorzugt auf diesen Positionen schalten. Auf diese Weise kann er den CPC senken, da die hinteren Positionen günstiger sind, und zeitgleich seine Conversion-Rate erhöhen.

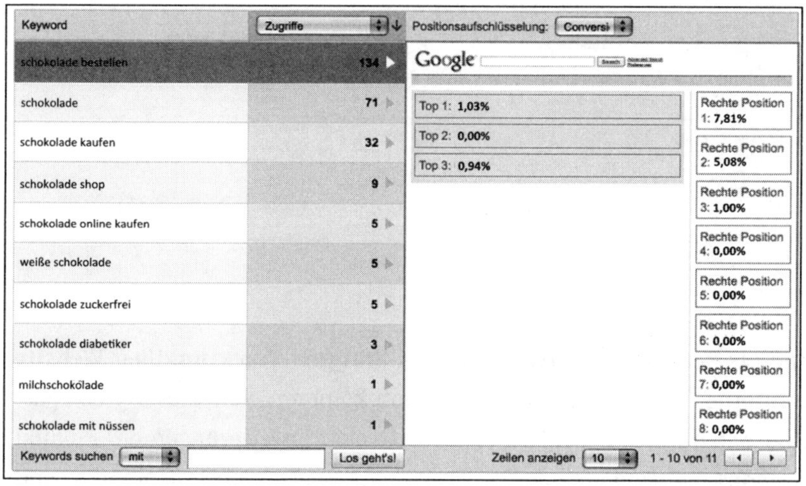

Abbildung 129: Auswertung der Keyword-Positionen im Analytics-Konto

Content

Informieren Sie sich darüber, wie Ihre Website bei Ihren Besuchern ankommt. In der Übersicht werden Ihnen neben den Top-Webseiten auch Erweiterungen zur Navigationsanalyse und zur Zielseitenoptimierung zu Verfügung gestellt. Besonders wichtig sind hier **Beliebteste Zielseiten** und **Häufigste Ausstiegsseiten**. **Beliebteste Zielseiten** zeigt Ihnen auf, welche Seiten die meisten Einstiege verbuchen konnten und wie viele Absprünge es hier gab. **Häufigste Ausstiegsseiten** dagegen zeigt an, auf welchen Seiten die meisten User Ihren Webauftritt verlassen haben, nachdem sie bereits auf verschiedenen Seiten waren. Ausstiegsseiten sind nicht zu verwechseln mit den Seiten mit der größten Absprungrate. Das sind wichtige Aspekte, um an der Userfreundlichkeit der Seite zu arbeiten und den ein oder anderen Schwachpunkt ausfindig zu machen. **Website-Overlay** verdeutlicht das Verhalten der User auf Ihrer Seite. Anhand von kleinen Balken-Diagrammen, die über einer Abbildung Ihrer Seite eingeblendet werden, lässt sich unter anderem das Klickverhalten der User auf Ihrer Seite nachvollziehen.

Abbildung 130:
Die Seite **Content** im Analytics-Konto

Noch relativ neu sind die Bereiche **Website-Suche** und **Ereignis-Tracking**. Über **Website-Suche** können Sie interne Suchen auf Ihrer Seite protokollieren. Auf dieser Weise lässt sich herausfinden, ob Änderungen am Inhalt einer Seite oder Erweiterungen der Produktpalette eines Onlineshops notwendig sind. Um die Website-Suche zu protokollieren, muss dies innerhalb der Profilinformationen vermerkt sein. Über Ereignis-Tracking lassen sich, wie der Name schon sagt, Ereignisse aufzeichnen, die User auf Ihrer Seite durchführen. Das können beispielsweise Downloads, das Abspielen von Videos und Ähnliches sein.

Ziele

Wenn Sie eines oder mehrere Ziele definiert haben, sehen Sie hier Statistiken über die Zahl der erreichten Ziele, die Conversion-Rate, den Ziel-Wert (falls hinterlegt) und die Zielpfade (siehe Abbildung 131).

Über **Trichter-Visualisierung** lässt sich sehen, wie viele User dem festgelegten Trichter gefolgt sind. Mithilfe dieser Trichter-Visualisierung können Sie Schwachstellen innerhalb des von Ihnen festgelegten Conversion-Prozesses ermitteln. Wenn Sie an einer Stelle auffällig viele User verlieren, muss diese Seite noch einmal überarbeitet werden (siehe Abbildung 132).

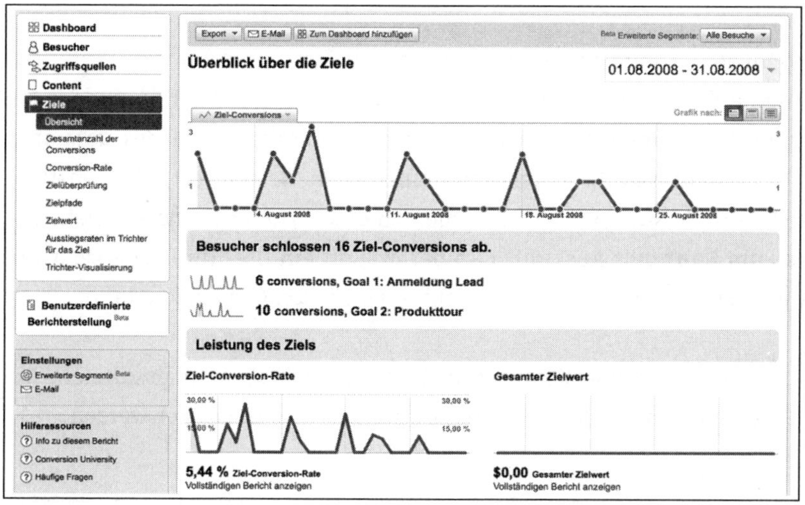

Abbildung 131: Die Seite **Ziele** im Analytics-Konto

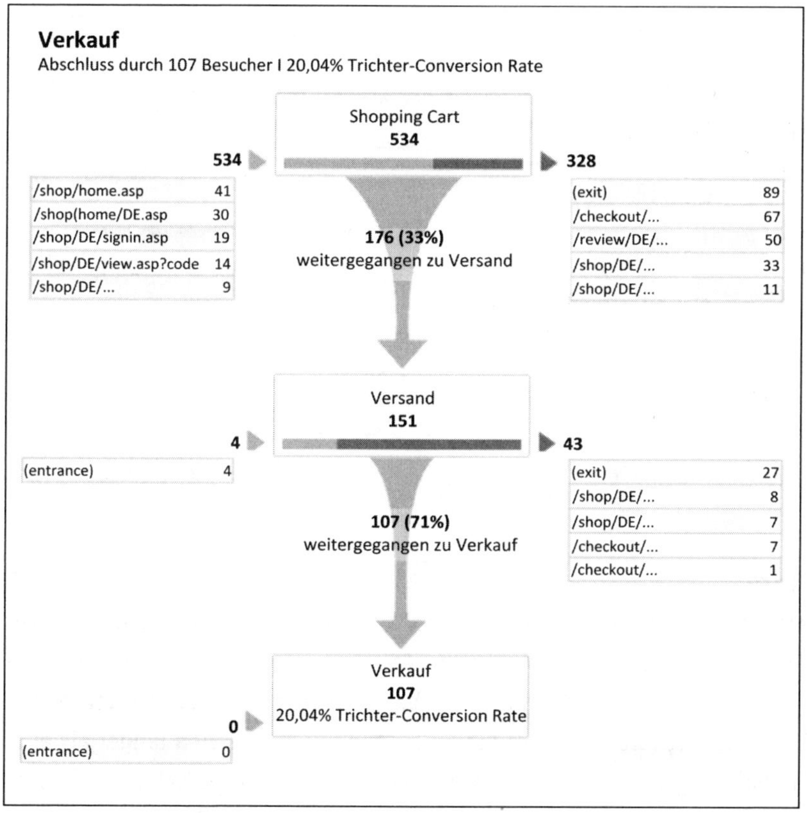

Abbildung 132: Beispiel für die Trichter-Visualisierung im Analytics-Konto

E-Commerce

Diesen Bereich bekommen Sie nur angezeigt, wenn in den Profileinstellungen hinterlegt ist, dass es sich um eine E-Commerce-Website handelt. Ist dies nicht der Fall, ändern Sie dies gegebenenfalls in den Profileinstellungen. Sie finden Auswertungen des gesamten erzielten Umsatzes (Gesamtumsatz), den durchschnittlichen Bestellwert, die Leistung einzelner Produkte (Produktleistung), sowie Angaben zu den erzielten Transaktionen. **Zugriffe und Tage bis zum Kauf** gibt Auskunft darüber, wie oft ein User Ihre Seite besuchte beziehungsweise wie viele Tage vergingen, bis es zur eigentlichen Conversion kam.

Beachten Sie, dass Stornierungen und Retouren nicht berücksichtigt werden können. Die vorliegenden Daten können dementsprechend nicht als endgültig betrachtet werden.

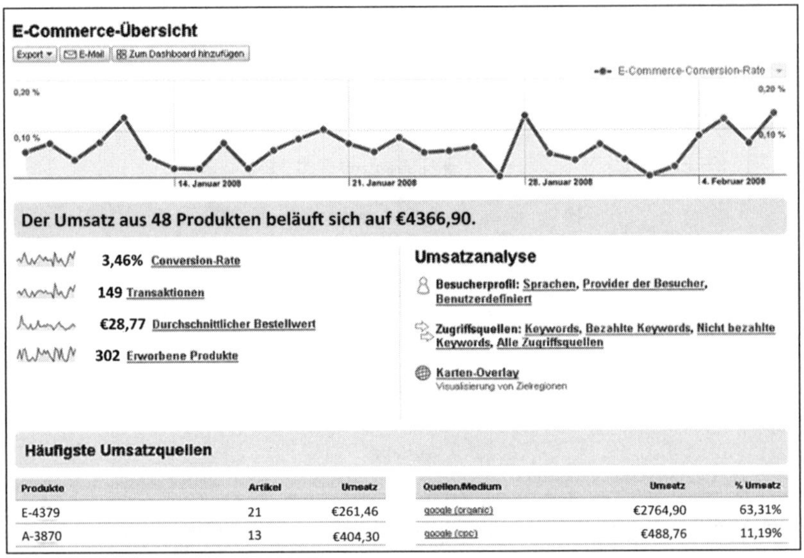

Abbildung 133: Die Seite **E-Commerce** im Analytics-Konto

Erweiterte Segmente

Die Funktion **Erweiterte Segmente** befindet sich noch in der Testphase und soll helfen, die einzelnen Analytics-Berichte nach bestimmten Kriterien zu unterteilen. Sie können beispielsweise ein Segment erstellen, das nur User berücksichtigt, die über Ihren Newsletter oder über ein bestimmtes Keyword auf die Seite kamen und die sich länger als eine Minute aufgehalten haben. Genauso können Sie auch ein Segment erstellen, das User anzeigt, die über AdWords-Anzeigen kamen, die auf Position eins gelistet waren, und die einen bestimmten Produktumsatz erzielt haben. Zusätzlich stehen Ihnen einige vordefinierte Segmente zur Verfügung, die Sie anwenden können. Soll ein Segment auf die

Berichte angewendet werden, gehen Sie auf den Link **Erweiterte Segmente,** der sich auf jeder Berichtseite oben rechts befindet (vgl. Abbildung 134). In dem sich öffnenden Auswahlmenü können Sie bis zu vier Segmente auswählen, auf die die Berichte angewendet werden sollen. Klicken Sie auf den Button **Übernehmen** und die Berichte werden anhand der ausgewählten Segmente angepasst.

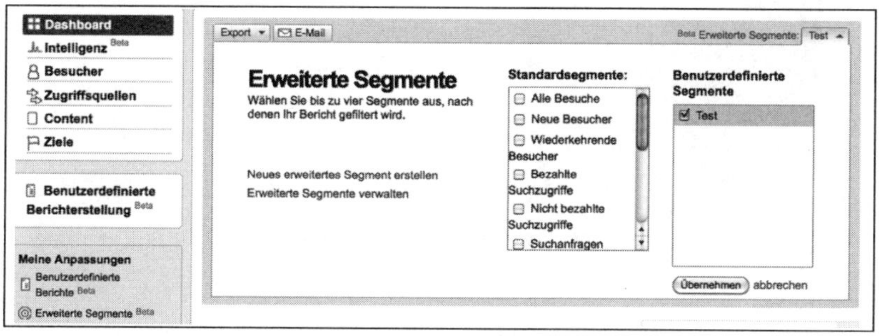

Abbildung 134: Anwenden von Segmenten auf die Analytics-Berichte

Um ein neues Segment zu erstellen, gehen Sie auf den Link **Erweiterte Segmente** und wählen hier **Neues benutzerdefiniertes Segment erstellen.** Die in grün und blau dargestellten Dimensionen und Messwerte auf der linken Seite können per Drag & Drop in die dafür vorgesehenen Felder gezogen werden. Fügen Sie nach Belieben weitere »and-« beziehungsweise »or-«Anweisungen hinzu, bis Sie alle Kriterien für Ihr neues Segment festgelegt haben (vgl. Abbildung 135 auf der folgenden Seite). Geben Sie dem Segment einen Namen und speichern Sie es ab. Alle Segmente, die Sie erstellt haben, sehen Sie nun in der Übersicht der Seite **Erweiterte Segmente**. Über den **Bearbeiten**-Link können bereits erstellte Segmente auch nachträglich verändert werden.

Benutzerdefinierte Berichterstellung und Intelligenz

Diese beiden Berichterstellungen befinden sich zurzeit noch in der Beta-Phase. Das heißt, die Funktionen werden noch überarbeitet und sind noch nicht endgültig abgeschlossen. Mit **Benutzerdefinierte Berichterstellung** können Sie individuell angepasste Berichte erstellen (vgl. Abbildung 136). Es können nicht nur die Messdaten angepasst werden, sondern auch Dimensionen. So können Besucher nach Uhrzeit und benutzerdefinierten Werten aufgelistet werden. Wie genau Sie benutzerdefinierte Berichte erstellen, erfahren Sie unter: *http://www.google.com/support/analytics/bin/answer.py?hl=de&answer=98527*

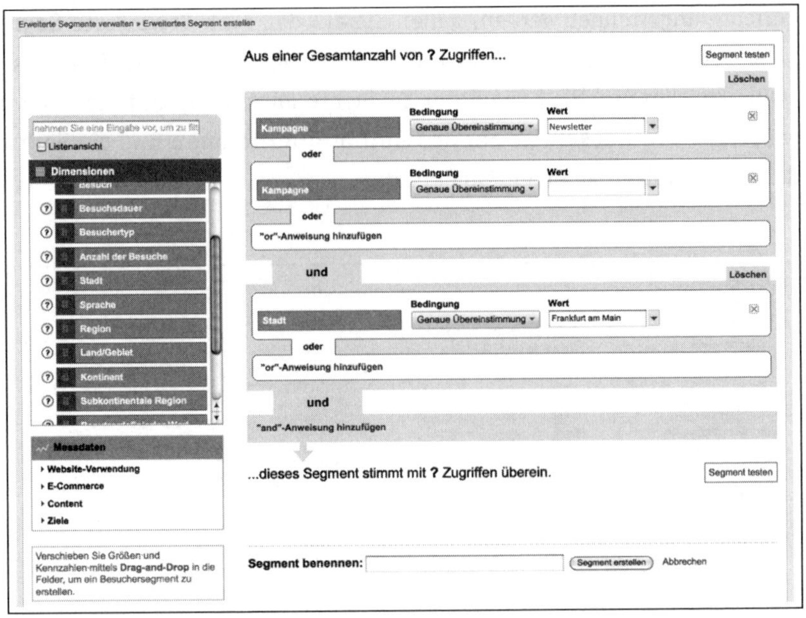

Abbildung 135: Erstellen von erweiterten Segmenten

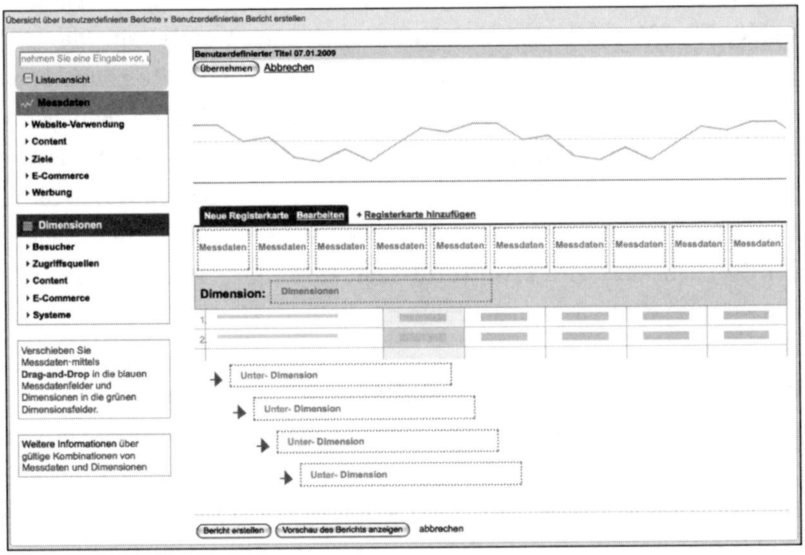

Abbildung 136: Erstellen von benutzerdefinierten Berichten im Analytics-Konto

Die Funktion **Intelligenz** gibt Auskunft, wenn innerhalb eines vorher definierten Zeitraums Veränderungen an einem bestimmten Messwert auftreten. In diesem Fall sendet Analytics eine automatische Benachrichtigung aus. Auf diese Art können Sie sich beispielsweise darüber informieren lassen, ob in einer Woche verstärkt Zugriffe über ein verweisende Seite zu verzeichnen sind oder dass die Zahl der abgeschlossenen Ziele von Usern aus Hessen im letzten Monat um 25 Prozent zurückgegangen ist. Diese Intelligenz-Funktion kann viel Zeit sparen, da nicht alle Berichte einzeln durchgesehen werden müssen, um die wichtigen Daten zu erhalten. Vielmehr können Sie sich die für Sie relevanten Informationen gezielt per E-Mail zusenden lassen. Dazu müssen Sie lediglich beim Erstellen einer neuen Benachrichtigung das Kontrollkästchen **Bei Auslösung der Benachrichtigung eine E-Mail senden** aktivieren. Analytics erstellt automatische Benachrichtigungen, in denen ein Überblick über Veränderungen angezeigt wird (vgl. Abbildung 137). Zusätzlich können benutzerdefinierte Nachrichten erstellt werden.

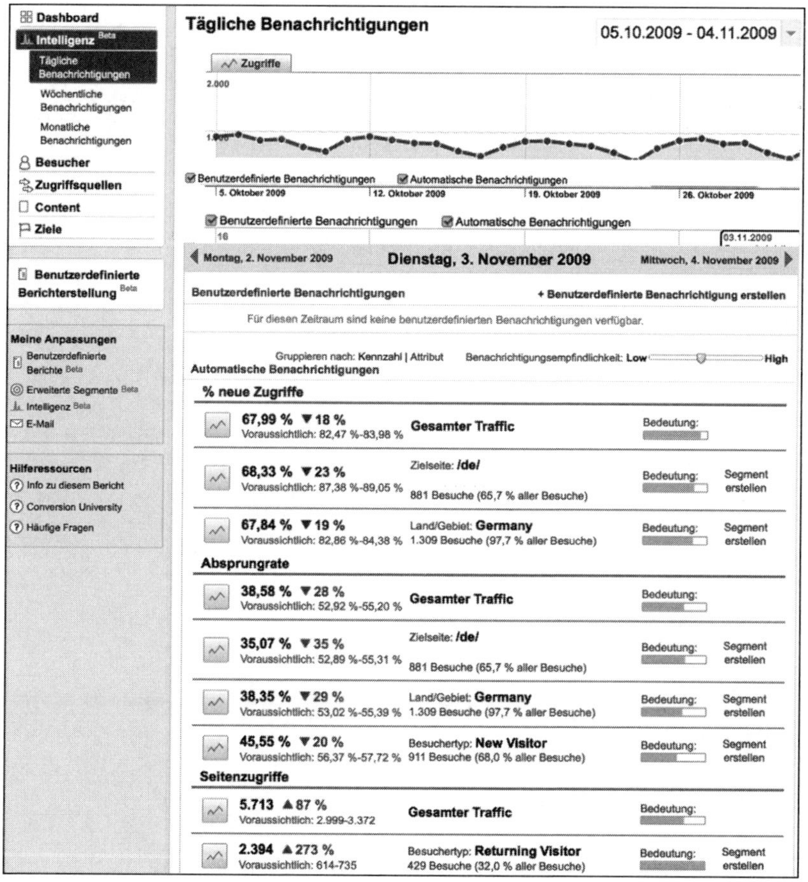

Abbildung 137: Die Funktion Intelligenz mit automatischen Benachrichtigungen

Profi-Tipp

Google Analytics ist in den letzten Monaten verstärkt in den Fokus der Aufmerksamkeit gerückt, da Datenschützer den unsachgemäßen Umgang mit sensiblen Nutzerdaten fürchten. Es ist damit zu rechnen, dass es innerhalb der nächsten Monate zu einer endgültigen Entscheidung darüber kommt, ob man Google Analytics in Deutschland weiter nutzen darf oder nicht. Sollte die Nutzung von Google Analytics verboten werden und Sie sich kein kostenpflichtiges Analyse-Tool leisten können oder wollen, gibt es ein weiteres kostenloses Tool, das Sie als Alternative nutzen können: **Piwik**.

Piwik ist eine französisches Open Source-Anwendung, die Analytics recht ähnlich ist. Die Funktionen sind teilweise noch nicht ganz so ausgefeilt, daran wird aber Open Source-typisch fleißig gearbeitet. Die Software ist in PHP geschrieben, wird auf dem Webserver installiert und speichert Daten in einer MySQL-Datenbank. Der Vorteil daran ist, dass die Daten direkt bei einem selbst liegen und nicht durch Dritte verwaltet werden.

Mehr Informationen zu dieser Anwendung finden Sie unter: *www.piwik.org*

15. Arbeitsweise der Profis: Optimierung als ständiger Lernprozess

Das Geheimnis einer erfolgreichen Kampagne ist weder eine mystische Formel noch eine besonders gute Beziehung zu Google, sondern einzig und allein das ständige Optimieren der Kampagnen. Aber warum ist es eigentlich so wichtig, laufende Kampagnen zu optimieren? Ganz einfach nur durch das Optimieren einer Kampagne lässt sich deren Leistung und damit verbunden Ihr Gewinn steigern.

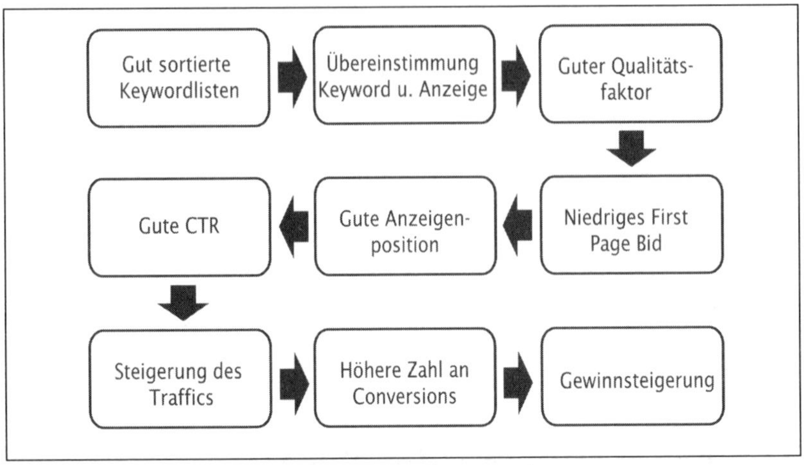

Abbildung 138: Der Optimierungsprozess

Der Optimierungsprozess

Besonders zu Beginn einer neu gestarteten Kampagne kann kontinuierliches Optimieren ganz entscheidend für die erfolgreiche Entwicklung dieser sein. Zudem bleiben Sie konkurrenzfähiger, da eine neu gestartete Kampagne noch keine für sie positive Historie vorzuweisen hat. Machen Sie also nicht den Fehler zu glauben, dass die Arbeit nach dem Einrichten von Konto und Kampagne getan ist und der Rest von alleine läuft. Die eigentliche Arbeit ist es, die Kampagne durchgehend erfolgreich am Laufen zu halten. Je umfangreicher Ihre Kampagne ist, desto größer ist natürlich der Arbeitsaufwand, den Sie haben. Fangen Sie, wenn Sie sich erst seit Kurzem mit dem Thema AdWords-Werbung befassen, lieber mit einer kleinen, übersichtlichen Kampagne an, in der Sie erst einmal nur ein Produkt oder eine Dienstleistung bewerben. Wenn Sie sich dann sicherer fühlen, können Sie die Kampagnen jederzeit ausweiten. Planen Sie genügend Zeit für die Betreuung der Kampagne ein. Bei einer schlecht geführten Kampagne profitiert einzig und allein Google und das sollte nicht das Ziel sein. Wenn Sie diese Zeit nicht haben, ist es besser, eine seriöse und gute Agentur zu beauftragen, die Ihre Kampagne für Sie verwaltet. Bei guter Kampagnenleistung sollten sich die zusätzlichen Agenturkosten recht schnell wieder ausgeglichen haben.

Lassen Sie sich davon aber bitte nicht abschrecken, ich versichere Ihnen, dass die Zeit, die Sie in Ihre Kampagnen investieren, sich auf jeden Fall auszahlt, wenn Sie alles richtig machen!

15.1 Optimieren Sie Ihre Kampagnen richtig

Es gibt keine allgemeingültigen Optimierungstipps. Die Vorgehensweise bei der Kampagnenoptimierung ist immer vom Ziel abhängig. Wenn mehr Besucherverkehr generiert werden soll, geht man anders vor, als wenn die Conversion-Rate gesteigert werden soll. Bevor man mit der Optimierung beginnt, ist es wichtig, sich über die Ziele klar zu werden und diese zu definieren. Die gängigsten Optimierungsziele sind die Steigerung der CTR, Erhöhung des ROI und die Zunahme des Traffics.

15.1.1 Optimieren der CTR

Ziele:
Die Klickrate soll gesteigert werden – In diesem Zusammenhang sollen mehr Klicks erzielt werden, wobei Budget und CPC gleich bleiben beziehungsweise gesenkt werden. Zeitgleich soll die Anzeigenposition erhöht werden.

Um die CTR zu erhöhen, ist es ganz entscheidend, dass Anzeigen und Keywords so gut wie nur möglich miteinander harmonieren. Je relevanter die Anzeige dem User erscheint, desto höher ist die Wahrscheinlichkeit, dass er diese auch anklickt. Das ist dann der Fall, wenn die Anzeige möglichst genau mit der Suchanfrage und damit verbunden mit Ihren hinterlegten Keywords übereinstimmt. Die folgenden Punkte sollten optimiert werden, um einen Anstieg der CTR zu erreichen:

- Überarbeiten Sie den Aufbau der Anzeigengruppen. Erstellen Sie viele kleine Anzeigengruppen mit thematisch passenden Keywords. Diese können beispielsweise nach Produkten unterteilt sein. Keywords mit einer schlechten CTR können zusätzlich in einer separaten Anzeigengruppe angelegt werden, wenn das Löschen dieser nicht sinnvoll ist.
- Überarbeiten Sie die Anzeigentexte und stimmen Sie diese auf die Keywords der entsprechenden Anzeigengruppe ab. Verwenden Sie auch die Dynamic Keyword Insertion.

- Wenn Sie spezifische Keywords in einer Anzeigengruppe angelegt haben, gehört dazu ein spezifischer Anzeigentext. Sind die Keywords dagegen recht allgemein, erstellen Sie einen allgemeinen Anzeigentext.
- Legen Sie bei den Anzeigen A/B-Tests an, um die leistungsstärkeren Varianten der Anzeigen zu finden.
- Ergänzen Sie ausschließende Keywords, um das Einblenden Ihrer Anzeige bei irrelevanten Begriffen zu unterbinden.

Sehen wir uns als Beispiel einige Keywords von Schokoladen-Mustermann an: »Schokolade«, »Schokoladen«, »Alpenmilchschokolade«, »Zartbitterschokolade«, »Schokolade mit Milch«, »Schokolade Alpenmilch«, »Schokolade Zartbitter«, »Diabetiker Schokolade«, »zuckerfreie Schokolade«, »Milka Schokolade«, »Schokolade ohne Zucker«, »Schokolade für Diabetiker«, »Schokolade bestellen«, »Chocolaterie«, »Schokolade von Lindt«, »Schokolade kaufen«, »Schokolade Versand« usw.

Um die CTR zu steigern, sollte er diese Keywords in thematisch passende Anzeigengruppen (AG) einordnen. Folgende Gruppen wären denkbar: Schokolade, Alpenmilch, Zartbitter, Diabetiker, Marke, Mix.

Die folgende Tabelle verdeutlicht, wie die Keywords angelegt werden sollten.

AG Schokolade	**AG Diabetiker**	**AG Marke**
Schokolade Schokoladen Schokolade bestellen Schokolade kaufen Schokolade Versand usw.	Schokolade zuckerfrei Schokolade Diabetiker Schokolade für Diabetiker Diät Schokolade Diabetes Schokolade Schokolade ohne Zucker usw.	Schokolade von Lindt Lindt Schokolade Schokolade von Milka Milka Schokolade usw.
100 Sorten Schokolade Finden Sie jetzt Ihre Lieblingssorte. Jetzt bestellen! www.schokoladen-mustermann.de	Zuckerfreie Schokolade für Diabetiker, gibt es bei uns. Viele verschiedene Sorten. www.schokoladen-mustermann.de	100 Sorten Schokolade Finden Sie jetzt Ihre Lieblingssorte. Jetzt bestellen! www.schokoladen-mustermann.de

15.1.2 Optimieren des Traffics

Ziele:

Mehr Traffic auf der Website – Es sollen mehr Besucher auf die Seite gebracht werden, ohne das Budget und den CPC zu erhöhen. Gewünscht sind auch mehr Seitenaufrufe pro Besucher innerhalb der Website. Damit verbunden ist eine erhöhte Anzeigenpräsenz. Der wichtigste Aspekt bei der Erhöhung des Traffics ist ebenfalls eine klare Struktur der Anzeigengruppen in Kombination mit den Keywords. Diese sollten gut aufeinander abgestimmt sein, damit eine gute CTR erzielt werden kann. Klicken User häufig auf Ihre Anzeige, generieren sie dadurch automatisch Traffic für Ihre Seite. Die folgenden Punkte sollten bei der Optimierung auf Traffic beachtet werden:

- Verwenden Sie generische Keywords. Das sind Keywords, die relativ allgemein gehalten sind. Dadurch erhalten Sie eine große Zahl an Impressionen.
- Unterteilen Sie die Keywords in passende Anzeigengruppen und stimmen Sie auch hier die Anzeigentexte auf die Keywords ab. Verwenden Sie die Keywordoptionen »weitgehend passend« und »Wortgruppe«, da diese eine größere Zielgruppe abdecken als »genau passend«.
- Legen Sie nur wenige, sehr genaue und ausschließende Keywords an. Verwenden Sie hier am besten die genau passende Option, also »–[Keyword]«.

Wollte Schokoladen-Mustermann seine Kampagne bezüglich des reinen Traffics optimieren, würde das so aussehen:

AG Schokolade
Schokolade Schokoladen Schokolade Shop Schokolade Versand Schokolade bestellen Schokolade kaufen usw.
<u>100 Sorten Schokolade</u> Finden Sie jetzt Ihre Lieblingssorte. Jetzt bestellen! www.schokoladen-mustermann.de

15.1.3 Optimierung des ROI

Ziele:

Gewinnsteigerung – Durch mittelbare Senkung des Cost-per-Conversion soll der Gewinn maximiert werden. Es muss eine genaue Abstimmung auf die Zielgruppe erfolgen.

Hierbei handelt es sich sehr wahrscheinlich um das häufigste und erstrebenswerteste Optimierungsziel. Durch Steigerung der Conversion-Rate und Senkung des Cost-per-Conversion soll der ROI erhöht werden.

Den folgenden Punkten sollte bei der Optimierung zur Steigerung des ROI besondere Beachtung geschenkt werden.

Keywordoptimierung:

- Auch hier sollten die Keywords in thematisch zusammenpassende Anzeigengruppen eingeteilt werden. Je kleiner und genauer die Anzeigengruppen, desto besser können sie auf die Anzeigentexte abgestimmt werden.
- Verzichten Sie weitestgehend auf sehr allgemeine Keywords. Nutzen Sie stattdessen sehr signifikante Begriffe. Verwenden Sie zum Beispiel anstatt des generischen Keywords »Handy«, einen spezifischeren Begriff wie die Modellbezeichnung »Nokia N85« und andere. Diese Keywords müssen auf eine passende Seite verlinkt werden, also möglichst genau die Seite, auf der das gesuchte Produkt auch angeboten wird.
- Ergänzen Sie Ihre Keywords durch Ausdrücke, die darauf schließen lassen, dass der User die gewünschte Conversion ausführen will. Das können Begriffe wie »bestellen«, »kaufen«, »mieten«, »anmelden« und ähnliche sein.
- Verzichten Sie auf die Keywordoption »weitgehend passend«. Stattdessen verwenden Sie die Optionen »Wortgruppe« und »genau passend«.
- Ergänzen Sie so viele ausschließende Keywords wie möglich. Um Schnäppchenjägern und Informationssammlern vorzubeugen, sollten zur Liste der ausschließenden Keywords auch Begriffe wie »Vergleich«, »Testbericht«, »billig«, »Discount« etc. hinzugefügt werden.

Anzeigenoptimierung:

- Testen Sie verschiedene Anzeigenvarianten mithilfe von A/B-Tests. So finden Sie schnell die Varianten, die Ihnen den meisten Gewinn bringen.
- Keywords und Anzeigentexte müssen stark miteinander übereinstimmen. Sucht ein User nach »Nokia N85«, sollte dieser Begriff im besten Fall auch im Anzeigentext auftauchen.

- Erstellen Sie spezifische Anzeigentexte. Nicht die CTR ist der entscheidende Wert, entscheidend ist vielmehr, ob Sie mit der Anzeige die richtige Zielgruppe erreichen. Über sehr genaue Anzeigentexte können unqualifizierte User genauso herausgefiltert werden wie über ausschließende Keywords.
- Machen Sie bereits im Anzeigentext auf Preise, besondere Aktionen und Angebote aufmerksam. Auf diese Art können Sie einmal das Interesse des Users wecken und zeitgleich unqualifizierte User ausschließen, die nicht bereit sind, den ausgewiesenen Betrag für das Produkt auszugeben. Diese Angebote müssen auf der Zielseite möglichst einfach zu finden sein.

Landing Page-Optimierung:

- Die Zielseite muss den Erwartungen gerecht werden, die mit der Anzeige geweckt werden, und sollte auch mit den Keywords harmonieren (siehe hierzu Abschnitt *Richtiges Erstellen einer Landing Page*).
- Testen Sie verschiedene Varianten von Landing Pages in Form von A/B- beziehungsweise multivariaten Tests.

Profi-Tipp

Man kann es gar nicht oft genug erwähnen: Um eine Kampagne richtig zu optimieren, ist die Nutzung eines Analyse-Tools unabdingbar. Kein Analyse-Tool bedeutet keine Optimierung! Eine Kampagne ohne Analyse-Tool laufen zu lassen, ist reines Glücksspiel und trägt kaum zur Steigerung Ihrer Gewinne bei.

15.2 Zusammenfassung der Optimierungsmöglichkeiten

Da das Optimieren der Kampagnen der entscheidende Faktor ist, wenn es darum geht, mit dieser Gewinne zu erzielen, fassen wir die Möglichkeiten noch einmal in ihrer Gesamtheit zusammen:

Struktur

Die Struktur einer Kampagne erleichtert das Optimieren. Wurden die Kampagne beziehungsweise die Kampagnen gut durchdacht angelegt, geht das Optimieren gleich viel leichter von der Hand. Wenn Sie die in den vorangegangenen Kapiteln beschriebene Struktur bereits beim Einrichten berücksichtigt haben, dürfte hier kein Optimierungsbedarf bestehen.

Gesamtbudget

Erhöhen Sie das Budget nur, wenn auch die Rendite stimmt, damit es sich für Sie rechnet. Investieren Sie erst dann mehr, wenn Sie einen Gewinn erzielen!

Klickpreise (CPC)

Beobachten Sie die Klickpreise der einzelnen Keywords, da diese nicht zuletzt mit über die Anzeigenposition entscheiden. Die Klickpreise sollten regelmäßig angepasst werden und ins Verhältnis zur Keyword-Leistung gesetzt werden.

Anzeigenvarianten

Probieren Sie ruhig immer wieder neue Anzeigentexte aus. Selbst kleinste Veränderungen können eine extrem große Änderung der CTR bewirken. Weniger erfolgreiche Anzeigentexte werden geändert oder gelöscht. Achten Sie aber nicht nur auf die CTR, auch wenn diese für den Qualitätsfaktor wichtig ist. Wichtig für Sie sind die Conversion-Rate und der ROI. Die beste Möglichkeit, um verschiedene Anzeigenvarianten miteinander zu vergleichen ist der A/B-Test (siehe Abschnitt *A/B-Test*).

Anzeigenformate und Anzeigenausrichtung

Wenn Ihre Text-Anzeigen im Content-Werbenetzwerk nicht die gewünschten Ergebnisse bringen, sollten Sie unter Umständen eine extra Kampagne nur fürs Content-Werbenetzwerk erstellen oder es mit ausgewählten Placements versuchen. Diese können auch mit Keywords kombiniert werden. Nutzen Sie auch Anzeigenformate wie Image- und Displayanzeigen, die Ihnen unter Umständen mehr Aufmerksamkeit bringen als eine reine Textanzeige.

Anzeigengruppen

Richten Sie die Keywords thematisch zusammenpassend ein. Keywords, die keine gute Leistung bringen, werden gelöscht. Keywords, die wenige Impressionen erzielen, sollten nach dem Long Tail-Prinzip in eine separate Anzeigengruppe verschoben werden. Diese Anzeigengruppe kann über die Menge an Keywords unter Umständen zu guten Ergebnissen führen.

Keywords

Finden Sie regelmäßig neue Keywords und streichen Sie Keywords, die nicht gut laufen, besser zu früh als zu spät. Diese können sonst einen negativen Einfluss auf die Kampagne haben. Nutzen Sie unbedingt die verschiedenen Keywordoptionen, insbesondere die ausschließenden Keywords. Dazu können Sie gut ein Keyword-Tool verwenden, in dem Sie eines Ihrer Keywords eingeben und sehen, nach welchen Keywordkombinationen die User gesucht haben. Sind für Sie irrelevante dabei, gehören diese sofort zu den ausschließenden Keywords!

Kampagnen-Ausrichtung

Schauen Sie, aus welchen Regionen genau die Besucher kommen, oder zu welchen Zeiten die meisten Conversions eingehen. Anhand solcher Auswertungen können Sie Ihre Kampagnen dann noch genauer ausrichten. Legen Sie zum Beispiel weitere regionale Kampagnen an, oder lassen Sie die Anzeigen zu bestimmten Zeiten nicht schalten.

Userverhalten

Schauen Sie sich an, an welchen Stellen die meisten User abspringen. An diesen Stellen gibt es immer Verbesserungspotenzial. Welche Seiten werden am meisten besucht, welche weniger? Wie lange ist die Verweildauer auf den Seiten? Das alles sind Dinge, die Sie wissen müssen, um Ihre Seite so nutzerfreundlich wie möglich zu gestalten und Ihre Chance auf Conversions zu steigern.

Landing Page

Gestalten Sie die Landing Page so userfreundlich wie nur möglich. Achten Sie darauf, dass die Seite sowohl für die Keywords als auch für die Anzeigen relevant ist. Erproben Sie mithilfe von A/B- und multivariaten Tests verschiedene Varianten.

Es gibt einige Punkte, die Sie ganz gezielt optimieren möchten, Sie wissen aber nicht genau wie? Die Tabelle auf der folgenden Seite zeigt Ihnen auf, an welchen »Schrauben« genau Sie drehen müssen, um den gewünschten Aspekt zu optimieren.

Typischer Anfängerfehler

Neueinsteiger neigen dazu, Verbesserungsvorschläge, die Google einem im Laufe der Zeit im Account unterbreitet, eins zu eins in ihren Kampagnen umzusetzen. Davon rate ich dringend ab! Lassen Sie sich von Meldungen, die Sie dazu auffordern, Ihr Budget zu erhöhen, weil Ihnen sonst täglich eine bestimmte Anzahl an Impressionen verloren geht, nicht aus der Ruhe bringen. Es hat keinen negativen Einfluss auf Ihre Kampagnen, wenn Sie das nicht tun. Das Budget darf nur erhöht werden, wenn man mit der Kampagne auch entsprechende Gewinne erzielt!

Problem	Optimierungsmöglichkeit
Anzahl der Besucher zu gering/Klickrate soll gesteigert werden	• Auswahl der Keywords präzisieren, auf Anzeigentext abstimmen • Anzeigenposition erhöhen • Anzeigentext überarbeiten • Budget erhöhen • Auswahl der Werbenetzwerke anpassen
Kosten pro Besucher zu hoch/Cost-per-Conversion soll gesenkt werden	• Keywords präzisieren • CPC anpassen • Budget umverteilen • Eventuell das Google Conversion-Optimierungstool nutzen
Besucherqualität ist gering	• Auswahl der Keywords prüfen • Anzeigentexte überarbeiten • Anzeigenschaltung zeitlich einschränken
Conversionzahl zu niedrig	• Auswahl der Keywords präzisieren • Anzeigentext überarbeiten • Landing Page überarbeiten
Präsenz im Netz zu gering, um einen Branding-Effekt zu erzielen	• Anzeigenposition erhöhen • Budget erhöhen • Werbenetzwerke erweitern

Profi-Tipp

Google entwickelt ständig neue Funktionen, über die Sie in Ihrem Konto informiert werden. Probieren Sie diese neuen Funktionen so oft wie möglich aus, da sich das ein oder andere für Ihre Kampagne als überaus nützlich erweisen kann.

16. Weitere Profi-Tools von Google nutzen

Google stellt Ihnen einige nützliche Tools, also Werkzeuge, zur Verfügung, mit denen Sie Ihre Kampagnen besser planen und optimieren können. Eine Aufstellung der Ihnen im folgenden Abschnitt vorgestellten Tools finden Sie über die Registerkarte **Werbechancen**. Im linken Abschnitt dieser Seite sehen Sie Links zu den wichtigsten Tools sowie einen Link zur Übersichtsseite Tools.

Das Kampagnen-Optimierungstool

Dieses Tool soll dabei helfen, Schwachstellen in der Kampagne aufzudecken und diese so zu verbessern. Einfach anklicken und die Prüfung für die entsprechenden Kampagnen und Anzeigengruppen durchführen lassen.

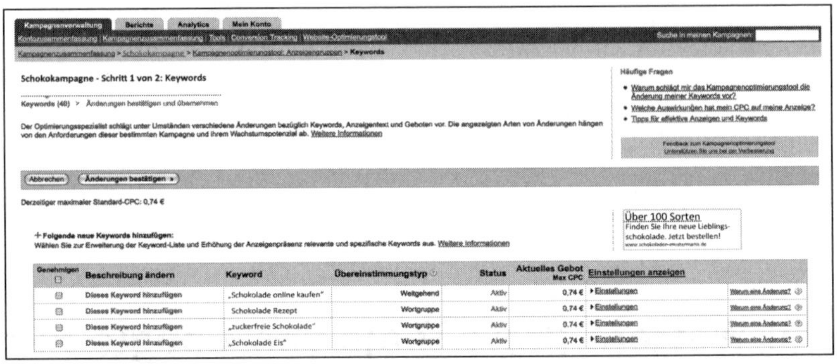

Abbildung 139: Das Kampagnen-Optimierungstool

Profi-Tipp

Für den Anfang mag das Tool ganz nützlich sein. Ich empfehle Ihnen aber, besser selbst regelmäßig die Kampagnen zu kontrollieren, da das Tool einem außer meist recht unsinnigen zusätzlichen Keywords und vermeintlich notwendigen Erhöhungen des CPCs nichts weiter empfiehlt.

Das Keyword-Tool

Dieses Tool hilft bei der Erstellung neuer Keywordlisten. Wählt man die Option **Website-Content**, kann man seine URL eingeben und das System generiert einem selbstständig einige Keywords, die es für sinnvoll erachtet. Wählt man dagegen **Beschreibende Wörter oder Wortgruppen,** gibt man selbst Keywords ein und das System generiert einem weitere Varianten und Synonyme der entsprechenden Keywords. Diese kann man dann über **Hinzufügen** direkt zu der Keyword-Liste geben. Über **Spalten anzeigen/ausblenden** kann man sich die Mitbewerberdichte, das Suchvolumen und den zu erwartenden CPC mit der zu erwartenden Position anzeigen lassen (siehe auch Abbildungen 71 bis 76). Mehr Informationen zum Keyword-Tool finden Sie im Abschnitt *Einrichten der Keywords*.

Profi-Tipps

Das Keyword-Tool finde ich sehr sinnvoll, um die Keywords, die man bereits im Kopf hatte, durch weitere Varianten zu erweitern. Es bietet sich auch an, um Keywords, die für die Kampagne unsinnig sind, als ausschließende Keywords hinzuzufügen. Dazu stellt man einfach den Übereinstimmungstyp auf »ausschließend« um und ergänzt die nun negativen Keywords über den Link **Ausschließendes Keyword hinzufügen**.

Die Schätzungen, die das Tool zur Anzeigenposition und zum voraussichtlichen CPC ausgibt, sind Werte, die im absoluten Idealfall zu erreichen sind. Gerade am Anfang einer Kampagne kann man in den meisten Fällen (je nach Mitbewerberdichte) den zu erwartenden CPC um einiges nach oben korrigieren. Auch die Anzeigenposition ist sehr wohlwollend bemessen.

Das Placement-Tool

Das Placement-Tool ist das entsprechende Gegenstück zum Keyword-Tool, nur für Placements. Es hilft Ihnen also bei der Wahl verschiedener Content-Sites, die thematisch zu Ihren Anzeigen passen. Diese Webseiten können Sie anhand dreier verschiedener Optionen auswählen: **Kategorien durchsuchen**, **Themen beschreiben** und **URLs auflisten**. Wie auch beim Keyword-Tool können die Placements über den **Hinzufügen**-Link direkt zur Kampagne hinzugefügt werden. Das Placement-Tool finden Sie, indem Sie über die Registerkarte **Kampagnen** auf den Tab **Werbenetzwerke** gehen. Lassen Sie sich hier die Details zu den ausgewählten Placements einblenden und klicken Sie auf **Placements hinzufügen**. Neben dem Eingabefeld für die Placements finden Sie einen Link zum Placement-Tool (siehe auch Abbildung 38).

Keyword-Tool auf Basis von Suchanfragen

Dieses Tool hilft einem basierend auf dem Website-Content neue und passende Keywords zu generieren. Dazu gibt man die Domain der Seite ein, die gescannt werden soll, und das Tool filtert häufig gesuchte, potenzielle Keywords heraus. Passend zu den Keywords gibt einem das Tool auch die entsprechende Unterseite an, auf die sich das Keyword bezieht. Werden die Keywords dann auch auf die entsprechenden Seiten verlinkt, kann dies den Qualitätsfaktor positiv beeinflussen. Zusätzlich wird das durchschnittliche Suchvolumen ermittelt (der Zeitraum, für den es die Werte ermitteln soll, kann eingestellt werden), die Mitbewerberdichte und der zu erwartende CPC. Weiterhin können die Ergebnisse nach den verschiedensten Kriterien gefiltert werden, beispielsweise nach Branche (siehe Abbildung 140 auf der folgenden Seite).

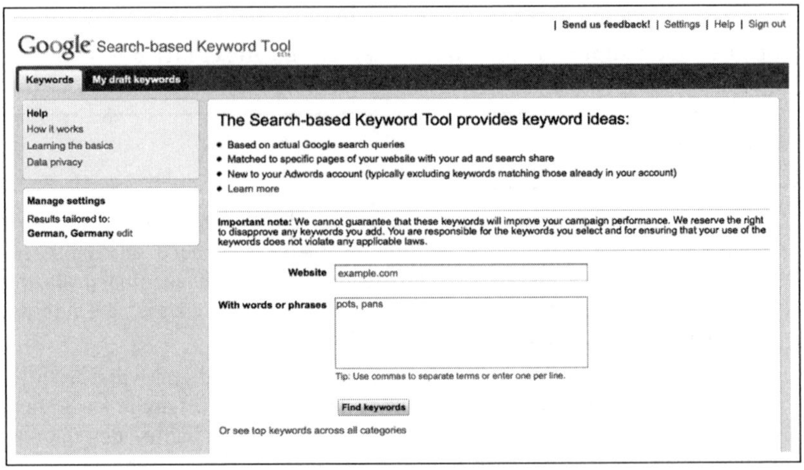

Abbildung 140:
Das Keyword-Tool auf Basis von Suchanfragen

Google Suchstatistiken

Dieses Tool analysiert Suchanfragen basierend auf Kategorien geografischer und zeitlicher Ausrichtung. Gibt man einen Suchbegriff ein, kann genauestens eingestellt werden, nach welchen Aspekten man die Ergebnisse gefiltert haben möchte. Vergleichbar mit der ebenfalls kostenfreien Anwendung Google Trends, nur mit noch detaillierteren Ergebnissen. Bislang steht dieses Tool nur in englischer Sprache zur Verfügung, kann aber auch für anderssprachige Keywords und Websites genutzt werden.

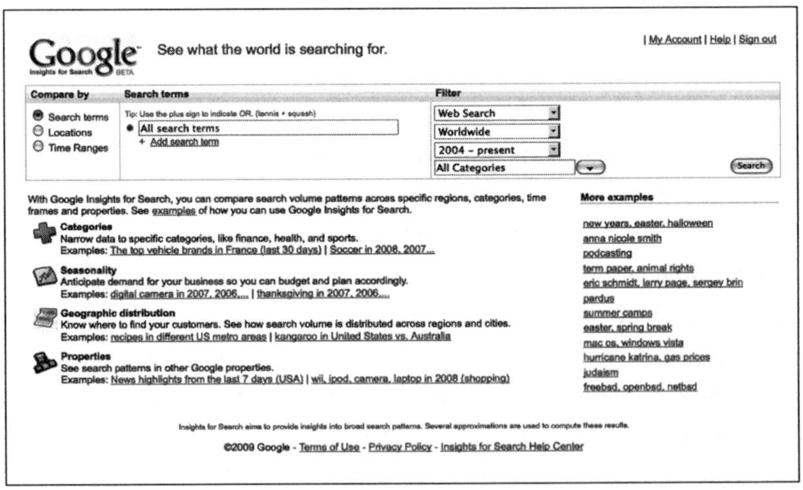

Abbildung 141:
Die Google Suchstatistiken

Tool zur Erstellung von Display-Anzeigen

Dieses Tool finden Sie nicht unter der Hauptseite der Tools, sondern auf der Seite **Anzeigen** unter der Registerkarte **Kampagnen**. Gehen Sie auf den Button **Neue Anzeige**. Hier finden Sie den Link zum Tool zur Erstellung von Display-Anzeigen. Das Tool unterstützt einen bei der Erstellung von Display- und Video-Anzeigen, indem es einem fertige Anzeigenvarianten zur Verfügung stellt, die nur noch vom Advertiser individuell zugeschnitten werden müssen.

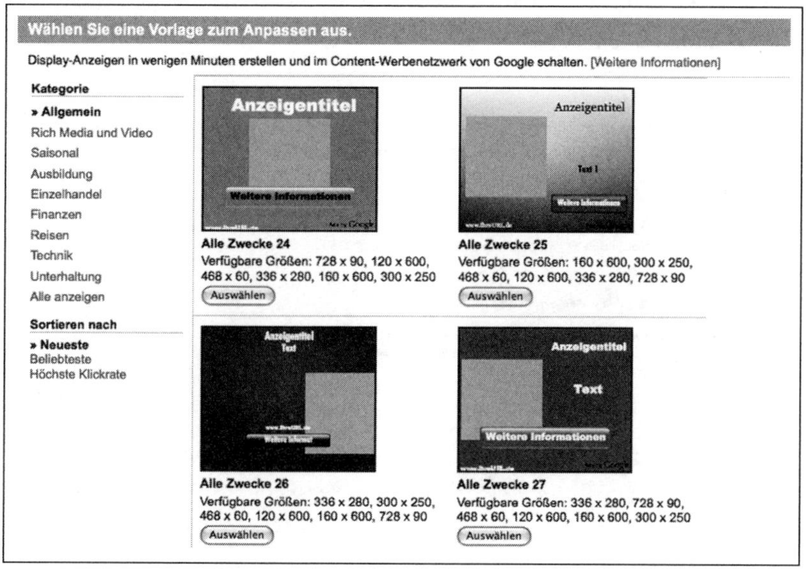

Abbildung 142: Das Tool zur Erstellung von Display-Anzeigen

Ausschließen von Websites und Websites-Kategorien

Dieses Tool ermöglicht Ihnen den Ausschluss bestimmter Websites und Websitekategorien. Hier legen Sie URLs und Beschreibungen fest, bei denen Ihre Anzeigen nicht erscheinen sollen. Wenn Sie beispielsweise nicht auf der Seite eines Konkurrenten werben wollen, geben Sie hier dessen URL an. Detailliertere Informationen zu diesem Tool finden Sie im Abschnitt *Ausschließen bestimmter Websites und Websitekategorien im Content-Werbenetzwerk*.

Tool »Abgelehnte Anzeigen«

Falls eine oder mehrere Ihrer Anzeigen abgelehnt wurden, können Sie hier sehen, was die Gründe dafür waren.

Profi-Tipp

Dieses Tool benötigt man eher selten, da man auch ohne es die nötigen Informationen zur Ablehnung einer Anzeige angezeigt bekommt.

Ausschließende Keywords auf Kampagnenebene bearbeiten

So können Sie ausschließende Keywords, also Wörter, bei denen Ihre Anzeigen nicht erscheinen sollen, nicht nur auf Anzeigengruppenebene, sondern auch für die gesamte Kampagne ausschließen. Mehr Informationen zu diesem Tool finden Sie im Abschnitt *Ausschließende Keywords auf Kampagnenebene.*

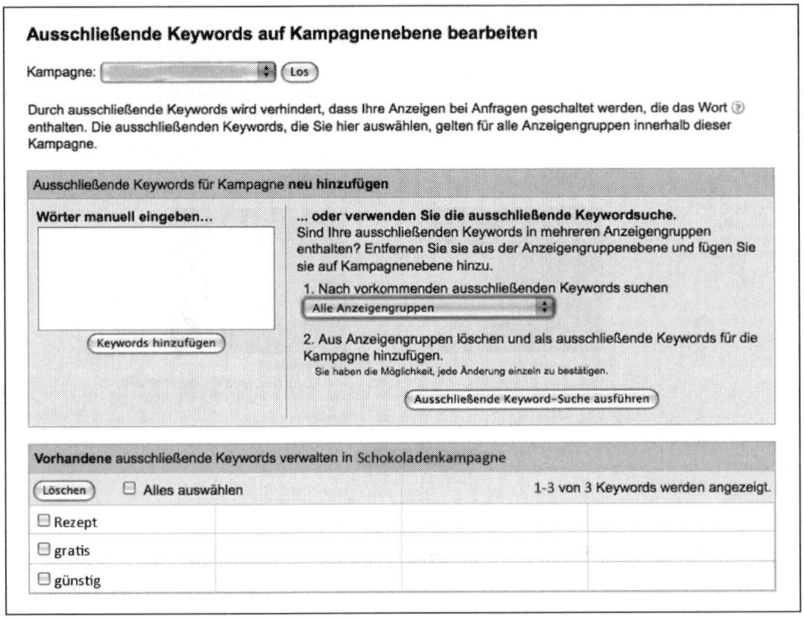

Abbildung 143: Ausschließende Keywords auf Kampagnenebene bearbeiten

Ausschluss von IP-Adressen

Funktioniert wie das Ausschließen von Websites und Kategorien, nur mit IP-Adressen. Geben Sie die IP-Adressen ein, für die Ihre Anzeigen nicht erscheinen sollen. Das können beispielsweise Mitarbeiter sein oder IP-Adressen, die ständig Ihre Anzeigen anklicken, aber nur ein paar Sekunden auf der Seite verweilen und Ähnliche.

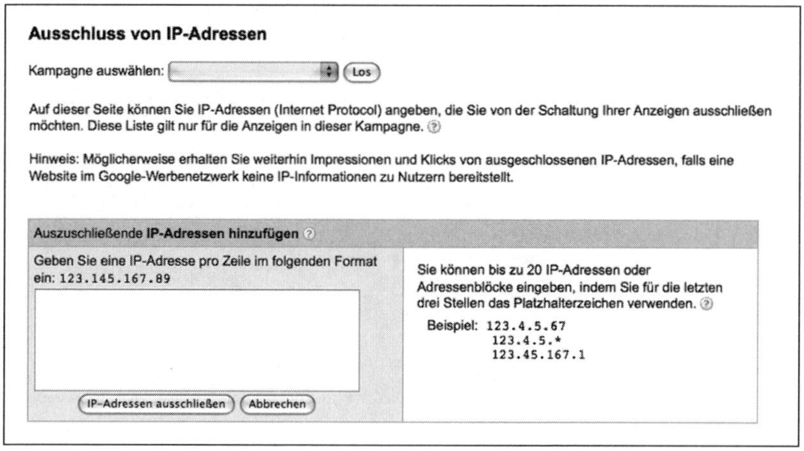

Abbildung 144: Ausschluss von IP-Adressen

Typischer Anfängerfehler

Vorsicht beim Ausschließen von IP-Adressen! Stellen Sie sicher, dass Sie die richtige IP verwenden, sonst kann schnell eine ganze Region ausgeschlossen werden.

Anzeigendiagnose-Tool

Das Anzeigendiagnose-Tool hilft Ihnen, nach Anzeigen zu suchen, die bei bestimmten Suchbegriffen oder Websites nicht geschaltet werden. Ihnen wird angezeigt, ob die Anzeige auf der ersten Seite der normalen Google-Suchergebnisse geschaltet wird, aus welchem Grund eine Anzeige eventuell nicht geschaltet wird und warum manche Keywords keine Anzeigenschaltung auslösen. Zudem macht Ihnen dieses Tool Vorschläge, wie Sie den Anzeigenrang und die Anzeigenschaltung verbessern können. Wenn Sie eine Anzeigendiagnose durchführen wollen, können Sie zwischen zwei Optionen wählen. Die erste Option, die sich auf Suchbegriffe und Parameter bezieht, sollten Sie verwenden, um die Schaltung aller Anzeigen Ihres Kontos zu einem bestimmten Keyword zu überprüfen. Dazu geben Sie nur die erforderlichen Informationen ein und starten die Prüfung. Bei der zweiten Option, die sich auf die URL der Suchergebnisseiten bezieht, gehen Sie genauso vor, nur dass Sie hier als Information die URL der Suchergebnisseite eintragen, also zum Beispiel: *http://www.google.de/search?hl=de&q=keyword&btnG=Suche&meta=*. Das Tool kann auch für Mobile-Anzeigen verwendet werden.

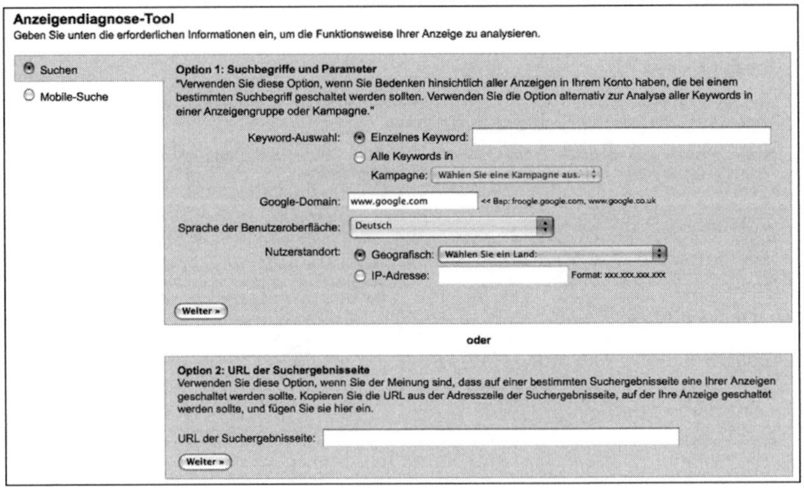

Abbildung 145: Das Anzeigen-diagnose-Tool

Website-Optimierungstool

Mit diesem Tool können Sie messen, ob Änderungen an Ihrer Website zu Verbesserungen Ihrer Rendite, also unter anderem auch zu mehr Conversions führen. Sie können festlegen, welche Teile Ihrer Website getestet werden sollen, beispielsweise Überschrift, Bild oder Werbetext. Über das Tool wird daraufhin bei einem Teil der Zugriffe eine Art Experiment gestartet, indem die verschiedenen Varianten Ihrer Website gegeneinander antreten. Auf diese Weise wird ermittelt, welche Variante die erfolgreichere ist. Sobald genügend Daten erfasst worden sind, erhalten Sie Berichte und Vorschläge zur weiteren Websiteoptimierung. Bei der Erstellung der Test können Sie zwischen A/B- und multivariaten Tests wählen (siehe auch Abschnitt *A/B-Tests und Multivariate Tests*).

Profi-Tipps

Ein ausgesprochen gutes Tool, um die Effizienz einer Website zu steigern. Für Neueinsteiger jedoch nur bedingt geeignet, da der Einbau der verschiedenen Codes etwas komplexer ist.

Traffic Estimator

Dieses Tool zeigt Schätzungen über Zugriffszahlen und Kosten für potenzielle neue Keywords an. Gibt man ein Keyword ein, erhält man, ähnlich wie beim Keyword-Tool, das Suchvolumen, den zu erwartenden CPC, den zu erwartenden Anzeigenrang und die durchschnittlichen Kosten pro Tag. Das Tool liefert etwas detailliertere Ergebnisse als das Keyword-Tool, da man unter anderem auch Ländereinstellungen eingeben kann, aber auch hier sollte man sich nicht auf die ermittelten Werte verlassen.

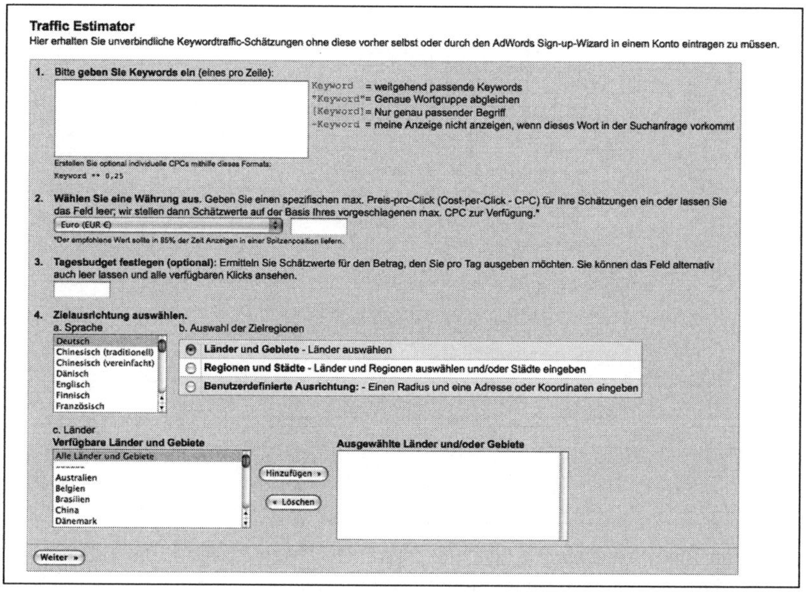

Abbildung 146:
Der Traffic Estimator

Conversion-Optimierungstool

Um dieses Tool nutzen zu können, müssen Sie Conversion Tracking aktiviert haben und in den vergangenen 30 Tagen in einer Kampagne mindestens 15 Conversions erzielt haben. Sollte dies der Fall sein, können Sie mit dieser Funktion Gebote abgeben, die Sie bereit sind, für eine Akquisition auszugeben. Legen Sie für jede Anzeigengruppe ein maximales CPA-Gebot (Cost-per-Acquisition) fest. Das System ermittelt dann anhand der bisherigen Kampagnendaten den optimalen CPC für Ihre Anzeigen. Dadurch müssen Sie die Gebote nicht mehr manuell anpassen, auch wenn die Abrechnung weiterhin pro Klick erfolgt. Um diese Funktion zu nutzen, gehen Sie auf den Tab **Einstellungen** Ihrer Kampagne und ändern hier die Gebotsoption auf **CPC-Gebote automatisch einstellen, um Conversions zu maximieren**. Sie können hier entweder das vom System vorgeschlagene Gebot nutzen oder selbst ein CPA-Gebot festlegen.

Das Conversion-Optimierungstool eignet sich besonders für die Nutzung im Content-Werbenetzwerk. Hier kann die Conversion-Rate abhängig von den Seiten, auf denen die Anzeigen geschaltet werden, stark auseinandergehen. Hier hilft das automatische Anpassen des CPC basierend auf der Wahrscheinlichkeit, mit der eine Conversion erfolgt. Dieses Anpassen ohne Tool ist im Content-Netzwerk nahezu unmöglich beziehungsweise nur mit einem immensen Zeitaufwand umzusetzen.

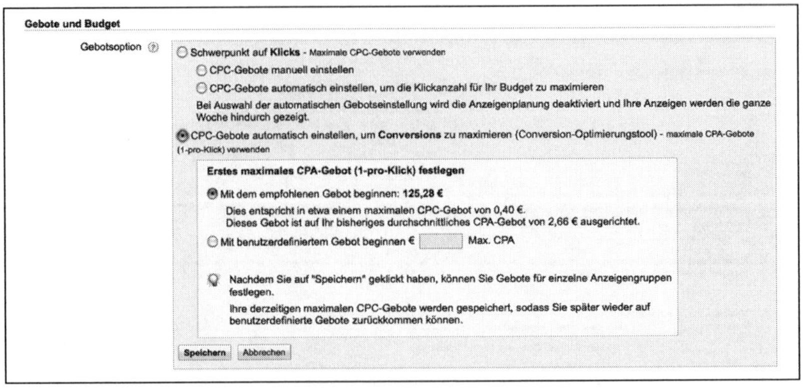

Abbildung 147:
Das Conversion-Optimierungstool

Profi-Tipp

Beachten Sie, dass der von Ihnen festgelegte CPA nicht garantiert werden kann. Der tatsächlich erreichte CPA kann durchaus auch darüber liegen. Aus diesem Grund empfiehlt es sich auch bei Aktivierung des Tools, weiterhin regelmäßig in die Kampagne zu schauen und sich nicht nur auf dieses Tool zu verlassen. Weiterhin sollte der CPA so kalkuliert werden, dass der daraus resultierende ROI auch dann noch gut ist, wenn der CPA überschritten wird.

Tabellen-Bearbeitung

Anzeigengruppen und zugehörige Keywords können direkt in Tabellen bearbeitet werden. Gehen Sie dazu in die gewünschte Kampagne und wählen Sie hier eine Anzeigengruppe aus. Auf dem Tab **Keywords** finden Sie den Button **Weitere Aktionen**. Wählen Sie hier **Tabelle bearbeiten**. Daraufhin werden Ihnen alle Keywords dieser Anzeigengruppe in einer übersichtlichen Tabelle angezeigt, in der sowohl die Keywords direkt als auch deren Eigenschaften wie CPC, Status und Ziel-URL bearbeitet werden können.

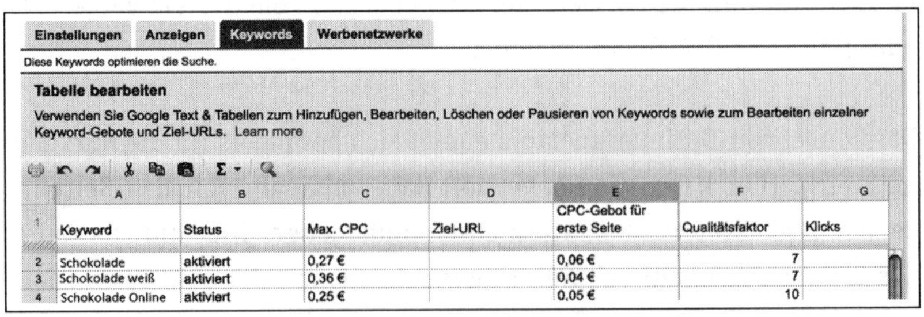

Abbildung 148:
Die Tabellen-Bearbeitung

Das Änderungsprotokoll

Mit diesem Tool können alle Änderungen innerhalb eines ausgewählten Zeitraums eingesehen werden. Das Tool hilft, einen Überblick über vorgenommene Änderungen zu erhalten. Es kann gefiltert werden, welche Änderungen angezeigt werden sollen. Diese werden detailliert angezeigt. Die Werte des in der Auswertung angezeigten Messdiagramms können beliebig angepasst werden.

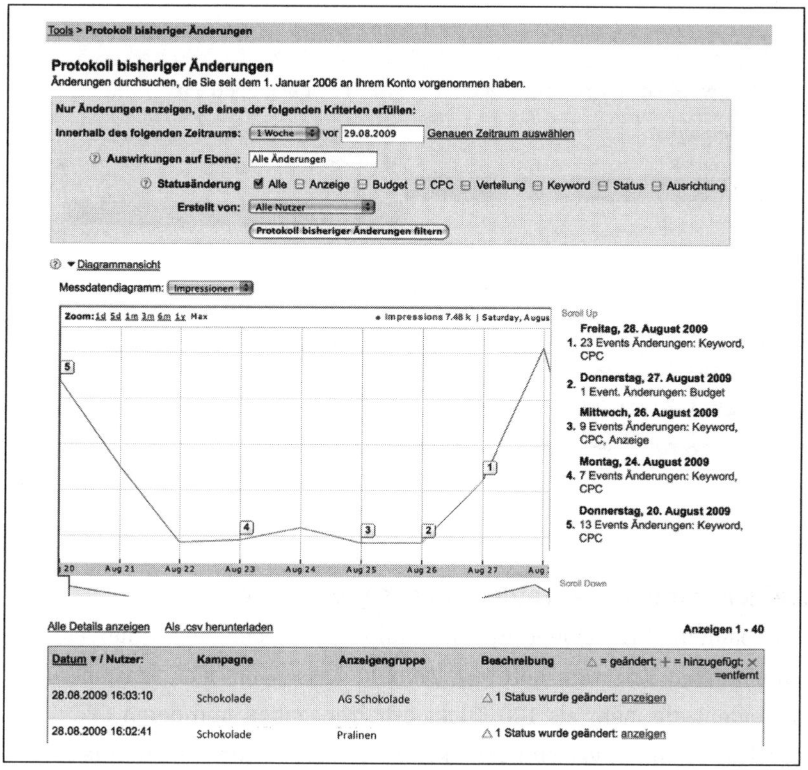

Abbildung 149: Das Änderungsprotokoll

Kopieren von Keywords, Placements und Anzeigen

Um Keywords, Placements und Anzeigen in eine andere Anzeigengruppe zu kopieren, gehen Sie einfach auf den entsprechenden Tab und wählen das gewünschte Keyword, die Anzeige oder das Placement aus. Wählen Sie über den Button **Weitere Funktionen** die Option **Kopieren.** Über das sich öffnende Fenster können Sie das Keywords die Anzeige oder das Placement in die gewünschte Anzeigengruppe übertragen. Über Aktivieren des entsprechenden Kontrollkästchens können das jeweilige Gebot und die Ziel-URL ebenfalls mit übernommen werden. Denken Sie aber daran, das kopierte Objekt in der alten Anzeigengruppe gegebenenfalls zu löschen.

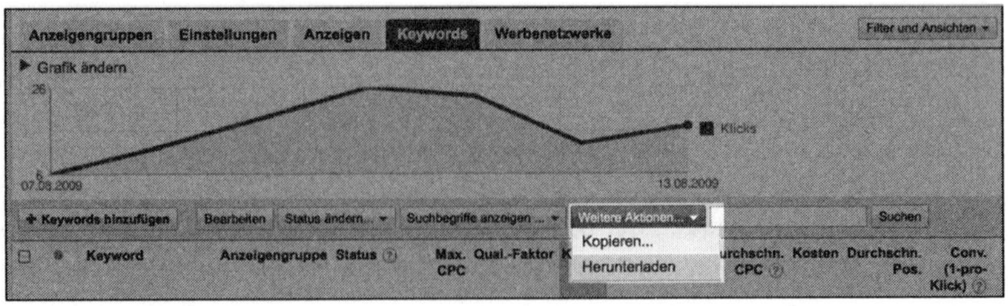

Abbildung 150: Keywords, Placements und Anzeigen können kopiert werden

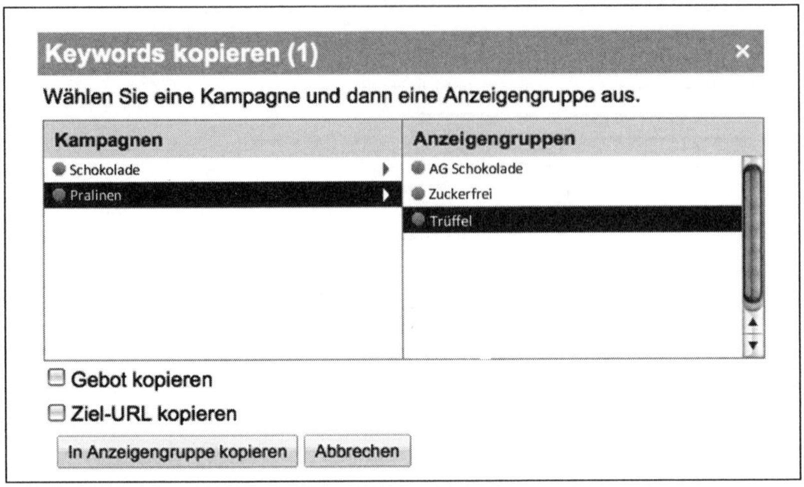

Abbildung 151: Die Kopier-Funktion im AdWords-Account

Kampagnen-, Anzeigengruppen-, Anzeigen- und Keywordfilter

Die angezeigten Kampagnen-, Anzeigengruppen-, Anzeigen- oder Keywordergebnisse können nach verschiedensten Kriterien gefiltert werden. Lassen Sie sich beispielsweise nur die Keywords anzeigen, die mehr als 100 Klicks erhalten haben und deren CPC unter 0,80 Euro liegt. Den Filtern können verschiedene Kriterien zugewiesen werden, die erfüllt werden müssen. Um einen Filter einzurichten oder anzuwenden, gehen Sie auf den Link Filter. Diesen Link finden Sie auf den Tabs **Kampagnen**, **Anzeigengruppen**, **Anzeigen** und **Keywords**. Wählen Sie **Filter erstellen**. Geben Sie die gewünschten Kriterien ein, die die Ergebnisse erfüllen sollen. Beispielsweise eine CTR größer als 3,5 Prozent und mindestens fünf generierte Conversions. Um weitere Kriterien hinzuzufügen, gehen Sie auf den Link **Weitere Hinzufügen.** Es öffnet sich ein zusätzliches Eingabefeld. Über den Button **Speichern** können bereits erstellte Filter gespeichert werden. Diese können über den Link **Gespeicherte Filter anwenden** ausgewählt und angewendet werden. Wenn Sie den Filter über den entsprechenden Button anwenden, werden die angezeigten Ergebnisse automatisch angepasst.

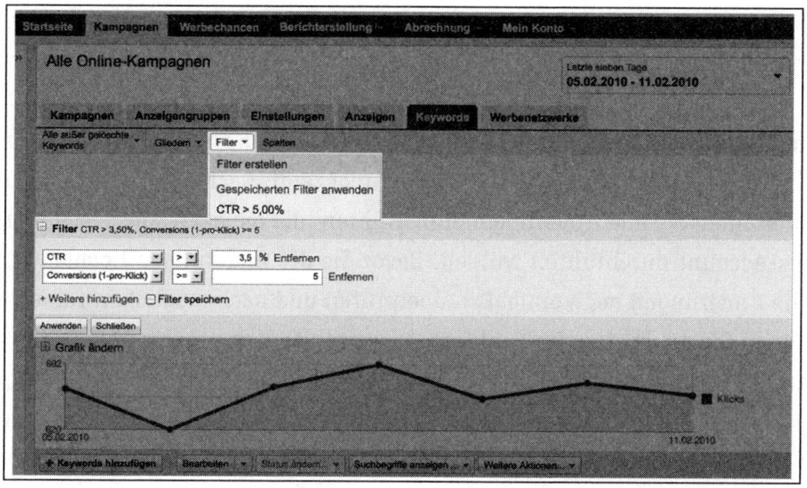

Abbildung 152: Die Filterfunktion auf dem Tab **Keywords**

Der AdWords Editor

Die von Google kostenfrei zur Verfügung gestellte Anwendung AdWords Editor ermöglicht es Ihnen, Ihren AdWords-Account direkt auf Ihren PC oder Macintosh herunterzuladen. Gehen Sie dazu auf die Seite *http://www.google.com/intl/de/adwordseditor* und laden Sie sich den Editor herunter. Mit diesem Editor können Sie Änderungen an Ihren Kampagnen durchführen und diese erst nach Fertigstellung in Ihr Konto hochladen. Auf diese Art kann man einige Zeit sparen, da das ständige Abspeichern einzelner Schritte, wie es beim direkten Erstellen von Kampagnen notwendig ist, entfällt. Neben einer effizienteren Nutzung Ihrer persönlichen Zeit bietet Ihnen der AdWords Editor aber noch weitere Vorteile:

- Eine einfachere Übersicht über Ihre Kampagnen und Anzeigengruppen mit den zugehörigen Keywords.
- Sie können Änderungen für einzelne Elemente vornehmen oder mithilfe von Tools.
- Arbeiten Sie offline und laden Sie die Änderungen später in Ihr Konto hoch.
- Einfaches Verschieben und Kopieren von Elementen durch klassische Navigation wie »Ausschneiden« und »Kopieren«.
- Da mehrere Nutzer den Editor nutzen können, gibt es im Editor die Möglichkeit, Änderungen vor dem Hochladen ins Konto abzulehnen, zu bestätigen und zu kommentieren.
- Verschiedene Tools erlauben Ihnen großflächige Änderungen. Löschen Sie beispielsweise mehrere Anzeigentexte auf einmal und Ähnliches.

Die folgende Abbildung zeigt Ihnen die Übersichtseite des Editors. Der Aufbau unterscheidet sich in einigen Punkten doch recht deutlich von der vertrauten Kontonavigation. Um Ihr Konto erstmalig in den Editor zu exportieren, gehen Sie unter dem Menüpunkt **Datei** auf **Konto hinzufügen**. Sie werden nach Ihren Log-in Daten gefragt und nachdem Sie diese eingegeben haben, wird Ihr Konto automatisch im Editor angezeigt. Nachdem Sie Ihr Konto hochgeladen haben, können Sie alle Änderungen durchführen, die Sie auch sonst in Ihrem »richtigen« AdWords-Account durchführen würden. Bevor Sie die Änderungen hochladen, empfiehlt es sich, die Änderungen noch einmal zu überprüfen und nach möglichen Fehlern zu suchen. Dazu nutzen Sie am besten die Funktion Ausgewählte Kampagnen überprüfen. Um Änderungen dann auch tatsächlich in Ihren Account zu übertragen und Sie damit dann auch anzuwenden, klicken Sie auf **Ausgewählte Kampagnen hochladen**. Hier können Sie wählen, ob Sie die Änderungen in alle Kampagnen hochladen wollen oder nur in der ausgewählten. Die Änderungen werden unmittelbar nach dem Übertragen genau so übernommen. Genauere Informationen über die Anwendung des AdWords Editors finden Sie unter *http://www.google.com/support/adwordseditor*.

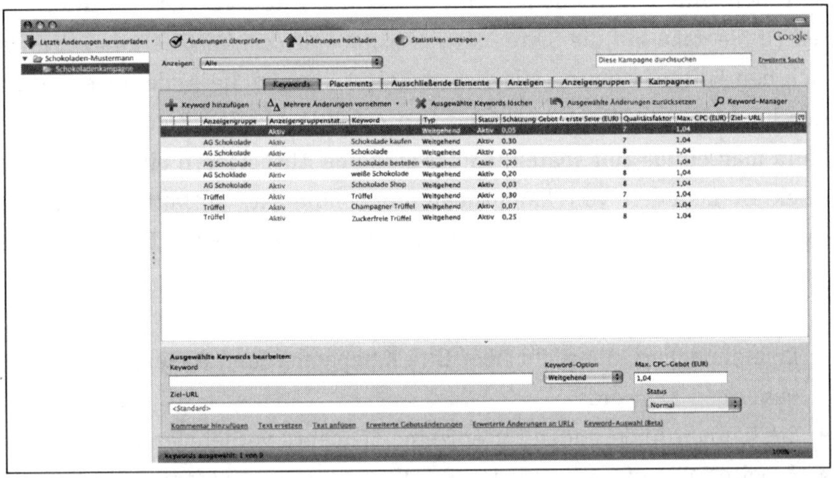

Abbildung 153:
Der AdWords Editor

Ich persönlich habe auch einige Zeit gebraucht, um mich mit dieser Anwendung anzufreunden, muss aber sagen, dass sie einem speziell beim Verwalten größerer Kampagnen beziehungsweise beim Verwalten mehrerer Konten das Leben teilweise doch einfacher macht. Generell würde ich Ihnen aber empfehlen, sich primär in Ihren Online-AdWords-Account einzuarbeiten und sich erst später mit dem Editor zu beschäftigen. Bei weniger umfangreichen Kampagnen braucht man ihn ohnehin nicht unbedingt. Der Vorteil, dass man auch offline an seinen Kampagnen arbeiten kann, dürfte für die wenigsten ausschlaggebend sein, da man mittlerweile ja nahezu überall Zugriff zum Netz hat.

Profi-Tipp

Beachten Sie, dass die Standardeinstellung des Editors Englisch ist. Unmittelbar nach dem Download ist die komplette Benutzeroberfläche deshalb in Englisch. Dies ändern Sie, indem Sie im AdWords Editor im Menüpunkt **Tools** auf den Unterpunkt **Settings** gehen. Hier können Sie in den Dropdowns **Locale** und **Language** die gewünschte Sprache wählen, in der Sie den Editor verwalten möchten.

Das neue Placement-Tool

Seit Kurzem gibt es eine erweiterte Variante des Placement-Tools. Zu finden ist das neue Tool auf der Übersichtsseite aller Tools (Tab **Werbechancen**). Um nach Placements zu suchen, gibt es nach wie vor die gleichen Möglichkeiten wie auch bei der alten Version des Placement-Tools, lediglich die Namensgebung ist geändert. Um das Thema zu beschreiben, nach dem die Placements durchsucht werden sollen, geben Sie passende Keywords in das Feld **Wort** oder **Wortgruppe** ein (siehe Abbildung 154, Punkt 1; vormals **Themen beschreiben**). Möchte man Placements direkt anhand ihrer URL suchen, gibt man diese in das Feld Website ein (Abbildung 154, Punkt 2; beim alten Tool hieß diese Option **URL durchsuchen**). Wollen Sie Kategorien durchsuchen, gehen Sie so vor wie beim alten Placement-Tool auch. Einfach durch die angezeigten Kategorien klicken, die gewünschten Placements auswählen und über den gleichnamigen Button hinzufügen (Punkt 3).

Die Auswahlkriterien können auch miteinander kombiniert werde. Deutlich erweitert haben sich die Filtereinstellungen, nach denen man die Placements sortieren kann. Konnte man bei dem alten Tool die Ergebnisse nur nach den unterstützten Anzeigenformaten filtern, sind bei dem neuen Tool zahlreiche Filtereinstellungen hinzugekommen. Neben den Anzeigenformaten und -größen können Sie die Placements beispielsweise nach demografischen Kriterien oder nach dem Einkommen der User filtern (Punkt 4).

Neu ist auch eine zusätzliche Trennung nach Placement-Typen. Entscheiden Sie, ob nur ausgewählte Typen wie zum Beispiel Feeds oder Videos angezeigt werden sollen (siehe Abbildung 155, Punkt 1).

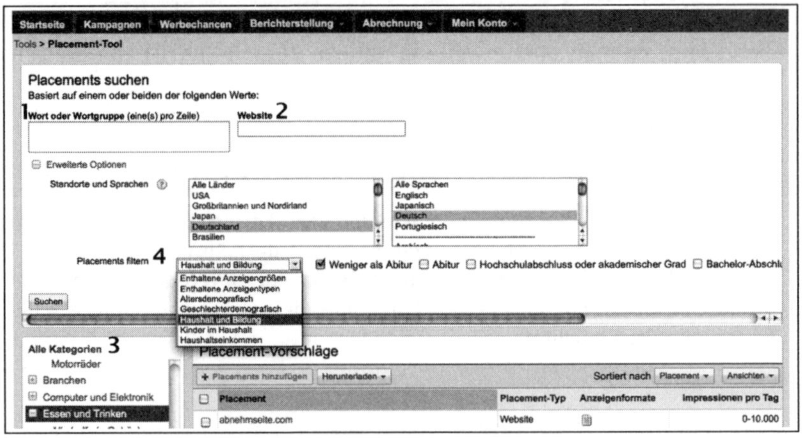

Abbildung 154: Das neue Placement-Tool

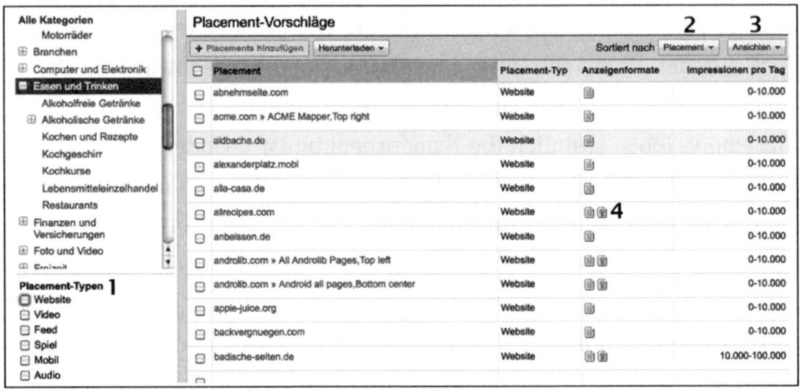

Abbildung 155: Das neue Placement-Tool mit den angezeigten Ergebnissen

Die Ergebnisse der Placement-Suche bekommen Sie wie auch beim alten Tool in Listenform angezeigt. Sie sehen, wie viele Impressionen eine Seite hat und welche Anzeigenformate die Seite unterstützt. Wenn Sie mit der Maus über das Symbol für Display-Anzeigen fahren (siehe Abbildung 155, Punkt 4), wird detailliert angezeigt, welches Displayformat die jeweilige Seite unterstütz. Also beispielsweise »Image-Anzeige 728 × 90 (Leaderboard)«, oder Ähnliches.

Die angezeigten Ergebnisse können Sie sortieren, indem Sie hinter dem Vermerk **Sortiert nach** aus dem Dropdown-Feld die gewünschte Option auswählen (Abbildung 155, Punkt 2). Es stehen Ihnen eine Sortierung nach Relevanz, nach Placement, nach Domain-Relevanz oder nach Zahl der Impressionen zur Verfügung. Über den Button **Ansichten** können Sie auch die Spalten nach Ihren Wünschen anpassen (Punkt 3). Legen Sie fest, welche der Spalten an welcher Stelle angezeigt werden sollen.

Profi-Tipp

Das neue Placement-Tool bietet zahlreiche neue Funktionen, die einem helfen, Placements noch genauer an seine Zielgruppe anzupassen. Da sich das Tool noch in der Beta-Version befindet, können sich die Funktionen weiterhin ändern und erweitern.

Das neue Keyword-Tool

Wie auch vom Placement-Tool gibt es auch vom Keyword-Tool eine neue, überarbeitete Version. Zurzeit erreichen Sie das neue Tool nur, indem Sie das alte Keyword-Tool aufrufen und dort auf den Link **Testen Sie das neue Keyword-Tool (beta)** klicken. Auch bei dem neuen Keyword-Tool haben sich die Möglichkeiten, anhand derer Sie nach Keywords suchen können, nicht geändert. Geben Sie beschreibende Keywords ein, eine URL oder durchsuchen Sie Kategorien. Alle Möglichkeiten können miteinander kombiniert werden.

Zusätzlich können Sie sich explizit Schätzungen für mobile Werbenetzwerke anzeigen lassen. Aktivieren Sie dazu das Auswahlkästchen vor dem Vermerk **Mobile-Suche** (siehe Abbildung 156, Punkt 1). Die angezeigten Ergebnisse in der Spalte **Suchvolumen** werden daraufhin an die mobilen Werbenetzwerke angepasst. Schätzungen zum Traffic können optimiert werden, indem Sie zusätzlich Informationen über maximalen CPC und Tagesbudget angeben (Abbildung 156, Punkt 2).

Die Filtereinstellungen wurden verfeinert, sodass die angezeigten Ergebnisse anhand verschiedenster Faktoren, wie zum Beispiel der Anzahl an Impressionen, der Mitbewerberdichte oder den geschätzten Kosten, gefiltert werden können (Punkt 3). Über den Link **Weitere hinzufügen** können mehrere Filterkriterien miteinander kombiniert werden.

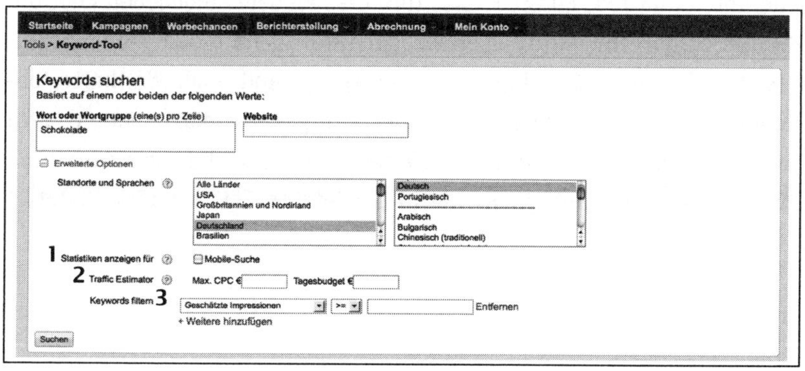

Abbildung 156: Das neue Keyword-Tool

Um bestimmte Keywordkategorien nicht in den Ergebnissen anzuzeigen, entfernen Sie das Häkchen aus dem entsprechenden Auswahlkästchen (siehe Abbildung 157, Punkt 1). Verfahren Sie genauso, um Einschränkungen bezüglich der jeweiligen Keywordoptionen vorzunehmen (Abbildung 157, Punkt 2). Wie auch bei dem neuen Placement-Tool können die Ergebnisse nach verschiedenen Optionen wie Relevanz, den geschätzten Impressionen, nach Zahl der monatlichen Suchanfragen und anderen sortiert werden (Punkt 3). Um die angezeigten Spalten zu verändern, gehen Sie auf den Button **Ansichten** und wählen **Spalten anpassen** (Punkt 4).

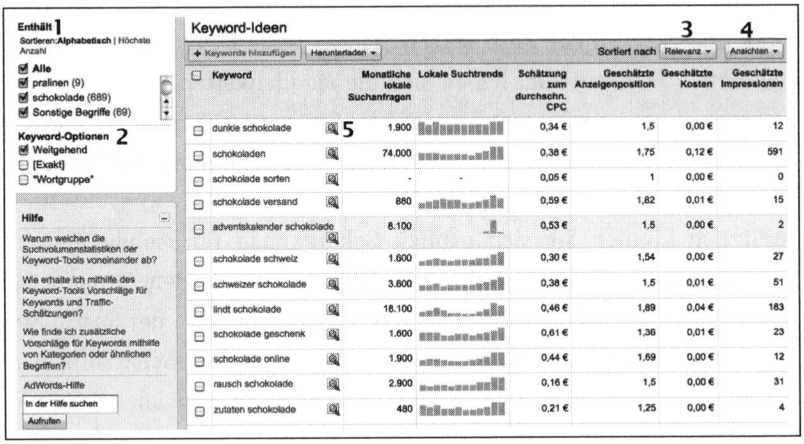

Abbildung 157: Die Ergebnisse des neuen Keyword-Tools

Eine weitere interessante Neuerung ist die Integration von **Google Insights for Search** (beta). Dieses Tool zeigt Ihnen zahlreiche wichtige Fakten bezüglich ausgewählter Keywords. Um zu **Insights for Search** zu kommen, klicken Sie auf das Lupensymbol hinter einem Ihrer Keywords (Punkt 5). Die nun aufgerufene Seite enthält als Suchbegriff das Keyword, hinter dem Sie das Lupensymbol angeklickt haben. Gliedern Sie die Ergebnisse nach Standorten und Zeiträumen (siehe Abbildung 158, Punkt 1). Das Interesse an dem eingegeben Keyword wird anhand eines Grafen dargestellt und themenbezogene Newsmeldungen werden wahlweise eingeblendet (siehe Abbildung 158, Punkte 2 und 3). Anhand einer Weltkarte (abhängig von der Standortausrichtung auch anhand einer Europakarte oder anderer) wird das regionale Suchinteresse angezeigt (Punkt 4). Weiterhin werden die meistgesuchten Suchanfragen und die Suchanfragen angezeigt, die in der letzten Zeit verstärkt getätigt wurden (Punkt 5).

Profi-Tipp

Leider muss bei **Insight for Search** die Zahl der Suchanfragen, die mit dem ausgewählten Keyword harmonierten, sehr groß sein. Dadurch kann es besonders bei einer regionalen Beschränkung vorkommen, dass keine Ergebnisse angezeigt werden können.

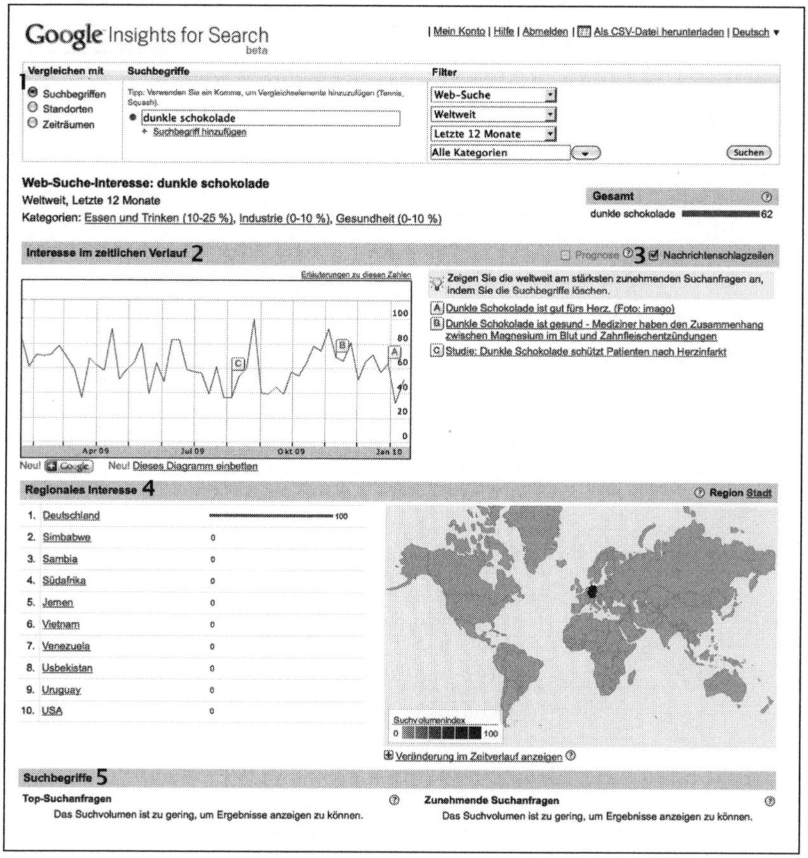

Abbildung 158: Google Insights for Search

17. Das bringt die Zukunft

Die Werbung wird sich in den nächsten Jahren grundlegend ändern. Ist es heute nur bei einigen wenigen Werbeformen möglich, sie genau auf eine Zielgruppe auszurichten, wird das in den kommenden Jahren immer mehr zur Selbstverständlichkeit werden. Das kann zur Folge haben, dass Werbung möglicherweise weniger als der Störfaktor betrachtet wird, den sie heute darstellt. Zudem wird sich die Ausgabenverteilung der Advertiser um einiges verlagern. Lagen die Ausgaben der Online-Werbung in den vergangenen Jahren noch recht weit hinten, werden die Gesamtausgaben dieses Werbemediums weiter steigen. Laut Prognosen soll bis zum Jahr 2011 ein Anteil von knapp 16 Prozent am gesamten Werbevolumen erreicht werden[9]. Zu diesem Wachstum wird nicht nur die Anzeigenplatzierung auf Websites beitragen. Immer mehr Einfluss wird auch die speziell für transportable Endgeräte, wie Mobiltelefone und Navigationsgeräte, erstellte Online-Werbung nehmen. Hat sich der Verbraucher, nicht zuletzt dank des Verkaufsrenners **iPhone** von **Apple** und anderer internetfähiger Handys, doch schon daran gewöhnt, immer und überall Zugriff auf das Internet zu haben. Warum dies also nicht für Werbung nutzen? An Bedeutung gewinnen werden sehr wahrscheinlich die Display-Anzeigen, animierte und grafische Anzeigen jeglicher Form. Es wurde herausgefunden, dass Display-Anzeigen und die damit in Verbindung gebrachten Keywords dem User lange in Erinnerung bleiben und einen direkten Einfluss auf sein Suchverhalten haben[10].

Ein Zauberwort, das man in den letzten Monaten verstärkt hört, ist natürlich das Social Media-Marketing. Unter Social Media-Marketing versteht man die gezielte Nutzung von sozialen Netzwerken, wie **Facebook** oder auch der deutschen Variante **StudiVZ**, zu Werbezwecken. Viele Unternehmen legen Firmen- oder auch Produktauftritte in diesen Netzwerken an, um sich oder eben ein Produkt werbewirksam zu präsentieren. Auf dieser Art kann man seine Kunden an das Unternehmen binden und sie über Neuerungen, Aktionen und anderes informieren. Weiterhin bieten sich soziale Netzwerke auch für »normale« Online-Werbung an. Sei es in Form von Werbebannern, Text- oder auch Video-Anzeigen. Die Werbung kann bis ins kleinste Detail auf die Zielgruppe zugeschnitten werden, da die Mehrheit der User zahlreiche Informationen über sich selbst hinterlegt hat. Das fängt bei Alter und Geschlecht an und geht bis hin zum Einkommen und persönlichen Produktpräferenzen. Für Advertiser ein Traum, für Datenschützer wohl eher der Albtraum.

---

9 Zenithoptimedia, Studie »Advertising Expenditure Forecast«

10 »Yahoo! Close the Loop« – Synergien zwischen grafischer Werbung und Suchmaschinenmarketing, Studie von Yahoo! und comScore aus dem Jahr 2007; l.yimg.com/br/any/fu/closetheloopstudie.pdf

Google wird sich nicht mehr lange »nur« mit der Online-Werbung zufriedengeben. Vielmehr wird das Unternehmen versuchen sich auch immer mehr klassische Werbeformen anzueignen. Es ist durchaus denkbar, dass in Zukunft nicht mehr nur Online-Werbekampagnen über das AdWords-Konto buchbar sind, sondern auch Kampagnen für TV und Zeitungen. Bestimmt ist Ihnen in Ihrem AdWords-Account schon aufgefallen, dass an verschiedenen Stellen (zum Beispiel auf der Seite **Kontozusammenfassung**) kleine Symbole versteckt sind, hinter denen steht, um welche Art von Kampagne, bei uns momentan noch beschränkt auf Online-Kampagnen, es sich handelt. Fährt man mit der Maus über das entsprechende Symbol, heißt es dann auch **Symbol für Kampagnen eines bestimmten Medientyps**. In den USA wurde bereits mit der Möglichkeit, über seinen AdWords-Account auch Werbung für TV, Radio und Zeitungen zu erstellen und zu buchen, experimentiert (allerdings nur mit mäßigem Erfolg). Es ist also nur noch eine Frage der Zeit, bis dies auch in Europa erprobt wird. Seit der Ausbreitung des digitalen Fernsehens ist der Erfolg von TV Kampagnen ebenfalls messbar. Verständlich, dass man angesichts der Marktsituation fürchtet, dass Google bald ein absolutes Monopol darstellt. Da tröstet auch das Motto von Google *»Don't be evil«* recht wenig. Nach wie vor ist kein Unternehmen in Sicht, das Google auch nur ansatzweise das Wasser reichen kann. Es haben sich schon ebenfalls namhafte Unternehmen wie **Yahoo!** und **Microsoft** an diesem Internetgiganten die Zähne ausgebissen.

Bleibt abzuwarten, ob es dem ein oder anderen doch noch gelingt, Google zumindest ein wenig das Wasser abzugraben. **Microsoft** ist mit seinem neuen **Internetexplorer** vielleicht schon auf dem richtigen Weg. Dieser gibt dem User die Möglichkeit, wieder anonym im Internet zu surfen. Für Google, das darauf spezialisiert ist, Suchergebnisse und Werbung genau auf den User zuzuschneiden, natürlich alles andere als verkaufsfördernd. Auch die neue Suchmaschine **bing** hat Potenzial und könnte Google den ein oder anderen Werbetreibenden abspenstig machen. Es wird sich zeigen, wie Google darauf reagiert und ob es in Zukunft auch anderen Unternehmen gelingt, Google das Leben ein bisschen schwerer zu machen. Besonders in Deutschland steht man dem Unternehmen Google kritisch gegenüber und debattiert schon seit Längerem darüber, ob die Nutzung von Google Analytics auch in Zukunft noch ohne weiteres erlaubt sein wird oder nicht. Diesem Gedanken liegt zum einen die Angst davor zu Grunde, keine Kontrolle darüber zu haben, was genau die »Datenkrake« Google mit diesen Daten anfängt. Zum anderen tritt aber auch eine allgemeine Skepsis gegenüber einem Unternehmen zutage, das in beeindruckend kurzer Zeit so schnell gewachsen ist und auf immer mehr Gebieten eine Monopolstellung erreicht.
Fest steht, dass die Werbung als solche, ob mit oder Google an der Spitze, eine große Wandlung durchlaufen wird. Wie genau diese im Einzelnen aussehen wird, können wir alle nur mit Spannung abwarten.

18. Glossar – Begriffserklärung

A/B-Test

Mithilfe dieser Tests kann man die Performance von zwei Anzeigen beziehungsweise Landing Pages direkt miteinander vergleichen. Auf diese Weise kann die effizientere Variante ermittelt werden und die nicht so gut laufende Alternative gegebenenfalls geändert oder ausgetauscht werden.

Abrechnungsgrenzbetrag

Als Abrechnungsgrenzbetrag bezeichnet man den Betrag, der das aktuelle Kreditlimit in Ihrem AdWords-Konto angibt. Die Beträge können bei 50 Euro, 200 Euro, 350 Euro und 500 Euro liegen. Den aktuellen Abrechnungsgrenzbetrag findet man auf der Seite **Abrechnungszusammenfassung**. Die Abbuchung erfolgt immer dann, wenn der Abrechnungsgrenzbetrag erreicht ist.

Absprungrate

Als Absprungrate bezeichnet man den Wert, der angibt, wie viel Prozent der Besucher einer Website diese nach nur einem Seitenaufruf beziehungsweise auf der Einstiegsseite wieder verlassen haben. Eine hohe Absprungrate spricht für eine geringe Qualität der Zielseite, da diese von den Besuchern offenbar als nicht relevant angesehen wird.

Advertiser

Advertiser ist die englische Bezeichnung für einen Werbetreibenden. In unserem Fall bezeichnet es den AdWords-Inserenten.

Aktivierungsgebühr

Zur Aktivierung Ihres AdWords-Accounts berechnet Google Ihnen zurzeit einmalig 5 Euro.

Anzeigenformat

Es gibt unterschiedliche Anzeigenformate, die bei AdWords erstellt werden können. Man unterscheidet Lokale Anzeigen, Text-, Image-, Display-, Video- und Handy-Anzeigen.

Anzeigengruppe

Eine Anzeigengruppe umfasst eine oder mehrere Anzeigen, denen wiederum Keywords beziehungsweise Placements untergeordnet sind.

Anzeigenposition

Die Anzeigenposition ist die Position, auf der eine Anzeige auf Suchergebnisseiten oder Content-Sites gelistet wird.

Anzeigenrang

Der Anzeigenrang ist das Produkt aus dem Qualitätsfaktor und dem CPC (Klickpreis). Er dient zur Festlegung der Position, auf der die Anzeige letztlich zu sehen ist.

Anzeige-URL

Die Anzeige-URL ist die URL, die in Ihrer Anzeige sichtbar ist. Diese URL muss nicht mit der URL übereinstimmen, auf die Ihre Anzeige tatsächlich verlinkt. Das kann auch eine Unterseite sein. Die Anzeige-URL *www.beispiel.de* kann also auch auf *www.beispiel.de/page123* verlinken.

Benchmarking

Benchmarking bezeichnet einen in der Wirtschaft üblichen Prozess, der dem Vergleichen von Produkten, Prozessen und Dienstleistungen des eigenen Unternehmens mit dem in dieser Branche Üblichen dient. Bei der Benchmarking-Funktion innerhalb des Analytics-Accounts können Sie anonym die Leistung Ihrer Seite mit denen aus ähnlichen Branchen vergleichen.

Click-to-Play-Video-Anzeige

Hierbei handelt es sich um eine Video-Anzeige, die solange statisch bleibt, bis der User auf einen entsprechenden **Start**-Button klickt. Erst dann wird das Video abgespielt.

Code-Snippet

Dieses ist ein kleiner Teil HTML- beziehungsweise JavaScript-Code. Bei Google AdWords und Google Analytics können Code-Snippets in die Seiten eingebaut werden, um so zum Beispiel externe Google-Skripte zu laden, die die Zahl der Seitenaufrufe oder die erfolgten Conversions messen.

CMS

Ist die Abkürzung für Content Management-System. Darunter versteht man Anwendungen, die es einem ermöglichen, ohne HTML- und Programmierkenntnisse Inhalte einer Website anzupassen und zu verändern.

Google Content-Werbenetzwerk

Das Google Content-Werbenetzwerk umfasst zahlreiche Nachrichtenseiten, informative Websites, Blogs, Social Networks und Produkte von Google, wie zum Beispiel Google Mail. Zum Content-Werbenetzwerk gehören zum Beispiel *www.bild.de*, *www.ftd.de* und *www.sueddeutsche.de*.

Content-Targeting

So bezeichnet man das Ausrichten von Anzeigentexten im Content-Werbenetzwerk anhand inhaltlicher Übereinstimmung.

Conversion/Konversion

Im klassischen Sinne bedeutet Conversion die Umwandlung eines Kaufinteressenten zu einem Käufer. In unserem Fall ist eine Conversion eine vom Webseitebetreiber vorher definierte Aktion, die gemessen wird. Das kann beispielsweise ein Kauf, eine Anmeldung oder auch ein Download sein.

Conversion-Rate/Konversionsrate

Die Conversion-Rate gibt an, welcher Teil der Besucher einer Website zu Kunden wurde beziehungsweise eine vorher definierte Conversion auslöste. Die Conversion-Rate errechnet sich wie folgt:

(Zahl der Conversions) / Klicks × 100

Beispiel: Ihre Zusammenfassung zeigt an, dass Sie 35 Besucher hatten und einer davon eine Conversion ausgelöst hat. Daraus ergibt sich eine Conversion-Rate von 2,86 Prozent.

Conversion Tracking

Conversion Tracking kann man mit Besuchsaktionsauswertung übersetzen. Damit ist das Auswerten von gewünschten Aktionen gemeint, die Besucher auf einer Website durchführen sollen.

Cost-per-Conversion

Cost-per-Conversion bezeichnet die Kosten pro Conversion. Das ist der Betrag, der für eine Conversion ausgegeben wurde.

Cookie

Ein Cookie ist ein kurzer Eintrag, der von einem Web-Server beim Client (über den Browser) im Rechner/PC eingetragen wird, um diesen beispielsweise immer wieder identifizieren zu können. Ein Cookie besteht aus mindestens zwei Bestandteilen, seinem Namen und dem Inhalt oder Wert des Cookies. Außerdem können Angaben über den zweckmäßigen Gebrauch vorhanden sein.

CPA

CPA ist die Abkürzung für Cost-per-Acquisition, also für den Preis pro Akquisition. Das heißt, den Preis, den ein Kunde für die von ihm festgelegte Aktion, die ein User durchführen soll, zu zahlen bereit ist.

CPC

CPC ist die Abkürzung für Cost-per-Click, also für die Kosten pro Klick, oder ganz einfach Klickpreis. Bei dem Abrechnungsmodell CPC entstehen nur dann Kosten, wenn eine Anzeige tatsächlich angeklickt wird. Wird eine Anzeige eingeblendet, ohne dass ein User sie anklickt, entstehen auch keine Kosten.

CPC-Standardgebot

Hierbei handelt es sich um ein Gebot für mehrere Keywords, meist innerhalb einer Anzeigengruppe, das den CPC festlegt.

Maximaler CPC

Der maximale CPC gibt den Preis an, der maximal für einen Klick bezahlt werden soll. Der maximale CPC kann für die Anzeigengruppe oder für jedes Keyword extra festgelegt werden.

Tatsächlicher CPC

Das ist der Betrag, der bezahlt werden muss, um die Anzeigenposition beizubehalten, und der dann tatsächlich für einen Klick bezahlt wird. Meistens unterschreitet der tatsächliche CPC den vom Advertiser festgelegten maximalen CPC. In keinem Fall übersteigt der tatsächliche CPC den maximalen CPC.

CPM

CPM ist die Abkürzung für Cost-per-Mille, also für die Kosten pro 1.000 Impressionen. Hier errechnen sich die Kosten nicht anhand der erzielten Klicks, sondern anhand der Impressionen, die erreicht wurden.

eCPM

Der eCPM ist der effektive CPM, das heißt der Preis, der tatsächlich für 1.000 Impressionen ausgegeben wird. Vergleichbar mit dem tatsächlichen CPC, nur eben beim CPM-Preismodell.

Maximaler CPM

Dieser maximale CPC gibt den Preis an, der maximal für 1.000 Impressionen bezahlt werden soll.

Tatsächlicher CPM

Der tatsächliche CPM ist der Betrag, der für 1.000 Impressionen wirklich bezahlt wurde. Er muss nicht mit dem maximalen CPM übereinstimmen, sondern kann diesen auch unterschreiten.

CPV

CPV ist die Abkürzung für Cost-per-Visitor und bezeichnet den Betrag, der für jeden Besucher ausgegeben wird.

CTR

CTR nennt man die Klickrate (Click-through-Rate). Mit diesem Wert kann der Erfolg einer Anzeige gemessen werden. Je besser die Anzeige, desto mehr User werden diese anklicken. Die CTR kann mithilfe der folgenden Formel ermittelt werden:

Klicks / (Impressionen) × 100

Beispiel: Ihre Zusammenfassung zeigt an, dass Sie gestern bei 1.250 Impressionen 35 Klicks erzielt haben. Daraus ergibt sich ein CTR von 2,8 Prozent.

Meta-Description

Dieser Beschreibungstext steht im *<head></head>*-Bereich einer Website. Die Meta-Description wird von einigen Suchmaschinen ausgewertet. Manchmal wird der Inhalt dieses Befehls auch als Auszug in den Suchergebnissen angezeigt.

Dynamic Keyword Insertion (DKI)

DKI bezeichnet einen Platzhalter für Keywords. Verschiedene Keywords können so im Anzeigentext erscheinen, ohne dass für jede Variante eine eigene Anzeige erstellt werden muss.

E-Commerce

Electronic-Commerce, könnte man einfach übersetzt auch Elektronischen Handel nennen. E-Commerce bezeichnet Geschäfte, die über das Internet getätigt werden.

Filter

Als Filter bezeichnet man Verfahren, die es ermöglichen, Daten nach bestimmten Gesichtspunkten auszuwählen und zu sortieren.

First Page Bid

Auf Deutsch: Das Gebot der ersten Seite, also der Betrag, der geboten werden muss, damit eine Anzeige auf der ersten Seite geschaltet wird.

Gebot der ersten Seite

Siehe First Page Bid.

Funnel

Siehe Trichter.

Generische Keywords

Hierbei handelt es sich um allgemeine, unspezifische Keywords, die sich meist direkt aus dem Produkt beziehungsweise Service-Sortiment ableiten lassen.

Google AdSense

Unter AdSense versteht man Anzeigen, die auf Content-Sites platziert werden. An jedem erfolgten Klick auf einer Anzeige verdient der Seiteninhaber einen gewissen Betrag mit, der Restbetrag geht an Google.

Google Analytics

Analytics ist ein kostenloses Analyse-Tool von Google, das einen darin unterstützt, den Traffic auf seiner Website zu analysieren.

Google Bot

Der Google Bot ist der WebCrawler von Google. Das heißt ein Programm, das Text- und Bildinhalte im Internet ausfindig macht und diese bei der Google-Suche in Form von Suchergebnissen zugänglich macht.

Google Maps

Maps ist eine Anwendung von Google, die es ermöglicht, weltweit beispielsweise nach Orten, Straßen oder auch Unternehmen zu suchen und sich diese auf einer Karte anzeigen zu lassen.

Impression

Als Impression bezeichnet man das Einblenden einer Werbeanzeige.

In-Stream-Video-Anzeige

In-Stream Video-Anzeigen werden wie klassische Werbespots vor andere Videos geschaltet.

IP-Adresse

IP-Adresse ist die Kurzform von Internet-Protocol-Address. So bezeichnet man eine 32- oder 128-stellige Binärzahl, die jedem am Internet teilnehmenden Rechner zugeordnet wird. Mithilfe der IP-Adresse werden Rechner adressierbar und damit erreichbar.

JavaScript

JavaScript ist eine clientseitige Programmiersprache, die in HTML-Dokumente eingebunden werden kann. Mithilfe von JavaScript können Webseiten mit bestimmten Funktionen ausgerüstet werden.

Kampagne

Kampagnen sind das Konstrukt, in dem die verschiedenen Anzeigengruppen enthalten sind. Innerhalb der Kampagneneinstellungen werden die Grundeinstellungen vorgenommen, also Budget, Ausrichtung usw. Kampagnen können Placement- oder Keyword-bezogen beziehungsweise Placement-und Keyword-bezogen sein.

Keyword

Einfach übersetzt handelt es sich um »Schlüsselworte«. Keywords werden innerhalb einer Kampagne angelegt und verursachen das Einblenden von AdWords, wenn ein User nach dem hinterlegten Keyword sucht oder eine Content-Seite passende Inhalte aufweist.

Keyword Density

Oder auch die Keyword Dichte gibt Auskunft darüber, wie häufig ein bestimmter Begriff auf einer Website im Verhältnis zur Summe aller Worte auf dieser Seite vorkommt.

Keyword-Targeting/Keyword-bezogen

Davon spricht man, wenn eine Kampagne und folglich deren Anzeigen anhand von vorher eingestellten Keywords geschaltet werden sollen. Die Anzeigenschaltung basiert auf den Keywords.

Keyword-Status

Bezeichnet den Status, in dem sich ein Keyword befindet. Es kann entweder aktiv, auf Pause gesetzt oder gelöscht sein. Ist es aktiv, werden die Anzeigen bei diesem Keyword ganz normal geschaltet. Wenn es pausiert, wurde dies vom Advertiser selbst vorgenommen. Es kann aber jederzeit wieder aktiviert werden. Bis vor Kurzem konnten Keywords auch den Status inaktiv haben. Dieser Status wurde mit Einführung des Gebot der ersten Seite abgeschafft.

Keywordoptionen

Keywordoptionen verfeinern die Zielausrichtung einer Anzeige. Man unterscheidet »weitgehend passend«, »passende Wortgruppe«, »genau passend« und »ausschließend«.

Landing Page

Eine Website, die extra für die Besucher eines bestimmten Werbemediums, wie Google AdWords, erstellt und optimiert wurde. Im Gegensatz zur eigentlichen Website wird die Landing Page im besten Fall nur auf ein spezielles Produkt zugeschnitten. Die Landing Page ist einer der wichtigsten Aspekte, die es bei der Online-Werbung zu berücksichtigen gilt. Sie kann ausschlaggebend für den Erfolg einer Kampagne sein.

Lead

Als Lead bezeichnet man einen Interessenten beziehungsweise eine Kontaktanfrage. So ist ein Lead beispielsweise ein vom User ausgefülltes Kontaktformular, über das der Websitebetreiber an die Daten des Users gelangt.

PageRank

Der PageRank ist ein von Google entwickelter Algorithmus, um die Qualität und die Relevanz externer Verlinkungen auf Websites zu ermitteln. Angegeben wird dieser Wert als Zahl zwischen Null und Zehn. Mithilfe der Google Toolbar kann man sich den PageRank von Websites grafisch anzeigen lassen. In letzter Zeit hat der PageRank aber viel von seiner ursprünglichen Bedeutsamkeit verloren.

Pixel

Als Pixel oder auch Picture Element bezeichnet man Bildpunkte, aus denen digitale Geräte wie Computer und Digitalkameras das eigentliche Bild zusammensetzen.

Placement
Ein Placement ist eine ausgewählte Website im Content-Netzwerk beziehungsweise ein bestimmter Anzeigenblock dieser Website, auf der Anzeigen geschaltet werden können.

Placement-Targeting/Placement-bezogen
Davon spricht man, wenn eine Kampagne und folglich deren Anzeigen nicht anhand von Keywords geschaltet werden, sondern auf vorher festgelegten Content-Sites, also Placements.

Pop-Up
Ein Pop-Up ist ein Browserfenster, das neben dem Originalfenster zusätzlich geöffnet wird. In vielen Fällen werden Werbebotschaften als Pop-Ups geschaltet.

PPC
PPC ist die Abkürzung von Pay-per-Click, also ein Zahlverfahren, bei dem Sie für den Klick zahlen, der auf Ihre Anzeige erfolgt ist.

PPI
PPI ist die Abkürzung für Pay-per-1.000 Impressions. In diesem Fall wird für 1.000 Impressionen, also Einblendungen der Anzeige gezahlt. PPI kann auch als TKP, Tausender-Kontakt-Preis, bezeichnet werden.

Qualitätsfaktor
Der Qualitätsfaktor gibt die Relevanz Ihrer Anzeige, Ihres Keywords oder Ihrer Webseite an. Der Qualitätsfaktor wird unter anderem durch die CTR, die Relevanz des Anzeigentextes, die historische Leistung der Keywords (das bedeutet je länger eine Kampagne läuft, desto positiver ist der Einfluss auf den Qualitätsfaktor) und einer Menge weiterer Faktoren beeinflusst, über die Google Stillschweigen bewahrt. Die Formel zur Berechnung des Qualitätsfaktors ändert sich, abhängig davon, für welches Werbenetzwerk beziehungsweise ob er der Festlegung des Anzeigenrangs oder der Bestimmung des First Page Bids dient.

Regular Expression
Im deutschen auch regulärer Ausdruck genannt. Regular Expressions sind Textzeichenfolgen, die Zeichen, Zahlen und Platzhalter enthalten können und unter anderem in der Softwareentwicklung Verwendung finden. In Google Analytics kommen sie beim Einrichten von Trichtern und Filtern zum Einsatz.

Relevanz

Die Relevanz gibt Auskunft darüber, wie groß der Nutzen einer Information ist. Es gibt die Relevanz für Keywords, Anzeigen und die Zielseite. Ausgedrückt wird die Relevanz durch den Qualitätsfaktor.

Response-Element

Hierbei handelt es sich um ein Element, das es dem Besucher einer Website ermöglicht, eine bestimmte Aktion, wie beispielsweise das Absenden eines Anfrageformulars, durchzuführen.

ROAS

ROAS ist die Abkürzung für Return on Ad Spending. Mithilfe dieses Wertes kann man genau wie auch mit dem ROI die Effizienz einer Kampagne messen. Den ROAS kann man mit folgender Formel berechnen:

Gewinn – Kampagnenkosten / Kampagnenkosten × 100

ROI

Nennt man den Return-on-Investment, auf Deutsch könnte man Kapitalrendite sagen. Mithilfe des ROI misst man die Rendite des eingesetzten Kapitals. Der ROI lässt sich mithilfe dieser Formel berechnen:

Gewinnanteil / durchschnittlicher Kapitaleinsatz × 100

SEA

SEA ist die Abkürzung von Search Engine Advertising und bedeutet Suchmaschinenwerbung. SEA bezeichnet Werbemaßnahmen innerhalb von Suchmaschinen, die der Gewinnung zusätzlicher Besucher einer Website dienen, wie zum Beispiel das Schalten von AdWords.

SEO

SEO ist die Abkürzung von Search Engine Optimization, also Suchmaschinenoptimierung. Bezeichnet Maßnahmen, die die Platzierung einer Website innerhalb von Suchmaschinen verbessern.

SSL-Verschlüsselung

Secure Sockets Layer ist eine Verschlüsselungstechnik, die verfälschungs- und ausspähsicherer Übertragung von Daten im Internet dient.

Sponsered Links

Als Sponsored oder Paid Links bezeichnet man bezahlte Einträge innerhalb beziehungsweise neben den organischen Suchergebnissen, wie Google AdWords.

Suchmaschine

Diese Seiten helfen Usern das Internet nach den gesuchten Begriffen und Dateien zu durchsuchen. Zu den bekanntesten Suchmaschinen zählen mit Sicherheit *www.google.de* und *www.yahoo.de*.

Such-Werbenetzwerk

Das Such-Werbenetzwerk umfasst Suchergebnisseiten von Google. Das wären zum Beispiel *www.google.de* oder auch *www.google.com*. Ebenfalls zum Such-Werbenetzwerk gehören Such-Websites wie *www.aol.de* und Google-Produkte mit Suchfunktion, wie zum Beispiel die Google Produktsuche.

Tab

Tab ist eine andere Bezeichnung für die Registerkarten. Es handelt sich hierbei um eine Navigationshilfe auf Webseiten.

Testimonial

Als Testimonial bezeichnet man in der Werbebranche die Fürsprache einer Person für ein bestimmtes Produkt. Diese Person stellt sich als begeisterter und zufriedener Anhänger eines Produktes oder einer Dienstleistung dar. Auf diese Weise soll das Vertrauen neuer Kunden in das Produkt gestärkt werde.

TKP

TKP ist die Abkürzung für Tausender-Kontakt-Preis. Wie beim CPM Verfahren werden die Kosten hier anhand der entstandenen Impressionen berechnet.

Traffic

Traffic heißt ins Deutsche übersetzt »Verkehr« und bezeichnet die Besucherfrequenz auf einer Webseite.

Usability

Usability ist die englische Bezeichnung für Nutzerfreundlichkeit. Gemeint ist hier die Bedienbarkeit und der Aufbau von Webseiten.

Ziel-URL

Anders als die Anzeige-URL wird die Ziel-URL in der Anzeige nicht angezeigt. Die Ziel-URL ist die Seite, auf die die Anzeige tatsächlich verlinkt. Sie kann auch eine Unterseite der Anzeige-URL sein. Die Ziel-URL kann auch die URL bezeichnen, auf die ein Keyword verlinkt.

19. Links

19.1 Keyword-Tools

Google AdWords-Keyword-Tool (extern):
https://adwords.google.de/select/KeywordToolExternal

Keyword-Tool speziell für LongTails: *http://de.searchthetail.com*

Keyword-Tool von Wordtracker: *http://freekeywords.wordtracker.com*

Ranking Check-Keyword-Tool: *http://www.ranking-check.de/keyword-datenbank.php*

SEOConsulting-Tool, um Keywords mit häufigen Tippfehlern zu erstellen:
http://www.seoconsulting.de/cgi-bin/typo-generator.cgi

19.2 Tools

Anzeigenvorschau: *http://www.google.com/adpreview*

Handy-Anzeigen-Vorschau: *http://www.google.com/m/adpreview*

Google Traffic Estimator: *https://adwords.google.com/select/TrafficEstimatorSandbox*

19.3 Andere nützliche Links

Erstellen eines Webauftritts mit Google Sites:
http://www.google.com/sites/help/intl/de/overview.html

AdWords-Forum: *http://www.google.com/support/forum/p/adwords?hl=de*

Foren rund ums Thema Internet und Online-Marketing:
http://www.abakus-internet-marketing.de/foren

Google AdWords FAQs: *http://adwords.google.com/support*

Google Analytics FAQs: *http://www.google.de/support/googleanalytics*

Google AdWords Login: *https://adwords.google.de*

Google Maps: *http://maps.google.de*

Google Trends gibt Informationen über die Entwicklung, also den Trend von Keywords: *http://www.google.com/trends*

Richtlinien, die für AdWords gelten:
http://adwords.google.com/support/bin/static.py?page=guidelines.cs

Sehen Sie, wo Ihre Site bei den unbezahlten Suchergebnissen steht:
http://www.ranking-check.de/suchmaschinen.php

Google AdWords Support Center: *https://adwords.google.com/support*

Download AdWords Editor: *http://www.google.com/intl/de/adwordseditor/*

AdWords Editor Support Seite: *http://www.google.com/support/adwordseditor*

Google Webmaster-Tools helfen zu verstehen, wie Google Ihre Website sieht, und analysieren mögliche Probleme. Wichtig, um die Suchmaschinenplatzierung zu verbessern und Einträge anzupassen: *www.google.com/webmasters/tools/?hl=de*

Messdiagramme, die einem die Zusammenhänge zwischen den verschiedenen Faktoren (Keywords, Budget, CPC, Anzeigenposition usw.) deutlich machen:
https://adwords.google.com/select/sliderprimer/Targeting

Google AdWords Blog »Inside AdWords«, liefert ständig interessante Informationen über AdWords-Änderungen, Tricks und Optimierung: *http://adwords-de.blogspot.com*

Webinare, sind ein Angebot von Google für registrierte AdWords-User. Bei diesen kostenlosen Online-Seminaren erfahren Sie Wissenswertes rund um das Thema AdWords. Teilnehmen kann jeder, der sich vorher für das entsprechende Webinar angemeldet hat:
http://www.google.com/intl/de/adwords/webinars/

Telefonischer AdWords-Support für Account-Inhaber:
0180 1111134 - 1 - Ihre Google Kunden ID - #

Open Source-Analyse-Tool Piwik: *http://piwik.org/*

20. Anmerkungen und Quellen

Die Autorin übernimmt keine Gewähr für die Funktion der im Buch verwendeten und beschriebenen Programme. Zudem übernimmt die Autorin keine Haftung für Folgeschäden, die aus dem Gebrauch der beschriebenen Programme, Anwendungen und deren Funktionen resultieren.

Sowohl bei Google, Google AdWords, Google AdSense, Google Analytics, Google Maps, Google Earth, Google Insights for Search als auch bei Google Sites handelt es sich um registrierte Marken der Google Inc. Microsoft, eBay, msn, bing, Facebook, myspace, mirago, Qype, Yahoo! und Yahoo! Search Marketing, Expedia, Nokia, Apple, iPhone, StudiVZ, Milka und Lindt sind ebenfalls registrierte Marken.

Abbildungsverzeichnis

Bei den Abbildungen 6 bis 9, 13 bis 57, 60, 62 bis 74, 76 bis 87, 90 bis 101, 103, 105 bis 110 und 139 bis 158 handelt es sich um nachbearbeitete Screenshots aus einem AdWords-Account.

Bei den Abbildungen 111 bis 137 handelt es sich um nachbearbeitete Screenshots aus einem Google Analytics-Konto.

Bei Abbildung 1 handelt es sich um einen nachbearbeiteten Screenshot der Google-Suchseite nach Eingabe eines Suchbegriffes.

Bei den Abbildungen 4, 5, 58, 59, 88 und 89 handelt es sich um nachbearbeitete Screenshots, die als Beispiele der AdWords-Anzeigenplatzierung im Content- und Such-Werbenetzwerk von Google dienen. Als Quellen wurden *www.focus.de*, *www.bmwfans.info*, *www.youtube.com* und *www.aol.de* herangezogen.

Die Abbildungen 10 bis 12, 61, 153 und 158 zeigen nachbearbeitete Screenshots folgender Google-Dienste: Google Sites, Google Branchencenter, AdWords Editor und Google Insights for Search.

Die Abbildung 102 zeigt einen in Excel angezeigten Kampagnenbericht.

Register